U0158589

国家社科基金
GUOJIA SHEKE JIJIN HOUQI ZIZHU XIANGMU
后期资助项目

中国-大洋洲-南太平洋 蓝色经济通道构建研究

China-Oceania-South Pacific Blue Economic Passage Research

梁甲瑞　著

中国社会科学出版社

图书在版编目（CIP）数据

中国-大洋洲-南太平洋蓝色经济通道构建研究／梁甲瑞著．—北京：
中国社会科学出版社，2022.4
ISBN 978 - 7 - 5203 - 9564 - 9

Ⅰ.①中…　Ⅱ.①梁…　Ⅲ.①"一带一路"—海洋经济—国际合作—
经济合作—研究　Ⅳ.①P74

中国版本图书馆 CIP 数据核字（2022）第 012495 号

出 版 人	赵剑英
责任编辑	耿晓明
责任校对	郝阳洋
责任印制	王　超

出　　　版	中国社会科学出版社
社　　　址	北京鼓楼西大街甲 158 号
邮　　　编	100720
网　　　址	http://www.csspw.cn
发 行 部	010 - 84083685
门 市 部	010 - 84029450
经　　　销	新华书店及其他书店

印　　　刷	北京君升印刷有限公司
装　　　订	廊坊市广阳区广增装订厂
版　　　次	2022 年 4 月第 1 版
印　　　次	2022 年 4 月第 1 次印刷

开　　　本	710 × 1000　1/16
印　　　张	17
插　　　页	2
字　　　数	305 千字
定　　　价	89.00 元

凡购买中国社会科学出版社图书，如有质量问题请与本社营销中心联系调换
电话：010 - 84083683

国家社科基金后期资助项目

出 版 说 明

后期资助项目是国家社科基金设立的一类重要项目，旨在鼓励广大社科研究者潜心治学，支持基础研究多出优秀成果。它是经过严格评审，从接近完成的科研成果中遴选立项的。为扩大后期资助项目的影响，更好地推动学术发展，促进成果转化，全国哲学社会科学工作办公室按照"统一设计、统一标识、统一版式、形成系列"的总体要求，组织出版国家社科基金后期资助项目成果。

全国哲学社会科学工作办公室

目　　录

绪　　论

中国与南太平洋地区的交往有着悠久的历史。从 19 世纪开始，亚洲就开始向南太平洋地区大量移民。当时，德国在亚洲没有殖民地，但它基于其在太平洋岛屿的利益考量，自 1884 年开始，从亚洲国家大量雇佣工人，其中包括很多中国人。中国人开始以雇佣工人或独立定居者的身份，来到太平洋岛国。自 19 世纪末、20 世纪初，中国人开始大量移民到太平洋岛国。在 20 世纪 30 年代至 40 年代，中国人在法属波利尼西亚、瑙鲁、萨摩亚的数量超过了欧洲人。① 自 20 世纪 70 年代中期开始，中国开始陆续与太平洋岛国建立了外交关系。40 多年来，中国与太平洋岛国的外交关系日益紧密，合作日益深入。近年来，南太平洋地区在中国的官方定位中逐渐明晰。2015 年，中国在《推动共建丝绸之路经济带和 21 世纪海上丝绸之路的愿景与行动》中把南太平洋地区定位为 21 世纪海上丝绸之路重点方向的一个终端，即从中国沿海港口经南海到南太平洋。2017 年 6 月，中国在《"一带一路"建设海上合作设想》中提出要建设中国—大洋洲—南太平洋蓝色经济通道。因此，蓝色经济通道成为中国对南太平洋地区的最新定位，成为中国与南太平洋地区联系的话语结构，而这种话语结构又建构了一定的意义体系。"在国际关系学界，人们普遍认可的一种观点是话语为人们提供了一种背景能力，使行为体能够区分和辨别事物，并把它们和其他事物联系在一起。所以，话语本身并不是客观存在的，而是一种结构，通过语言或其他意义形式建立的事物间的关系来实现。"② 这种身份定位结合了全球层面、区域层面及国家层面的实际情况，从海洋问题入手，建设蓝色经济通道沿线国家的海洋命运共同体。

---

① Ron Crocombe, *Asia in the Pacific Islands*: *Replacing the West*, Suva: IPS Publications, 2007, pp. 2 - 4.

② 孙吉胜:《语言、意义与国际政治》，上海人民出版社 2009 年版，第 108 页。

一 研究背景与意义

（一）研究背景

蓝色经济通道是近年来国内出现在国家官方文件中的一个概念，最早出现在国家发展改革委和国家海洋局于 2017 年 6 月提出的《"一带一路"建设海上合作设想》中。该文件根据 21 世纪海上丝绸之路的重点方向，提出了建设三条蓝色经济通道。自此，学术界开始重视对蓝色经济通道的研究。然而，学术界对于蓝色经济通道的系统研究比较匮乏。现实的发展呼唤相应的理论研究。随着"一带一路"倡议在南太平洋地区的不断践行，构建中国—大洋洲—南太平洋蓝色经济通道成为一个重要议题。蓝色经济通道的研究应运而生。

（二）研究意义

本研究具有理论价值和实际价值。第一，理论价值。一方面，本研究有助于丰富地缘政治理论。蓝色经济通道不仅具有经济层面的意义，而且具有地缘政治层面的意义。某种意义上说，蓝色经济通道是具有重大价值的海上航线，因而是海上的咽喉要道。当下的地缘政治研究忽略了蓝色经济通道。另一方面，本研究有助于丰富人类命运共同体理论。人类命运共同体理念是一种超越民族国家和意识形态的"全球观"，是为人类发展所提出的新思路。人类命运共同体理念的践行既需要全球路径，也需要地区路径。中国—大洋洲—南太平洋蓝色经济通道有助于实现人海和谐、共同发展，共同增进海洋福祉，促进发展中国家消除贫困，推动形成海洋领域的人类命运共同体。中国—大洋洲—南太平洋蓝色经济通道需要结合南太平洋地区的实际情况，在全球路径基础上，采取地区路径。因此，本研究可以完善人类命运共同体理论。

第二，实际价值。本研究具有双重实际价值。一方面，本研究有助于中国践行《"一带一路"建设海上合作设想》，服务于 21 世纪海上丝绸之路。中国—大洋洲—南太平洋蓝色经济通道是 21 世纪海上丝绸之路南线的一个建设方向，将推动中国与沿线相关国家的战略对接；另一方面，本研究将为中国企业在南太平洋地区投资提供指导，尤其是在中国加速布局蓝色经济通道的背景下，南太平洋港口将成为构建这条蓝色经济通道的切入点。中国相关企业可以借此机会，在南太平洋地区投资建港。从港口企业角度看，中国企业可以参与整个港口后方与物流相配套的一些港口业务拓展的相关业务。此外，还可以在与太平洋岛国港口合作的过程中，在信息化建设方面有所建树。中央企业虽然在海外港口投资建设中发挥着主力军作用，但地方企业的主动性和积极性也应该被充分调动起来。

二　国内外研究综述

由于蓝色经济通道是一个新议题，因此，国内外对此研究比较薄弱。国内学术界对蓝色经济通道的研究刚起步。赵隆在《经北冰洋连接欧洲的蓝色经济通道对接俄罗斯北方航道复兴——从认同到趋同的路径研究》一文中基于"一带一路"海上合作，探讨了经北冰洋连接欧洲的蓝色通道。① 笔者在《中国—大洋洲—南太平洋蓝色经济通道构建：基础、困境及构想》一文中尝试探讨中国—大洋洲—南太平洋蓝色经济通道建设的基础、困境以及构想。② 张颖在《试论"一带一路"倡议在南太平洋岛国的实施路径》中提及了中国应通过与沿线国家的战略对接与合作，建立全方位、多层次、宽领域的蓝色伙伴关系，共建中国—大洋洲—南太平洋蓝色经济通道。③ 于砚在《东北地区在"冰上丝绸之路"建设中的优势及定位》中提及了经北冰洋连接欧洲的蓝色经济通道，并认为此举是将"一带一路"愿景与北极政策对接，将北极航道及其沿线的能源合作项目与基础设施项目纳入"一带一路"建设。④ 姜秀敏、陈坚在《论海洋伙伴关系视野下三条蓝色经济通道建设》中认为《"一带一路"建设海上合作设想》中提出的三条蓝色经济通道计划，对拓展中国海洋伙伴关系有着重要意义。三条蓝色经济通道经历了不同发展阶段，在当前复杂的国际局势背景下共建三条蓝色经济通道面临一系列挑战，需要采取有效措施加以应对。⑤ 潘常虹、孙冬石在《中俄共建"北极蓝色经济通道"的路径和策略》中认为从2014年开始，在具有相同利益的战略规划的指引下，中俄两国积极推动北极共建，提出"北极蓝色经济通道"建设路径和三维发展体系，将"北极蓝色经济通道"作为一项系统工程，集政府调控、产业导向、企业示范三

---

① 更多相关内容参见赵隆《经北冰洋连接欧洲的蓝色经济通道对接俄罗斯北方航道复兴——从认同到趋同的路径研究》，《太平洋学报》2018 年第 1 期。

② 更多相关内容参见梁甲瑞《中国—大洋洲—南太平洋蓝色经济通道构建：基础、困境及构想》，《中国软科学》2018 年第 3 期。

③ 更多相关内容参见张颖《试论"一带一路"倡议在南太平洋岛国的实施路径》，《太平洋学报》2019 年第 1 期。

④ 更多相关内容参见于砚《东北地区在"冰上丝绸之路"建设中的优势及定位》，《经济纵横》2018 年第 11 期。

⑤ 姜秀敏、陈坚：《论海洋伙伴关系视野下三条蓝色经济通道建设》，《中国海洋大学学报》2019 年第 3 期。

位一体，这是一项时效性兼具前瞻性、精益化兼具全面性的发展策略。① 窦博在《冰上丝绸之路与中俄共建北极蓝色经济通道》中认为吉林省图们江沿岸是离俄罗斯北方航道东边起始港东方港、海参崴港最近的地方，吉林省在东北亚古丝绸之路基础上，如何开发从图们江沿岸通往海参崴，连接北极航道的冰上丝绸之路，与俄罗斯共建北极蓝色经济通道，带领东北四省区老工业基地顺利转型，实施向海战略，是摆在当前的主要任务，并认为在防川（图们江上）与春化（图们江支流珲春河上）建港口，是吉林省落实国家打造"冰上丝绸之路"，与俄罗斯共建北极蓝色经济通道、实施向海战略的第一步。② 沈予加在《巴布亚新几内亚："南太平洋蓝色经济通道"的支点》中认为中国与巴布亚新几内亚在南太平洋地区的利益比较契合，未来两国关系将进一步深化，巴新也将成为中国在南太平洋地区重要的政治和经济合作伙伴，亦可成为南太平洋蓝色经济通道的支点。③ 王瑞领、赵远良探讨了中国建设印度洋方向蓝色经济通道的基础、挑战及应对。④ 武俊松从国际法视角下探讨了北冰洋蓝色经济通道的构建，认为北冰洋蓝色经济通道的构建所面临的海域管辖权和海洋安全保障等国际法风险和挑战不容忽视，应当从立法、司法、执法层面构建完善的制度框架来寻求合法的、合理的方式解决。⑤ 匡斓鸽探讨了中俄如何共同构建经北冰洋连接欧洲的蓝色经济通道。⑥ 郑英琴探讨了中国与北欧共建蓝色经济通道的基础、挑战及路径，认为与北欧国家共建北冰洋连接欧洲的蓝色经济通道是中国"一带一路"倡议的重要组成部分，其与共建"冰上丝绸之路"并行，符合各方长远利益。⑦

此外，还有一些学者从自然科学角度论及了蓝色经济通道。张偲、王

---

① 潘常虹、孙冬石：《中俄共建"北极蓝色经济通道"的路径和策略》，《东北亚经济研究》2018 年第 6 期。

② 窦博：《冰上丝绸之路与中俄共建北极蓝色经济通道》，《东北亚经济研究》2018 年第 1 期。

③ 沈予加：《巴布亚新几内亚："南太平洋蓝色经济通道"的支点》，《世界知识》2018 年第 11 期。

④ 王瑞领、赵远良：《中国建设印度洋方向蓝色经济通道：基础、挑战及应对》，《国际经济评论》2021 年第 1 期。

⑤ 武俊松：《国际法视角下"北冰洋蓝色经济通道"的构建》，《海南热带海洋学院学报》2020 年第 4 期。

⑥ 匡斓鸽：《中俄共建"经北冰洋连接欧洲的蓝色经济通道"研究》，《欧亚经济》2019 年第 4 期。

⑦ 郑英琴：《中国与北欧共建蓝色经济通道：基础、挑战及路径》，《国际问题研究》2019 年第 4 期。

森在《海上丝绸之路沿线国家蓝碳合作机制研究》一文中探讨了构建蓝色经济通道的一个具体内容,即如何加强沿线国家的蓝碳合作。在他们看来,海上丝绸之路沿线国家蓝碳合作机制包括三个方面:动力机制主要基于各国政府协同治理全球气候环境的共同愿望;实现机制主要包括海洋生物多样性合作保护、蓝碳生态系统监测和海洋污染合作治理;保障机制主要包括蓝碳合作研究、海洋高层对话、蓝碳合作融资、蓝碳市场建构、蓝碳金融支持和蓝碳产业支持等。①

国外学术界对此研究仍较薄弱。阿姆里塔·乔什(Amerita Jash)在《基于海上丝绸之路的中国"蓝色伙伴"》("China's 'Blue Partnership' through the Maritime Silk Road")一文中探讨了中国的"蓝色伙伴",并提及了蓝色经济通道。② 柴田秋帆、尼古拉斯·泽尔海姆(Nikolas Sellheim)等人在《北极地区的新型合法秩序:非北极国家行为体的角色》(Emerging Legal Orders in the Arctic: The Role of Non - Arctic Actors)一书中在谈及北极地区的客观形势时,提及了中国的三条蓝色经济通道,其中北极蓝色经济通道使得北极地区的竞争态势日趋激烈。③ 马克·郎铁尼(Marc Lanteigne)在《北十字路口:中俄在北极地区的合作》("Northern Cross-roads Sino-Russian Cooperation in the Arctic")一文中认为由于中国一直寻求和深化同北极地区的接触,中俄在北极周边地区发展外交和经济方面的案例不胜枚举。随着美国正改变自身的北极战略,是否面临着中俄联合利用北极资源和潜在航线所带来的更为激烈的竞争仍不得而知。虽然在可预见的未来,中俄在北极事务上可能会有更为密切的合作,但这种合作将建立在经济利益的基础之上,而不是发展中的"北方联盟"。中国在北极地区的利益日益广泛。北极蓝色经济通道构建倡议的提出体现了中国"一带一路"倡议同北极地区的连通性。中国希望在北极航道开发中发挥作用,包括沿着西伯利亚的大东北航道及基于国际法的和平、安全的北极航运。④ 同时,在他看来,中国的北极战略正是基于蓝色经济通道的连通性。这一方面体现了中国被消极地认为是北极地区的"搅局者";另一方面体现了

① 张偲、王森:《海上丝绸之路沿线国家蓝碳合作机制研究》,《经济地理》2018 年第 12 期。

② Amerita Jash, China's, "'Blue Partnership' through the Maritime Silk Road", *National Maritime Foundation*, September 2017, pp. 1 - 8.

③ Akiho Shibata, Leilei Zou, Nikolas Sellheim, Marzia Scopelliti, *Emerging Legal Orders in the Arctic: The Role of Non - Arctic Actors*, Routledge: Taylor & Francis Group, May, 2018, p. 3.

④ Marc Lanteigne, "Northern Crossroads Sino - Russian Cooperation in the Arctic", *Politic and Security Affairs*, March 2018, pp. 1 - 6.

中国被认为是北极地区唯一的边缘行为体。①

　　综合来看，不难发现，国内外的既有研究主要集中在缘何以及如何构建蓝色经济通道，涉及中国—大洋洲—南太平洋蓝色经济通道、经北冰洋连接欧洲的蓝色经济通道、中国连接印度洋方向的蓝色经济通道。然而，蓝色经济通道的构建是一个系统工程，需要相应的理论支撑。没有理论支撑，蓝色经济通道的研究缺乏深度。既有研究忽略了对蓝色经济通道概念及相关理论的系统研究。同时，既有研究也忽略了蓝色经济通道构建区域路径障碍的系统探讨。由于每个地区的情况不同，这三条蓝色经济通道构建面临着不同的障碍。

三　研究方法、创新点、难点和重点

（一）研究方法

　　本研究使用了三种研究方法。第一，文本解读法。吸收国际法学、国际政治学等相关知识和理论，解读南太平洋地区各类公约文本。第二，比较研究方法。对中国所倡导的蓝色经济通道与西方国家所宣扬的海上战略通道进行比较，突出蓝色经济通道的新内涵。第三，实证研究方法。利用在太平洋岛国搜集的实地调研资料，进行相关研究。

（二）创新点

　　本研究首次探讨了蓝色经济通道的理论基础，尝试从全球海洋治理、人类命运共同体、复合相互依赖、地理环境理论、海洋命运共同体五个层面去分析。

（三）难点

　　本研究的难点是研究资料相对较少，既有研究相对匮乏。关于南太平洋地区有大量的公约，需要进行专业性的翻译和解读。同时，该地区存在很多区域组织，比如太平洋岛国论坛、太平洋共同体、南太平洋区域环境署等。这些区域组织错综复杂，很多功能有所重叠。

（四）重点

　　本研究的重点是在界定蓝色经济通道概念及进行学理探究基础上，尝试提出中国—大洋洲—南太平洋蓝色经济通道构建的路径及面临的制约因素。

---

① Marc Lanteigne, "'Have You Entered the Storehouses of the Snow?' China as a Norm Entrepreneur in the Arctic", *Polar Record*, Vol. 53, No. 269, 2017, p. 117.

第一章 蓝色经济通道的概念界定及理论基底

既有研究尚未涉及关于蓝色经济通道的基础研究。基础研究是探讨蓝色经济通道的前提。因此，有必要首先从理论层面探讨蓝色经济通道。本章首先对蓝色经济通道的概念进行界定，其次从全球海洋治理层面、人类命运共同体层面、复合相互依赖层面、地理环境层面以及海洋命运共同体层面来探讨蓝色经济通道。

第一节 蓝色经济通道的概念界定

由于蓝色经济通道是一个新近出现的术语，因此国内外尚未有关于这个术语的概念界定。笔者将尝试从两个方面来对蓝色经济通道进行界定，即蓝色经济和通道。

一 蓝色经济

（一）"蓝色经济"概念提出的背景

"蓝色经济"的概念最早出现在 2012 年联合国可持续发展大会（United Nations Conference on Sustainable Development, UNCSD）上。它是一个不断演变的概念，国际社会日渐意识到需要在保护海洋的同时，应最大限度地发掘海洋所带来的潜力。① 2012 年 6 月 20—22 日，UNCSD 在巴西里约热内卢举行，主要聚焦于两个主题，一个是"可持续发展组织框架"（Institutional Framework for Sustainable Development），另外一个是"绿色经济"概念的完善。蓝色经济源于 UNCSD 上提出的"绿色经济"概念，并同其

---

① Commonwealth Secretariat, *The Blue Economy and Small States*, London: Pall Mall, 2016, p. 11.

共享发展预期，即在降低环境风险和生态不足的同时，提高人类福祉和社会公平。不同于传统的发展模式，绿色经济致力于更多地投资于环境和社会层面。这种新的路径将扩展对海洋的传统利用，并使用最新的技术。在UNCSD的筹备阶段，许多沿海国家就质疑了绿色经济的关注点及其适用性。蓝色经济的路径与海洋有着很大的相关性，公海的共同认识体现着人类对于可持续发展的追求。沿海及海上发展中国家处于蓝色经济支持的前沿，海洋在人类未来发展中扮演着重要角色以及蓝色经济为可持续发展提供了一个很好的路径。尖端技术和不断提高的货物价格为海底开发带来了新的机会，公海组成了大部分的全球公域，国际社会需要关注海洋资源的治理，以实现可持续发展。①

联合国和世界银行制定的《蓝色经济的潜力》（ *The Potential of the Blue Economy* ）指出，"蓝色经济的概念致力于推动经济增长、社会包容、人类生存社会保护的同时，保证环境的可持续性。这个概念的核心是避免人类海洋活动引发环境和生态系统的恶化。海洋资源的可持续利用中存在很多挑战，比如气候变化引发了海平面上升，极端气候频发，全球气温日益上升，将会对海洋相关领域（比如渔业、旅游业、水产养殖）和海洋交通基础设施产生直接和间接的影响，并对绝大多数海洋国家带来广泛的影响，尤其是沿海最不发达国家和小岛屿发展中国家"② 海洋与人类的可持续发展有着密切的联系。"海洋覆盖了这个蓝色星球面积的72%，组成了超过95%的生物圈。海洋为全球相当一部分人口提供了食物、居住环境，海运是80%的国际贸易的主要交通方式。海床目前提供了全球32%的碳水化合物……海洋对于满足可持续发展需求的潜力是巨大的，但前提是海洋需要保持或恢复到一个健康的状态。海洋和沿海生态系统的恶化意味着人类迄今为止的努力是不充分的"③。

人们已经意识到海洋并不是无限的，它正在遭受人类活动所带来的负面影响。考虑到海洋资源的有限性及海洋健康的日益恶化，蓝色经济很难平衡经济、社会、与海洋相关的可持续发展环境维度之间的关系。国际社会已经意识到了海洋对于可持续发展的重要性，《约翰内斯堡实施计划》（Johannesburg Plan of Implementation）、可持续发展委员会（Commission of

---

① "Blue Economy Concept Paper", Sustainable Development, https://sustainabledevelopment.un.org.
② World Bank Group, United Nations, *The Potential of the Blue Economy*, 2017, p. 1.
③ "Blue Economy Concept Paper", Sustainable Development, https://sustainabledevelopment.un.org.

Sustainable Development）做出的各种决策以及 UNCSD 的文件《我们渴望的未来》（The Future We Want）都体现了这一点。1982 年联合国《海洋法公约》及 1995 年《联合国鱼类资源协定》（United Nations Fish Stocks Agreement）建立了一个法律框架，与海洋相关的所有活动都应该在这个框架内进行。该框架是国际层面、地区层面、国家层面进行海洋合作的基础。蓝色经济超越了传统的经济，把经济发展和海洋健康视为可以兼顾的条件。蓝色经济是低碳的、有效的，以及干净的。这种经济建立在共享、循环、相互依存、协作的基础上。蓝色增长或者环境可持续的经济增长基于海洋，是维持经济增长和创造就业的战略。①

　　蓝色经济已经成为很多地区的一个重要战略规划。欧盟在 2014 年通过了《蓝色经济中的创新：实现我们的海洋对于工作和增长的潜力》（Innovation in the Blue Economy：Realising the Potential of Our Seas and Oceans for Jobs and Growth），强调"为了发掘欧洲蓝色经济的潜力，成员国需要实施有效克服障碍的政策"②。2017 年 3 月，欧盟通过了《蓝色经济增长报告：面向蓝色经济中的更可持续增长和就业》（Report on the Blue Growth Strategy：Towards More Sustainable Growth and Jobs in Blue Economy），并指出了欧盟对于蓝色增长的认知及所采取的政策。"蓝色经济是欧洲福利和繁荣的驱动力。自 2012 年起，欧盟采取了一系列措施。它在与欧洲海洋、沿海有关的领域发布了许多倡议，促进海洋产业与公共部门之间的合作，目的是确保海洋环境的可持续性。"③ 2017 年 7 月，太平洋岛国论坛渔业署推出了名为《太平洋地区蓝色经济》（Blue Economy in Pacific Region）的研究报告，强调了蓝色经济的重要性。"蓝色经济体现了多维度的影响，包括经济层面、文化层面等。南太平洋地区尤其体现了这一点，并内嵌于可持续发展的概念。地区主义与区域合作推动了该地区蓝色经济的发展。"④ 除了官方层面之外，有学者也开始关注蓝色经济。比如，梅格·基恩（Meg R. Keen）等从太平洋海洋治理的角度来探讨蓝色经济，"太平洋岛国及其领导人开始在国际层面和地区层面上援引蓝色经济的概念，目的是

---

① World Bank Group, United Nations, *The Potential of the Blue Economy*, 2017, pp. 2 – 4.

② European Commission, *Innovation in the Blue Economy：Realising the Potential of Our Seas and Oceans for Jobs and Growth*, 8 May, 2015, p. 1.

③ European Commission, *Report on the Blue Growth Strategy：Towards More Sustainable Growth and Jobs in Blue Economy*, 31 March, 2017, p. 3.

④ FFA, Blue Economy in Pacific Region, March 2017, http：//www. europarl. europa. eu

把握住海洋治理多领域的目标"①。

（二）蓝色经济的范畴、主要对象

蓝色经济包括有生命的海洋资源（比如渔业资源）和无生命的资源（包括采掘工业，比如海床采矿、离岸石油和天然气等）所带来收益的领域。它同样包括围绕商业和海洋贸易、海洋监测、海洋治理与保护的活动。具体而言，蓝色经济涉及的相关产业包括渔业、海产品贸易、水产养殖、海洋生物技术、海床开采、海洋运输、船舶制造、固体废弃物处理、生物多样性保护等。②

蓝色经济的主要对象是小岛屿发展中国家（Small Island Developing States，SIDS）和最不发达国家（Least Developed Countries，LDCs）。它们不仅数量庞大，而且与海洋有着密切的关系。可持续发展目标 14（Sustainable Development Goal 14，SDG 14）聚焦于 SIDS 和 LDCs。它们可以从可持续利用海洋资源中提高经济收益。全世界有 54 个中低收入的沿海和岛屿国家，对它们而言，海洋意味着意义重大的管辖区和机会的来源。海洋和海洋资源成为许多 SIDS 和 LDCs 经济的基础。同时，海洋对它们的文化和可持续发展、缓解贫困、实现可持续发展具有关键的作用。SIDS 的可持续发展面临着特殊的挑战，包括人口较少、资源有限、对自然灾害具有脆弱性、对国际贸易依附较深。它们的经济增长和发展经常受阻于高昂的交通成本、由于规模小带来的不成比例的公共部门和基础设施、缺乏建立规模经济的机会。《巴巴多斯行动纲领》（Barbados Programme of Action）、《毛里求斯实施策略》（Mauritius Strategy of Implementation）、《"里约 + 20"成果文件》（Rio + 20 Outcome Document）都体现了这一点。事实上，SIDS 经常认为自身是"海洋大型国家"（large ocean states），主要是基于广阔的专属经济区（Exclusive Economic Zone，EEZ）和海洋在它们生活和发展中的重要性。③ 以太平洋岛国为例，传统意义上，太平洋岛国被认为是小型国家，具有很大的脆弱性。国际社会通常把"小国"的标签视为太平洋岛国的身份。然而，太平洋岛国拥有广阔的海洋面积、人海合一的海洋观念、大量关于全球海洋治理的区域组织以及在全球海洋会议中的话语权，因此，它们又是海洋大型国家。以往学术界的研究往往聚焦于以美国、日本、英国等为代表的海洋强国，但忽略了对于海洋大型发展中国家的关

---

① Meg R. Keen, Anne – Maree Schwarz, Lysa Wini – Simeon, "Towards Defining the Blue Economy: Practical Lessons from Pacific Governance", *Marine Policy*, Vol. 88, 2018, p. 333.

② World Bank Group, United Nations, *The Potential of the Blue Economy*, 2017, p. 12.

③ World Bank Group, United Nations, *The Potential of the Blue Economy*, 2017, p. 2.

注。《太平洋岛国区域海洋政策与针对联合战略行动的框架》中明确界定了太平洋岛国的身份，"太平洋岛国被认为是小岛屿发展中国家，也被认为是海洋大型发展中国家"①。

SIDS 主要分布在加勒比海、太平洋和印度洋地区，面临着不同的挑战。海洋和广阔的专属经济区为它们实现可持续发展提供了新的路径，特别是对于海洋面积广阔的国家，它们的专属经济区面积远远大于其陆地面积。比如，巴哈马的海洋专属经济区面积大约为 242970 平方千米，而其陆地面积只有 5383 平方千米。圣文森特和格林纳丁斯的海洋专属经济区面积约为 13900 平方千米，是其陆地面积的 90 多倍。②

二　通道

蓝色经济通道是海上通道的一种类型，而海上通道又是通道的一种类型，因此，蓝色经济通道具有通道的一般属性。探讨蓝色经济通道的前提是搞清楚通道的含义，对其有一个清晰的界定。历史上，早在远古时期，中国劳动人民就开辟了一条条四通八达的路径，从事商业和贸易活动。《管子·度地》中记载："山川涸落，天气下，地气上，万物交通。"最早出现了交通一词。交通离不开道路，"道路"当时又称"驿传"或"驿道"。殷商时期，就有了驿站的位置。西周开始，建立了完善的道路体系。③ 作为中国古代对外贸易的重要通道，海上丝绸之路不仅是历史上中外各项交流的通道，而且是现今人民友好交往的见证。海上丝绸之路早在中国秦汉时期就已经出现，到唐宋时期达到鼎盛，明清时贸易规模和航线距离都进一步扩大，成为中外商贸交流的代表。④

不同的学者对于通道的概念有不同的界定。陆卓明认为："世界上存在一些长距离的、通常是穿越众多国家的走向相同的交通线，国际运输的大部分是由它们来承担的。'通道'一词专门用于这类交通线所通过的地带，凡是一组走向平行的长距离水陆空交通线所通过的地带就是一条通道。"⑤ 在张曙霄看来，"通道"一般有狭义和广义两种内涵。狭义的"通

---

① SPC, FFA, PIFS, SOPAC, USP, SPREP, *Pacific Islands Regional Ocean Policy and Framework for Integrated Strategic Action*, 2005, p. 4.

② Commonwealth Secretariat, "The Blue Economy and Small States", *Commonwealth Blue Economy Series*, No. 1, 2016, pp. 23 – 24.

③ 李兵：《国际战略通道问题研究》，当代世界出版社 2009 年版，第 16 页。

④ 王元林：《海陆古道：海上丝绸之路对接通道》，广东经济出版社 2015 年版，第 2 页。

⑤ 陆卓明：《世界经济地理结构》，中国物价出版社 1995 年版，第 90 页。

道"又包括两层含义:一是指通道的地带,即运输服务活动经历的"带状"地区;二是指线路系统,即"带"状地区里的交通基础设施。而广义的"通道"含义除了包括前两个要素以外,还要加上载体系统。即流动在交通基础设施上的运输工具和管理系统,也就是维持正常运作的软系统。① 李兵认为:"通道是客流、货流的流经地、线路、运载工具以及管理系统的总和。通道是大量物流集中通过的地带,在分布上必要连接并跨越世界主要的经济中心和生产基地,通道的分布取决于世界生产能力的地域分布,尤其是大工业区的分布,因为大工业基地是制造产品与吸收原材料最多的区域。"② 在约翰·W. 加雷森(John W. Calison)看来,"在交通运输投资集中的延伸地带内,运输需求非常大,交通流非常密集,各种不同的运输方式在此地带内互相补充,提供服务"③。

除了学术上的定义之外,一些工具书也对通道的概念进行了界定。《辞源》对"通道"做了四种解释,其中与道路有关的有两种:作动词,指开辟道路;作名词,指大路、畅通之道。④ 《汉英词典》把"通道"翻译为"thoroughfare、passageway 或 passage"⑤。《英汉词典》把"thoroughfare"理解为"重要的运输道路";将"passage"理解为"通向某地或两点之间的通道"⑥。维基百科把"passage"理解为"连接两个较大水域的狭窄海峡"⑦;把"thoroughfare"理解为"连接两个地方的道路。就陆地而言,'thoroughfare'意指带有立交路口的多车道公路的一部分,或者崎岖不平的小道;就水域而言,'thoroughfare'意指海峡、航道。该术语使用航线的权利,而并不是航线本身。换句话说,它是使用特殊道路的合法权利"⑧。

三 蓝色经济通道

蓝色经济通道包含了蓝色经济和通道两个方面的内涵,它们有着内在

① 张曙霄:《中国对外贸易结构论》,中国经济出版社 2003 年版,第 24 页。
② 李兵:《国际战略通道问题研究》,当代世界出版社 2009 年版,第 18 页。
③ John W. Calison, "Traffic Control Systems and the Year 2000", *Ite Journal*, Vol. 4, No. 68, 1998, p. 3.
④ 《辞源》,商务印书馆 1983 年版,第 3063 页。
⑤ 北京外国语大学英语系词典组:《汉英词典》,外语教学与研究出版社 1995 年版,第 686 页。
⑥ 王同亿:《英汉辞海》,国防工业出版社 1990 年版,第 5488、3811 页。
⑦ "Passage", WIKIPEDIA, https://en.wikipedia.org/wiki/Passage.
⑧ "Thoroughfare", WIKIPEDIA, https://en.wikipedia.org/wiki/Thoroughfare.

的联系。目前，国内外对蓝色经济通道并没有统一的概念界定。因此，蓝色经济通道的概念将综合蓝色经济和通道这两个维度。如前所述，蓝色经济的主要对象是 SIDS 和 LDCs，目的是通过可持续利用海洋资源，实现经济的可持续发展。然而，由于可持续发展是全人类共同的目标，海洋是全人类共同的财富，因此蓝色经济通道涉及的对象不应只限于 SIDS，而且包括全球范围的各个国家。由此可见，蓝色经济通道是一条包括 SIDS 在内的世界各国可持续利用海洋资源、实现可持续发展的海上航线。正如《"一带一路"建设海上合作设想》所指出的，"海洋是地球最大的生态系统，是人类生存与可持续发展的共同空间和宝贵财富。随着经济全球化和区域经济一体化的进一步发展，以海洋为载体和纽带的市场、技术、信息等合作日益紧密，发展蓝色经济逐步成为共识，一个更加注重和依赖海上合作与发展的时代已经到来"①。通道建设是蓝色经济通道的重要组成部分。《"一带一路"建设海上合作设想》重点提出了建设三条蓝色经济通道，分别是中国—印度洋—非洲—地中海蓝色经济通道、中国—大洋洲—南太平洋蓝色经济通道、经北冰洋连接欧洲的经济通道。UNCSD 的文件《我们渴望的未来》也强调了通道的重要性。"运输和流动性对可持续发展非常关键。可持续的交通可以推动经济增长以及提高可通达性（accessibility）。可持续的交通在尊重环境的同时，可以更好地实现经济整合。"② 海上通道是 SIDS 和许多 LDCs 的生命线，服务绝大部分的人口、资源和货物。太平洋岛国发展论坛对可持续的海洋交通体系也特别重视，指出："可持续海洋交通的发展可以降低对进口燃料的依赖。海洋交通中的有活力的低碳技术被认为是南太平洋地区实现蓝色经济的重要一部分。"③ 欧盟为了实现成功的蓝色经济，致力于强化成员国和地区的努力，制定多种基础政策，其中之一是《欧盟无障碍海洋交通空间》（EU Maritime Transport Space without Barriers），目的是简化海洋交通的管理程序，并进一步演变为欧洲内外自由海洋运动的"蓝色通道"④。

综合来看，蓝色经济通道的概念应该从以下几个方面认识。

第一，蓝色经济通道并非海上战略通道。蓝色经济通道与海上战略通

---

① 《"一带一路"建设海上合作设想》，新华网，2017 年 6 月 20 日，http：//www. xinhuanet. com.

② UNCSD, *The Future We Want*, Brazil：Rio, June 2012, p. 23.

③ World Bank Group, United Nations, *The Potential of the Blue Economy*, 2017, p. 21.

④ EU, *Blue Growth：Opportunities For Marine And Maritime Sustainable Growth*, September 2012, p. 5.

道是不同时期、不同环境下的术语，但很容易混淆，因此有必要将它们区别开来。海上战略通道是指对国家安全与发展具有重要影响的海上咽喉要道、海上航线和重要海域的总称。主要包括三部分：一是特指一些重要的海峡、水道、运河；二是指海峡及海上交通线附近的一些重要的交通枢纽；三是指海上交通线所经过的有特定空间限制的海域。① 中国现代国际关系研究院海上通道安全课题组也对海上通道进行了概念的界定。"一般而言，海上通道指船舶由甲地到乙地经过之海洋路线。在海洋术语中，它应是路程短、经济和安全的运输线。"② 海上战略通道在某种程度上具有地缘政治的内涵，是海洋强国战略博弈的焦点。与之相反，蓝色经济通道从根本上淡化了地缘政治博弈的色彩，服务于可持续发展，是国际社会增进共同福祉、发展共同利益的纽带，是一条安全通畅高效的海上大通道。

第二，蓝色经济通道并不完全等同于海上交通线。一般来说，海上交通线专指海上航线部分，或专指海峡水道。从用途上来看，海上交通线一般被认为是一条"商路"。不少国内外学者表达了这个观点。比如，阿尔弗雷德·赛耶·马汉（Alfred Thayer Mahan）在《海权论》中认为："从政治和社会的观点看，海洋首先并且最为明显地呈现给人们的就是，它是一条广袤的通途；或者更准确一点说，是一条共用通道，人们可以在这条通道上向四面八方通行。这些交通线被称作'商路'。"③ 鹿守本在《海洋管理通论》中认为："世界经济繁荣要靠贸易，洲际间实现各类物资转运，主要靠海洋。海洋是连接各大陆的基本通道，是很多国家生存发展的生命线。"④ 然而，蓝色经济通道不仅仅是一条"商路"，还是一条依海繁荣、绿色发展、合作治理的人海和谐发展之路。它超越了传统意义上的海上交通线，是一条基于传统海上交通线的可持续治理海上通道，包含了经济层面、政治层面、社会层面、文化层面等多维度的意义。

由此可见，不同于海上交通线和海上战略通道，蓝色经济通道具有安全、政治、经济、地理、文化等多层面的含义，致力于可持续利用海洋资源，实现全人类的可持续发展，重点关注 SIDS 和 LDCs，是一条海上大通道、海上合作平台，而不是具体的交通线、咽喉要道、海峡或海上交通线附

---

① 梁芳：《海上战略通道论》，时事出版社 2011 年版，第 11 页。
② 中国现代国际关系研究院海上通道安全课题组：《海上通道安全与国际合作》，时事出版社 2005 年版，第 51 页。
③〔美〕阿尔弗雷德·赛耶·马汉：《海权论》，一兵译，同心出版社 2012 年版，第 21 页。
④ 鹿守本：《海洋管理通论》，海洋出版社 1997 年版，第 11 页。

近的战略岛屿。应当指出的是，在蓝色经济通道多层面的内涵中，安全是最基本的层面，是其他层面的基础。也有学者认为蓝色经济通道是一个包括港口和其他沿海基础设施在内的从南亚、东南亚到东非、北地中海的海洋网络。[①] 这个概念界定只是地理意义上的总结，并没有从根本上厘清蓝色经济通道的内涵。

第二节　蓝色经济通道的理论基底

蓝色经济通道的海上大通道、海上合作平台内涵决定了其拥有理论基底。全球海洋治理理论、人类命运共同体理论、复合相互依赖理论、地理环境理论、海洋命运共同体理论是其五大理论基底。

一　全球海洋治理理论

全球海洋治理是全球治理理论的具体化和实际应用。它是全球化时代下国际政治与公共事务管理相结合的产物，是治理理论在全球事务中的延伸与拓展。而将全球治理理论引入到海洋领域，即产生了"全球海洋治理"。随着全球海洋地位的日益提升和全球治理理论的不断完善，全球海洋治理作为一种新兴的全球治理实践领域，不仅具有直接而重要的现实意义，也在不断完善全球治理的理论深度和实践广度。[②] 需要指出的是，欧盟在全球海洋治理理论中处于引领者的地位，欧盟海洋治理进程因区域外动力与直接危机带来的压力而不断完善。强大的综合实力以及在创建全球海洋治理机制过程中的先导作用，使欧盟成为全球海洋治理体系的赢家。2016 年 11 月，欧盟委员会与欧盟高级代表通过了首个欧盟层面的《全球海洋治理联合声明》，目的是在欧盟与全球范围内保证一个安全、干净、可持续治理的海洋。该联合声明文件包括三个领域，分别是完善全球海洋治理架构；减轻人类活动对海洋的压力，发展可持续的蓝色经济；加强国际海洋研究和数据搜集能力，致力于应对气候变化、贫困、粮食安全、海上犯罪活动等全球海洋挑战，以实现安全、可靠以及可持续开发利用全球海洋资源。同时，该联合声明是欧盟对接可持续发展目标（Sustainable Development Goal，SDG），特别是 SDG14

---

① Amerita Jash, "China's Blue Partnership through the Maritime Silk Road", *National Maritime Foundation*, September 2017, p. 2.

② 王琪、崔野:《将全球治理引入海洋领域——论全球海洋治理的基本问题与我国的应对策略》,《太平洋学报》2015 年第 6 期。

条款的一部分，以保护和可持续利用海洋及海洋资源。世界自然基金会欧盟海洋政策专员萨曼莎·伯吉斯（Samantha Burgess）表示，"就推动全球治理而言，希望欧盟可以做个很好的示范，颁布新的立法规范，通过加强与各国政府合作，确保欧盟和国际社会实现可持续发展"①。因此，全球海洋治理理论应充分结合欧盟的《全球海洋治理联合声明》。学术界对于全球海洋治理的概念并没有统一的界定。王琪和崔野认为，"全球海洋治理是指在全球化的背景下，各主权国家的政府、国际政府间组织、国际非政府组织、跨国企业、个人等主体，通过具有约束力的国际规则和广泛的协商合作来共同解决全球海洋问题，进而实现全球范围内的人海和谐以及海洋的可持续开发和利用"②。美国的比利安娜·塞恩（Biliana Cicin-Sain）和罗伯特·克内特（Robert W. Knecht）在《美国海洋政策的未来——新世纪的选择》中对海洋治理（ocean governance，又译海洋管治）也进行了概念界定，"我们用'海洋管治'这一术语来表示那些用于管理海洋区域内公共和私人的行为，以及管理资源和活动的各种制度的结构与构成。就范围而言，海洋管治这个术语适用于多种形式被美国所管辖的、与美国陆地相邻的一带水域，它们包括领海、专属经济区（Exclusivo Economic Zone，EEZ）、超出 200 海里范围的美国大陆架。海洋管治体系的根本目的是使美国公众从海洋资源和海洋空间利用中得到的长远利益最大化"③。本研究所使用的是欧盟关于全球海洋治理的概念界定，"全球海洋治理是以保持海洋健康、安全、可持续以及有弹性的方式，管理和利用全球海洋以及海洋资源"④。全球海洋治理理论与蓝色经济通道有着密切的联系。

第一，蓝色经济通道的一个主要内涵是可持续发展，而可持续发展是全球海洋治理的一个内在属性。在国际背景下，"发展"主要指经济发展，涉及自然资源的开发和利用。"可持续"意为保护性的发展，有助于自然资源的持久存活性。国际自然保护联盟（International Union for the Conservation of Nature）于 1980 年推出的《世界保护战略》首次提出了"可持续发展"的概念，随后世界环境与发展委员会采用了这个概念。"可持续发展"用来描

---

① "International Ocean Governance：an Agenda For the Future of Our Oceans"，EU Maritime Affairs，November 10，2016，https：//ec. europa. eu.

② 王琪、崔野：《将全球治理引入海洋领域——论全球海洋治理的基本问题与我国的应对策略》，《太平洋学报》2015 年第 6 期。

③ 〔美〕比利安娜·塞恩、罗伯特·克内特：《美国海洋政策的未来——新世纪的选择》，张耀光、韩增林译，海洋出版社 2010 年版，第 13 页。

④ "International Ocean Governance：an Agenda for the Future of our Oceans"，EU Maritime Affairs，November 10，2016，https：//ec. europa. eu.

述长期内使大多数人受益的方式对资源进行管理。它是以维持保护资源与最大化利用的平衡为目的，对资源进行治理。1982 年联合国《海洋法公约》体现了"可持续发展"的许多法律和制度内涵。就海洋治理而言，联合国《海洋法公约》是海洋治理相关条约的总框架。该公约对利用海洋资源采取整体主义的方式，并意识到"海洋空间问题是相互联系的，被认为是一个整体"。该公约有很多呼吁国家间、国际组织间合作的条款，作为海洋资源保护的整体目标，并确保最大化地利用海洋资源。[1] 海洋在全球可持续章程中扮演着重要角色。《建立一个可持续海洋的合作伙伴关系：区域海洋治理在执行 SDG14 中的角色》（*Partnering for a Sustainable Ocean: the Role of Regional Ocean Governance in Implementing SDG14*）指出："海洋对我们的生存和共同生活至关重要。海洋为我们提供了必要的生态系统服务和食物，是国际贸易的支柱，为可持续经济增长提供多样的机会。SDG14 致力于海洋的保护与可持续利用。"[2] 不少学者把可持续视为海洋治理的重要原则。约翰·范·德克（John M. Van Dyke）在《公海及其资源的国际治理与管理》一文中指出，"海洋所有竞争性的利用和威胁要求建立一种综合性的机制，用以治理海洋的利用和保护海洋资源。目前已经出现了一些指导性的原则来推动这一机制的实现。其中一个机制是我们必须重视海洋持续的生态活力，特别关注脆弱的生态系统、濒临灭绝的物种以及海洋哺乳动物。我们的主要目标是为子孙后代保持海洋环境的多样性。如果我们遵循这些原则，我们则能履行作为海洋资源和生物'护卫'的责任。这个责任要求我们负责地利用海洋，在为子孙后代保持海洋环境长期活力的同时，考虑我们之所需"[3]。

　　第二，蓝色经济通道的安全内涵是全球海洋治理的范畴。全球海洋治理的客体就是全球海洋治理的对象，是已经深刻影响或将要影响全球海洋的问题。[4] 其中，海洋安全治理是全球海洋治理的一个重要内容。以亚太地区为

[1]　Peter Bautista Payoyo, *Ocean Governance: Suatainable Development of the Seas*, New York: United Nations University Press, 1994, pp. 22 - 23.

[2]　Wright, G., Schmidt S., Rochette, J., Shackeroff, J., *Partnering for a Sustainable Ocean: the Role of Regional Ocean Governance in Implementing* SDG14, PROG: IDDRI, IASS, TMG & UN Environment, 2017, p. 7.

[3]　Jon M. Van Dyke, "International Governance and Stewardship of the High Seas and Its Resource", in Jon M. Van Dyke, Durwood Zaelke, Grant Hewison, *Freedom For the Seas in the 21st Century: Ocean Governance and Environmental Harmony*, Washington, D. C.: Island Press, 1992, pp. 18 - 19.

[4]　Lisa M. Campbell, Noella J. Gray, Luke Fairbanks, "Global Oceans Governance: New and Emerging Issues", *The Annual Review of Environment and Resources*, Vol. 41, No. 1, 2016, p. 27.

例，不同种类的海洋安全问题是目前区域安全问题的焦点。联合国《海洋法公约》为地区引入了新的不确定性因素，特别是与 EEZ 和群岛国有关的机制。在 30 个亚太地区的冲突点中，超过 1/3 的冲突点涉及群岛、大陆架诉求、EEZ 界线和其他离岸问题。许多新出现的区域安全问题（比如海盗、石油泄漏、海上交通线的安全、非法捕鱼和其他离岸资源的开采）和其他经济安全的重要内容都与海洋有关。[①] 欧盟在也表达了对海洋安全问题的担忧，"世界人口将在 2050 年之前达到 90 亿—100 亿人，造成对海洋的压力剧增。原料、食物、水资源的全球竞争将日益激烈，非法捕鱼、海盗、气候变化、海洋污染已经威胁到了海洋的健康。除此之外，蓝色经济对全球经济的依附更紧密。为此，欧盟着手更好的海洋治理，呼吁跨部门的国际框架"[②]。同时，欧盟也表达了对海洋安全的渴望，"我们的繁荣与和平全部都依赖安全、可靠、干净的海洋。我们可以通过充分保护海洋安全，在国家管辖区之外的区域维护法律规范，保护欧盟的海洋战略利益"[③]。

第三，蓝色经济通道把海洋视为全人类共同的财富，突出海洋的整体性，这与全球海洋治理的内涵不谋而合。在约翰·范·德克看来，海洋治理的一个原则是要意识到海洋是人类的共同财富，这有助于决定如何分配有限的海洋资源。人类应该共享这些资源。在许多情况下，沿海地区居民的需求和工业应该为分配海洋资源提供主要的基础，正如这个原则验证了 200 海里 EEZ 的建立。每个海洋地区的人口都应该有权利用海洋资源。深处内陆以及地理位置偏僻地区的人如果对海洋感兴趣，同样有权使用海洋资源。拥有开发渔业资源渔船队的远海捕鱼国应该获得投资的认可，虽然它们无权独占对这些海洋资源。[④] 全球海洋治理突出了海洋治理与资源利用之间的平衡，主张建立一个符合全球共同利益的海洋治理机制。"过去的海洋自由原则确保每个国家拥有平等的利用海洋空间的机会，但却是一个消极的原则。该原则并不提倡海洋治理。我们必须解决利用、开发海洋与保护海洋之间的二元对立的观念问题。海洋作为人类共同财富的使用需要涉及所有使用者利益的治

---

① David Wilsson, Dick Sherwood, *Oceans Governance and Maritime Strategy*, Australia: Allen & Unwin, 2000, p. 66.

② "International Ocean Governance: An Agenda for the Future of Our Oceans", EU Maritime Affairs, 10 November, 2016, https://ec. europa. eu.

③ "Maritime Security Strategy", EU Maritime Affairs, https://ec. europa. eu.

④ Jon M. Van Dyke, "International Governance and Stewardship of the High Seas and Its Resource", in Jon M. Van Dyke, Durwood Zaelke, Grant Hewison, *Freedom for the Seas in the 21st Century: Ocean Governance and Environmental Harmony*, Washington, D. C.: Island Press, 1992, p. 19.

理体系。这个观点的根基就是海洋是人类共同的财富，把海洋视为一个整体。"① 联合国《海洋法公约》序言指出，"海洋问题是密切相互关联的，需要以一个整体来看待。这个对海洋问题整体性的认识是重要的第一步。整体来看，海洋问题与陆地、大气问题密切相关"②。

二 人类命运共同体理论

中共十八大报告中对人类命运共同体进行了明确地界定，"要倡导人类命运共同体意识，在追求本国利益时兼顾他国合理关切，在谋求本国发展中促进各国共同发展"。人类命运共同体理论是一套系统的有关世界各国和各文明如何在尊重多样性和差异性的基础上，通过合作共赢形成命运攸关、利益相连、相互依存的国家集合体理论。中国在提出人类命运共同体理论的过程中，既吸收和借鉴了西方国际关系理论的合理因素，又超越和扬弃了其不合时宜的成分。③

目前，世界很多国家意识到了构建人类命运共同体对海洋可持续发展的重要意义。中国积极倡导用人类命运共同体理论来实现海洋可持续发展。2017 年 12 月，中国在第 72 届联合国代表大会上指出，"中国主张以构建人类命运共同体来实现海洋可持续发展……海洋是人类共同家园，是实现可持续发展的宝贵空间。面对海洋领域的问题和挑战，我们必须牢固树立人类命运共同体意识，密切合作。中国愿意秉持共商、共建、共享原则，在国际海洋领域推进构建人类命运共同体，平衡处理海洋的保护和可持续利用，积极落实《2030 年可持续发展议程》，实现海洋可持续发展"④。2017 年 2 月 10 日，联合国社会发展委员会第 55 届会议协商一致通过 "非洲发展新伙伴关系的社会层面"，构建人类命运共同体理念被首次写入联合国决议。人类命运共同体理论与蓝色经济通道的内涵不谋而合。

第一，人类命运共同体理论与蓝色经济通道都倡导人海和谐理念，实现人类可持续发展。因此，二者存在着内在的联系。人类命运共同体理论注重

---

① Arvid Pardo, "Perspectives on Ocean Governance", in Jon M. Van Dyke, Durwood Zaelke, Grant Hewison, *Freedom for the Seas In The 21ˢᵗ Century*: *Ocean Governance and Environmental Harmony*, Washington, D. C.: Island Press, 1992, p. 19.

② Peter Bautista Payoyo, *Ocean Governance*: *Suatainable Development of The Seas*, New York: United Nations University Press, 1994, p. 247.

③ 蒋昌建、潘忠岐：《人类命运共同体理论对西方国际关系理论的扬弃》，《浙江学刊》2017 年第 4 期。

④ 《构建人类命运共同体 实现海洋可持续发展》，人民网，2017 年 12 月 6 日，http://world.people.com.cn.

人与自然的和谐，寻求可持续发展之道。对中国传统海洋文化进行梳理可以发现：中国传统海洋文化具有崇尚和平、四海一家的价值追求，创造了以"海纳百川，和而不同"为底蕴的中华海洋文化圈。这种价值追求，在郑和下西洋奉行明朝"内安华夏、外抚四夷、一视同仁、共享太平"的基本国策中，得到鲜明体现。如宣诏颁赏，增进友谊；调解纠纷，和平相处；树碑布施，联络感情；克制忍让，化干戈为玉帛等。① 2009 年，中国指出，"推动建设和谐海洋，是建设持久和平、共同繁荣和谐世界的重要组成部分"。2014 年 12 月，中国在联合国总部指出，"中国愿与各国一道，进一步推动建设和谐海洋，在包括联合国《海洋法公约》在内的国际法基础上，促进海洋的和平、安全、开放，平衡海洋的科学保护与合理利用，实现国际社会成员的共同发展与互利共赢"。"人与自然共生共存，伤害自然最终将伤及人类。空气、水、土壤、蓝天等自然资源用之不觉，失之难续。我们应该遵循天人合一、道法自然的理念，寻求永续发展之路。"②

在人类命运共同体理论看来，海洋是人类共同的财富。这不同于西方国家对海洋的认知，有助于开创一个人海和谐的新时代。目前，国际社会开始重视"人海合一"海洋观念的重要性。2017 年，安东尼奥·古特雷斯（António Guterres）在联合国海洋法会议上指出，"联合国 SDG14 已经为实现清洁、健康的海洋制定了明确的路线图。当务之急首先是必须结束将经济、社会发展需求同海洋健康之间人为地'一分为二'的错误做法"③。在过去的一百多年，西方国家持一种"无限海洋"（Limitless Sea）的观念，现代西方文明建立在探索、发现、通过海洋及其资源征服陆地的基础上。海洋一直被视为"边疆"（frontier territory），西方国家在面对海洋及其资源时，持一种"凡事皆可"（anything goes）的态度。从历史上看，西方国家提倡的"海洋自由"包含污染海洋的自由，依照这个观点，海洋拥有消纳所有类型废弃物的无限能力。公海的军事活动也被认为符合海洋自由的概念，但这却扰乱对海洋的和平利用，逐渐威胁海洋环境。1800 年以后，公海自由一直是西方国家对海洋的观点。西方国家之所以提倡海洋自由，是因为他们当时有军事能力来保护商业船只的航行权。按胡果·格劳秀斯（Hugo Grotius）的看法，一般舰船对海上通道的使用并不会破坏其他船只对通道的使用权。然

① 崔凤、宋宁而：《中国海洋社会发展报告 2015》，社会科学文献出版社 2015 年版，第 46 页。
② 《共同构建人类命运共同体——在联合国日内瓦总部的演讲》，人民网，2017 年 1 月 19 日，http://politics.people.com.cn。
③ 《联合国海洋大会开幕：扭转趋势、促进海洋可持续发展》，联合国，2017 年 6 月 5 日，http://www.un.org。

而，格劳秀斯的观点已经过时。世界共同体需要建立一个整体意义上的海洋治理合法秩序。这样的法律秩序必须保护所有使用者的共同利益，顺应海洋环境的包容性利用，为所有国家提供不断扩展的机会。西方国家的环境观念是"人类中心"或"人类优越"论，即人类凌驾于自然界的一切生物之上。环境只是被人类用来支配、掌握和控制，这是其唯一目的。①

第二，人类命运共同体理论倡导主权平等原则，充分考虑 SIDS 的利益，这体现了蓝色经济通道的重要关切。SIDS 是蓝色经济通道的重点关注对象，同时它们也是人类命运共同体理论不能忽视的组成部分。人类命运共同体理论倡导实现全人类的共同利益，推动建立各层次的命运共同体，不仅仅是大国之间的命运共同体，还包括大国与 SIDS 之间的命运共同体。当今世界，SIDS 数量众多，分布广泛，它们在地理位置、地缘环境、历史背景、资源禀赋等方面，既有共性，又有个性。特定的问题、特别的需求和特殊的身份决定了 SIDS 观念的特殊性。它们关心世界与和平，关心海平面上升、可持续发展、海洋治理、气候变化等议题，对世界更具有人文情怀。因此，SIDS 是人类命运共同体理论必须充分考虑的特殊对象。基于人类命运共同体理论，中国采取各种举措，支持 SIDS 的生存与发展。2017 年 9 月，中国在国际海岛论坛中强调了与 SIDS 的合作。"长期以来，中国高度重视海岛保护工作。在 21 世纪海上丝绸之路倡议的推动下，中国与多个 SIDS 在生态修复、海水淡化与水资源开发利用、海洋观测和技术培训等方面开展了许多务实的合作，海洋国际合作成效显著。中国政府愿意在 21 世纪海上丝绸之路合作倡议和蓝色伙伴关系框架下，同 SIDS 一起，深化合作机制，共走绿色发展、依海繁荣、安全保障、合作治理的发展之路。"② 《平潭宣言》则是中国与SIDS 合作的一个具体倡议，"《2030 年可持续发展议程》确定的 SDG14 是各方推进国内海洋可持续发展及开展国际合作的重要指导。各方希望加强海洋领域的合作，建立牢固的合作基础"③。2016 年 "21 世纪海上丝绸之路岛屿经济"论坛在年会上发表宣言，倡议构建岛屿经济命运共同体。中国 21 世纪海上丝绸之路致力于政策沟通、设施联通、贸易畅通、资金融通、民心相通，为沿线岛屿地区开辟了新的机遇。该论坛倡议岛屿地区加快交通基础设

---

①　Jon M. Van Dyke, Durwood Zaelke, Grant Hewison, *Freedom for the Seas in the 21ˢᵗ Century: Ocean Governance and Environmental Harmony*, Washington, D. C. : Island Press, 1992, pp. 1 - 39.

②　《平潭国际海岛论坛举办》，国家海洋局，2017 年 9 月 25 日，http://www.soa.gov.cn.

③　《平潭宣言》，国家海洋局，2017 年 9 月 21 日，http://www.soa.gov.cn.

施建设，积极参与海上丝路互联互通，畅通海空联运通道等。①

三　复合相互依赖理论

自罗伯特·基欧汉（Robert O. Keohane）和约瑟夫·奈（Joseph S. Nye）阐明"我们生活在一个相互依赖的时代"以来，相互依赖成为学术界最为流行的术语，关于相互依赖的探讨如火如荼，任何国际关系的理论探讨和新理论的出现莫不以此为背景和探讨问题的现实渊源，而复合相互依赖也成为论述国家间关系和超国家关系的主体理论之一。国际机制的概念与相互依赖密切相关。相互依赖导致某些规则和制度安排，这种规则和制度被称为国际机制（更广泛意义上被称为国际制度）。相互依赖关系发生在调节行为体行为并控制其行为结果的规则、规范和程序的网络中，或受到该网络的影响，并将对相互依赖关系产生影响的一系列控制性安排称为国际机制。随着国家之间交往的加深，各国之间的相互依赖也加深了，从而导致国际规范和规则的不断发展。② 奥兰·扬（Oran R. Young）也认可这个观点。在他看来，"像其他社会制度一样，国际机制是人类互动的结果，是利益相关行为体的预期趋于一致的产物"③。

就复合相互依赖的特征而言，基欧汉和奈提出了三个特征：第一，各社会之间的多渠道联系包括精英之间的非正式联系或对外部门的正式安排；非政府精英之间的非正式联系；跨国组织等。这些关系可概括为国家间联系、跨政府联系和跨国联系。第二，国家间关系的议程包括许多没有明确或固定等级之分的问题。问题之间没有等级之分，意味着军事安全并非始终是国家间关系的首要问题。其三，当复合相互依赖普遍存在时，一国政府不在本地区内或就某些问题对他国政府动用武力。这三个基本条件非常符合某些全球经济和生态相互依赖的状况，也接近于勾勒国家之间全部关系的特征。就海洋问题领域而言，基欧汉和奈探讨了海洋领域的政治进程与复合相互依赖理想模式的契合度。研究结果表明，20世纪70年代早期海洋领域证实了关于复合相互依赖政治进程的预期。从更长期的角度看，海洋问题支持如下命题：一个问题领域的情况约接近于复合相互依赖的条件，政治进程将相应发

---

① 《博鳌亚洲论坛倡议建立岛屿经济命运共同体》，国务院，2016年3月25日，http：//www.
　 gov.cn.
② 〔美〕罗伯特·基欧汉、约瑟夫·奈：《权力与相互依赖》，门洪华译，北京大学出版社
　 2012年版，第3—5页。
③ Oran R. Young, "International Regimes：Problems of Concept Formation", *World Politics*,
　 Vol. 32, No. 3, 1980, p. 348.

生变化。各国之间出现了多样化的问题和多种交往渠道。在海洋问题上，政治化程度、问题之间讨价还价的联系、小国的机遇、国际组织的介入都有所增加。①

蓝色经济通道概念提出的一个时代背景是各个国家更加注重和依赖海上合作，加强海上合作促进各国日益相互依赖。某种程度上说，作为一个海上合作平台，蓝色经济通道为各国提供了一种海上合作机制。因此，复合相互依赖理论可以成为蓝色经济通道的理论基底。在合作共赢成为主流趋势的今天，各国在海洋资源利用、海洋安全维护、海洋可持续发展等议题领域的共同利益越来越多。蓝色经济通道使得各国的海洋利益紧密联系在一起，你中有我，我中有你，呈现出相互依存的特点。目前，国际社会存在不少的海上双边、多边合作机制，但并不是所有的机制都能取得良好的效果。尤其是当下的海洋问题日趋多元化，某一个国家、某一个国际组织很难单独应对这些多元化的海洋问题。复合相互依赖理论的一个特征是各社会之间的多渠道联系。只有建立多渠道的联系，才能使国际社会形成合力，共同应对海洋问题。这也符合蓝色经济通道所倡导的建立"蓝色伙伴关系"，契合了复合相互依存理论的多渠道联系。2017 年 4 月，国家海洋局倡议各方建立蓝色伙伴关系，"蓝色伙伴关系应该是具体务实的，要在全球、地区、国家层面，以及科研机构之间，搭建常态化的合作平台，推进务实合作"②。中国立足自身发展经验，积极与各国和国际组织在海洋领域建构开放包容、具体务实、互利共赢的蓝色伙伴关系。别的地区虽然没有用"蓝色伙伴关系"这个标签，却表达了与此相关的观点，比如欧盟认为："在海洋治理问题上，欧盟在全球范围内与双边、多边、地区层面的伙伴进行合作，主要的合法驱动器是联合国《海洋法公约》。同时，欧盟与主要的国际行为体、伙伴拥有战略伙伴关系和协议，并加强与新兴国家的合作。"③

四　地理环境理论

就地理学而言，地理环境是由地质、地貌、气候、水文等地理要素构成的自然综合体。在普列汉诺夫看来，地理环境意指人所居住的地方，即人类

---

① 〔美〕罗伯特·基欧汉、约瑟夫·奈:《权力与相互依赖》，门洪华译，北京大学出版社 2012 年版，第 23—24 页。

② 《国家海洋局: 倡议有关各方建立蓝色伙伴关系》，新华网，2017 年 4 月 17 日，http://www.xinhuanet.com.

③ EU, *Joint Communication to the European Parliament, the Council, the European Economic and Social Committee and the Committee of the Regions*, Brussels, 2016, p. 5.

社会所处的地球表面自然条件，而马克思在提及人类社会的自然前提时，使用了"人的活动场所""外界自然条件"等，显然比"地理环境"要宽泛一些。人类所处的自然环境是由多种要素有机构成的综合体。① 毫无疑问，海洋作为自然综合体的一部分，属于典型的自然环境。据计算，地球表面约有3.6亿多平方千米被海水所覆盖，几乎占地球表面的72%。我们赖以存在的陆地，宛如无垠的汪洋之中的岛屿。人类源于斯，而求于斯。基于此，海洋是人类生存的生命线。② 海洋是对人类非常重要的自然环境。劳伦斯·朱达（Lawrence Juda）也强调了这一点。"海洋为人类提供了食物和休闲场所，是国际贸易的高速公路，并拥有大量可使用的能源以及非生物资源。"③ 海洋是蓝色经济通道的重要载体。没有海洋这个载体，蓝色经济通道的内涵也就无从谈起。地理环境理论与蓝色经济通道有着密切的相关性。因此，为了更好地探讨蓝色经济通道，有必要回顾一下地理环境理论。

随着人类对自然环境的过度利用，人与自然的关系越来越复杂。尤其是海洋问题日趋多元化，这引起了国际社会的高度重视。这一背景促使人们反思地理环境理论，充分认识人与自然环境的关系。人与自然应该是和谐共生的。马克思与恩格斯在论及人类社会的自然前提时，从人类社会与自然环境相互作用的观点出发。人是自然界的产物，不可能离开自然界而存在。但人并不是消极地适应自然界，而是通过生产劳动，"在自然界中实现自己的目的。劳动首先是人和自然之间的过程，是人以自身的活动来引起、调整和控制人和自然之间的物质变换过程"④。马克思强调了人与自然的统一、不可分离。自然界是"人的无机的自身"；而自然是人的自然，人与自然在本质上是统一的。与马克思、恩格斯的观点相反，苏联学者对此持不同的看法。在普列汉诺夫看来，自然环境之成为人类历史运动中一个重要的因素，并不是因为它对人性的影响，而是由于它对生产力发展的影响。他把人与自然环境割裂开来，承认自然环境对社会发展的决定作用。"社会生产力的发展在很大程度上取决于地理环境的特点。"⑤ 然而，普列汉诺夫意识到了地理环境的

① 严高鸿：《论人类社会与自然环境的关系——兼评传统的地理环境理论》，《哲学研究》1989年第4期。

② 鹿守本：《海洋管理通论》，海洋出版社1997年版，第1页。

③ Lawrence Juda, *International Law and Ocean Use Management: The Evolution of Ocean Governance*, London: Routledge, 2013, p.1.

④ 严高鸿：《论人类社会与自然环境的关系——兼评传统的地理环境理论》，《哲学研究》1989年第4期。

⑤ 〔苏〕普列汉诺夫：《普列汉诺夫哲学著作选集》第二卷，生活·读书·新知三联出版社1961年版，第249—250页。

日益重要性。他认为人与自然的关系越密切，地理环境与社会发展将具有更大的相关性。

近年来，学术界还有一种"地理环境控制历史"的观点，这忽略了人与自然环境的统一关系。比如，詹姆斯·费尔格里夫（James Fairgrieve）认为："地理环境在一种更为现实普遍的意义上控制着那些适宜人类栖息的地区的历史而非其他地区。但是历史受地理环境控制也有着更为特殊的意义，各种各样的地理环境都在控制着历史的实际进程。"① 事实证明，在人与自然的相互作用中，人对自然环境的作用越大，自然环境对人、对社会的影响越大。"人是自然的主宰者"这一思想，对于反对过去的地理环境决定论，恢复人在自然界中的地位，是有意义的。但不能由此把自然界看作只是受人征服、利用和控制的对象。当代的生态环境迫切要求重建人与自然的关系，寻求人与自然的协调一致。②

索尔·伯纳德·科恩（Saul Betnard Cohen）对地理环境、海洋环境进行了界定。地球的两个主要自然与人文地理环境是海洋与大陆。这些环境为不同特点的地缘政治结构的形成提供了舞台。在这两个环境中演绎生成的文明、文化以及政治制度，就其在沿海岸地带或在有入海口的内陆区域面向公海。居住在这里的广大人群享受着温度适宜、雨水充足的气候，便捷的对外交通，且经常处在内陆自然保护性屏障的后面。在这样的环境中，海上贸易与移民持续兴旺，导致其民族在种族、文化和语言等方面具有多样性的特征。③ 就海洋环境而言，很长一段时期内，"人类控制海洋""海洋资源是无限的"的观点比较流行。然而，人类活动对海洋环境的压力日益明显，各种海洋问题不断出现。由于人口持续增长的压力（特别是在沿海地区）以及现代科技的影响，人类正日益影响海洋自然系统的活动、耗尽海洋资源以及破坏海洋的自然风景。显然，相比之前，我们需要更多地了解自然环境，并继续加强对周围世界的认知。在对待海洋问题上，我们正强调人类与自然环境互动的路径。从17世纪开始，所有国家都可以利用公海的海洋资源。海洋空间在早期被认为是公共资源，向所有国家开放，渔业资源是取之不尽的。当时技术有限以及人口相对较少，人类对海洋资源和海洋空间的压力也有

---

① 〔英〕詹姆斯·费尔格里夫：《地理与世界霸权》，胡坚译，民主与建设出版社2018年版，第16页。

② 严高鸿：《论人类社会与自然环境的关系——兼评传统的地理环境理论》，《哲学研究》1989年第4期。

③ 〔美〕索尔·伯纳德·科恩：《地缘政治学：国际关系的地理学》，严春松译，上海社会科学院出版社2011年版，第38—39页。

限。当下，海洋自由已经成为一个合法原则。面对新技术的出现、人类利用海洋手段的变化以及人类对海洋认知的改变，海洋自由原则日益不合时宜。①国际社会已经意识到了海洋资源的有限性以及保护海洋环境的重要性。但西方国家对待保护海洋环境的态度仍然是"人类控制海洋"，这不符合马克思、恩格斯的地理环境理论。在波卡·拉努（Poka Laenui）看来，"管家"（stewardship）这个词被经常用在当下的环保用语中，指的是人类与海洋的关系是"仁慈的独裁者"（benevolent despot）。"管家"意为人类负有保护海洋的责任，正如保护森林、领地、王国一样，但这也说明人类控制、优于他们所管理的对象。②

针对当下海洋环境的恶化，《"一带一路"建设海上合作设想》提出了相关倡议。长远来看，蓝色经济通道是一条绿色发展、依海繁荣、安全保障、合作治理的人海和谐发展之路，契合地理环境理论所提倡的人与自然的统一。这有助于打破西方国家所主张的"人类优越论"或"人类主宰论"，实现人海之间的真正和谐。伊丽莎白·曼·贝佳斯（Elisabeth Mann Borgese）认为人类的梦想可以从遥不可及的高度上摘下来，连接到地表、海床上。国际海洋法看上去统一人文主义，尝试建立充满人性的法律和秩序，关爱自然环境，并把海洋视为自然环境的一部分。③

五 海洋命运共同体理论

2019 年 4 月 23 日，中国提出了构建海洋命运共同体的倡议，指出了海洋对人类生存和发展的重要性。"海洋孕育了生命、联通了世界、促进了发展。我们人类世界居住的这个蓝色星球，不是被海洋分割成了各个孤岛，而是被海洋连接成了命运共同体，各国人民安危与共。"2019 年 6 月 8 日的世界海洋日，中国政府再次提出了海洋命运共同体的倡议。"人类居住的这个蓝色星球被海洋联结成命运共同体。我们要共护海洋和平，共筑海洋秩序，共促海洋繁荣。珍惜海洋资源，保护海洋生物多样性。"④ 构建海洋命运共同

① Lawrence Juda, *International Law and Ocean Use Management*: *The Evolution of Ocean Governance*, London: Routledge, 2013, pp. 1 - 2.

② Jon M. Van Dyke, Durwood Zaelke, Grant Hewison, *Freedom for the Seas In the 21st Century*: *Ocean Governance and Environmental Harmony*, Washington, D. C.: Island Press, 1992, p. 92.

③ Jon M. Van Dyke, Durwood Zaelke, Grant Hewison, *Freedom for the Seas in the 21st Century*: *Ocean Governance and Environmental Harmony*, Washington, D. C.: Island Press, 1992, p. 24.

④ 《珍惜海洋资源，保护海洋生物多样性》，自然资源部，2019 年 6 月 8 日，http://www.mnr.gov.cn.

体是人类命运共同体思想的重要组成部分。它源于中华民族在 5000 多年文明发展中孕育的中华优秀传统文化，源于中国特色社会主义伟大实践。中国人不仅有提出这一重大倡议的智慧，也有推动实施这一重大倡议的自觉。这是中国履行国际责任和大国担当的生动体现。① 它是中国的战略选择和实现中华民族伟大复兴中国梦的必由之路，是为完善全球海洋治理提供的中国智慧。② 海洋命运共同体理念的提出，有利于打破旧有的海洋地缘政治束缚，有利于应对人类所面临的共同挑战，也有利于促进国际海洋秩序朝着更为公平、合理的方向发展。③ 构建海洋命运共同体，是推动建设新型国际关系的有力抓手。当今世界，尽管冷战早已结束，然而冷战思维并没有退出历史舞台。只有退出冷战思维窠臼，顺应时代发展潮流，树立海洋命运共同体理念，坚持平等协商，才能促进海洋发展繁荣，为建设新型国际关系注入强劲动力。

海洋是人类的共同财产，与全人类的命运息息相关，是一个复杂的系统。正如罗伯特·杰维斯（Robert Jervis）所言，"系统常常表现出非线性的关系，系统运行的结果不是各个单元及相互关系的简单相加，许多行为的结果往往难以预料。这种复杂性甚至在看似简单和确定的情况下也会出现"④。从这个角度看，海洋命运共同体是一个整体意义上的由不同国家有机组成的系统，而不是各个国家孤立地存在。因此，对海洋的认识或治理需要坚持整体主义原则。意识到海洋是人类共同财产有助于如何分配海洋资源。⑤ 古代的希腊人和罗马人把海洋视为"无主物"（不属于任何人，因而任何人都可以对其提出权利主张），但某些罗马思想家如盖尤斯和查士丁尼在那时就已提出了"共有物"（属于所有人，因而所有人都能使用，但不得占有）的概念。⑥ 同时，海洋命运共同体还应是一种自然的状态，这主要基于共同体的理论。斐迪南·滕尼斯（Ferdinand Tönnies）对共同体理论做了设定。"共同

---

① 《积极推动构建海洋命运共同体》，人民网，2019 年 12 月 24 日，http://opinion.people.com.cn.

② 王芳、王璐颖：《海洋命运共同体：内涵、价值与路径》，《人民论坛·学术前沿》2019 年第 16 期。

③ 杨剑：《建设海洋命运共同体：知识、制度和行动》，《太平洋学报》2020 年第 1 期。

④ 〔美〕罗伯特·杰维斯：《系统效应：政治与社会生活中的复杂性》，李少军、杨少华、官志雄译，上海人民出版社 2008 年版，第 3 页。

⑤ John M. Van Dyke, Durwood Zaelke, Grant Hewison, *Freedom for the Seas in the 21ˢᵗ Century: Ocean Governance and Environmental Harmony*, Washington, D. C.: Island Press, 1993, p. 19.

⑥ 〔加拿大〕巴里·布赞：《海底政治》，时富鑫译，生活·读书·新知三联书店 1981 年版，第 9 页。

体的理论是从'人类意志的完美统一'这一设定出发的，它意味着人类原始的或者自然的状态。尽管在实际的经验里，人们彼此分离，乃至恰恰通过他们的分离，人类意志保持着统一的状态，也就是说，根据不同条件制约下的个体间关系的各种必然的、既定的特征，这种原始的、自然的状态形成了各式各样的形式。"①

当下，全球海洋碎片化确实是一个不容忽视的现实。历史上，对海洋利用的演变客观上将海洋碎片化。"古代文明衰亡之后，国家的实践活动趋向于对海洋作'无主物'的解释，国家对海洋的某些区域提出了行使特定管辖权或拥有完全主权的主张。早在 9 世纪，拜占庭便提出了对渔业和海盐的管辖权主张。威尼斯对亚得里亚海、许多国家对波罗的海的权利主张，基本上都是根据本国的航海力量提出的。这一过程于 1493—1494 年达到了顶点，这一年，西班牙和葡萄牙根据教皇亚历山大六世发布的一项训令，把全世界的绝大部分海洋加以瓜分。"② 日本学者田中义文指出："在物理学上，海洋是一个整体，但从法律意义讲，海洋被主权国家所分割。国际海洋法的历史就是把海洋分为许多管辖空间，比如内水、领海、毗连区、EEZ、群岛水域等。"③ 海洋命运共同体倡议的提出是对以往海洋强权或争霸的摈弃，从整体上构建人类命运共同体。值得注意的是，发展是人类永恒的课题。海洋孕育着巨大的发展潜力。以海洋为载体，发展蓝色经济，有助于实现全人类的共同繁荣。这与中国提出的蓝色经济通道倡议中的共创繁荣之路不谋而合。作为一条海上大通道、一个海上合作平台和海上合作机制，蓝色经济通道倡议的提出顺应了时代发展的潮流。

作为一条海上大通道、一个海上合作平台和海上合作机制，蓝色经济通道概念的提出顺应了时代发展的潮流，具备了理论基础，有助于解决当下人类面临的海洋安全问题，促成国际社会在海洋领域的合作。蓝色经济通道的概念虽然源于中国，但是受众对象却是整个国际社会。因此，国际社会可以以蓝色经济通道为轴，建构海洋领域的人类命运共同体。然而，作为一种海上合作机制，蓝色经济通道的构建是一个相关国家需要不断协调、沟通的过程。不少学者对国际机制做了界定。斯蒂芬·克拉斯纳（Stephen D. Kras-

---

① 〔德〕斐迪南·滕尼斯：《共同体与社会：纯粹社会学的基本概念》，林荣远译，北京大学出版社 2010 年版，第 7 页。

② 〔加拿大〕巴里·布赞：《海底政治》，时富鑫译，生活·读书·新知三联书店 1981 年版，第 9—10 页。

③ Yoshifumi, Tanaka, *A Dual Approach to Ocean Governance: The Cases of Zonal and Integrated Management in International Law of the Sea*, Ashgate Publishing Company, 1988, p. 1.

ner）认为，"国际机制是一个在既定问题领域内使各行为体预期趋于一致的原则、规范、规则和决策程序"①。奥兰·扬认为，"机制由管理行为体的活动的社会制度构成，这些行为体对某些具体的活动抱有兴趣。机制的核心是一系列涉及广泛内容的权利和规则，且都是正式制定出来的。有些制度安排会给某些既定活动感兴趣的行为体创造机会，且特定的内容会使行为体产生强烈兴趣"②。同时，奥兰·扬区分了协商性机制和强加性机制。协商性机制以参与者明确同意为目标；而强加性机制由居于主导地位的行为体精心策划，即主导者综合利用增强凝聚力、推进合作和刺激利诱等手段，使其他参与者服从规则的要求。③ 因此，构建蓝色经济通道需要相关国家在原则、规范、规则和决策程序上不断地进行协商，而不是用一套固定的制度强加给每个国家。作为一种机制或体制，蓝色经济通道的构建是一个有关各方都需要付出的过程。奥兰·扬在《世界事务中的治理》一书中表达了这样的观点："从更现实具体的方面看，体制的建立和运作都需要大量的投入。这里部分是直接的成本，既有无形的，也有有形的，如国际协定条款的谈判，秘书处运转所需分配的资源，或体制对所有成员的限制，限制它们想怎么做就怎么做，等等，所有这些都需要时间和精力。"④

---

① Stephen D. Krasner, "Structural Causes and Regime Consequences: Regime as Intervenning Variables", in Stephen D. Krasner, ed., *International Regimes*, London: Cornell University, 1985, p. 1.

② Oran R. Young, *International Cooperation: Building Regimes for National Resources and the Environment*, London: Cornell University, pp. 12 - 13; Oran R. Young, "International Regimes: Problems of Concept Formation", *World Politics*, Vol. 32, No. 3, 1980, pp. 332 - 333.

③ Oran R. Young, "Regime Dynamics: The Rise and Fall of International Regimes", in Stephen D. Krasner, *International Regimes*, London: Cornell University, 1985, p. 100.

④ 〔美〕奥兰·扬：《世界事务中的治理》，陈玉刚、薄燕译，上海人民出版社 2007 年版，第 14 页。

第二章 中国—大洋洲—南太平洋
蓝色经济通道的价值

中国—大洋洲—南太平洋蓝色经济通道是《"一带一路"建设海上合作设想》中所提出三条通道中的其中一条，与其他两条蓝色通道不同，这条蓝色通道所经过的沿线国家绝大部分是 SIDS，即太平洋岛国。除了途经的澳大利亚、新西兰之外，太平洋岛国国小民少，文化多元，远离国际热点地区，因此从某种程度上说，这条通道更能体现蓝色经济通道的内涵。结合蓝色经济通道的概念及理论基础，中国—大洋洲—南太平洋蓝色经济通道具有的价值主要集中在海洋治理、能源运输、战略通道等几个方面。

第一节 帮助太平洋岛国提升海洋治理能力

众所周知，南太平洋地区由于地理位置特殊，海拔较低，受全球气候变化的影响比较明显，因此，该地区面临着各种各样的海洋问题。

第一，栖息地和物种的保护。南太平洋有很多濒危的植物和动物物种，其中有些岛国超过80%都是本地物种。然而，由于人为和自然因素的干扰、外来物种的入侵、人口增长和其他因素的影响，太平洋岛国的生物多样性面临着很大的压力，因此，该地区是动植物物种受威胁最严重的地区。太平洋岛国规模小，相互之间处于孤立的状态，这使得岛国在面临这些威胁时十分脆弱。在所罗门群岛的很多地方，当地人捕杀海豚和鲸类。他们把这些动物集中赶到特定的海湾进行捕杀，以便获得动物的牙齿和肉。不断增加的人口以及日新月异的新技术（舷外发动机和刺网的使用）严重影响了一些物种（比如海牛和乌龟），导致了种群的碎片化，甚至局部灭绝。世界上超过95%的鸟类灭绝发生在太平洋岛屿上，南太平洋大约30%的鸟类正在灭绝。在南太平洋地区，很少有人关注关于环境危机的研究。太平洋岛民正在侵犯当地对鸟类寿命和生物多样性有重要作用的原始森林。入侵物种威胁着许多面临灭绝的物种，这些物种组成了当地的生态系统，而入侵物种改变了它们的生存方式。①

第二，海岸带综合管理（Integrated Coastal Management）。海岸线上的水域生态系统和陆地生态系统的交叉使两个不同的、复杂的、相互联系的生态系统集合在一起。不幸的是，人类活动正破坏生态系统，威胁着生态系统的可持续性。最严重的问题是生物多样性受损、固体和液体废物的增多、资源的过度开发、具有破坏性的耕种方式、外来物种的侵入以及沿海退化。一个复杂的问题是，该地区的发展受限于岛国的小规模以及远离国际市场。这些问题的解决非常复杂，因为很多制度和利益必须在问题解决的过程中进行考量。管理很多相关活动的责任被分摊在不同的国家与区域组织中。②

第三，渔业资源。像以前一样，目前海洋资源对太平洋岛民的饮食、文化和经济有着重要的影响。太平洋拥有世界海洋中相对完整的渔业资源，就其本身而言，这些渔业资源正日益受到威胁。对许多太平洋岛国来说，基于广阔的海洋区域，渔业资源提供了经济发展的最大潜力。当下，太平洋岛国在渔业资源方面面临着巨大的挑战。过度捕捞日益成为一种威胁。如果商业捕捞活动得不到控制，预计到2030年，该地区75%的沿海渔业资源将不能满足当地的食用需求。③ 大眼金枪鱼被过度捕捞，黄鳍金枪鱼也存在这种趋势。此外，在南太平洋海域开展的延绳捕捞作业，尽管捕捞目标是高价值的金枪鱼品种，但经济收益甚微。境外渔船是造成这一问题的主要原因。据估计，太平洋岛国EEZ中，金枪鱼资源每年可产生约40亿美元的价值，但其中只有15%流向这些岛国。太平洋岛国的主要经济来源是出售捕捞许可。境外渔船捕捞金枪鱼的数量占总量的2/3，其中近90%的金枪鱼被运送到区域外进行加工处理。近海渔业也受到了人口增长和气候变化的威胁。经济价值高的品种濒临灭绝。④ 很多学者已经意识到了境外捕鱼船的负面影响，比如，大卫·豆尔曼（David J. Doulman）和皮特·泰拉瓦斯（Peter Terawasi）认为："在南太平洋地区，大片海域都要遵循沿海国家管辖权。很多远海捕鱼国的渔船在该地区活动，因此有必要建立一个监督这些渔船的机制，以更好

① SPREP, *Pacific Region*, 2003, pp. 14–15.
② SPREP, *Pacific Region*, 2003, p. 15.
③ "Pacific OceanScape", Conservation International, http://www.conservation.org.
④ "A Regional Roadmap for Sustainable Pacific Fisheries", Ocean Conference, https://oceanconference.un.org.

地维护太平洋岛国论坛渔业署成员国对于渔业资源的合法权益。"① 罗根瓦尔德·哈内森（Rögnvaldur Hannesson）认为："传统意义上，太平洋岛国根本未有效利用渔业资源，但海洋专属经济区使它们获得了控制渔业资源的资格。事实上，大部分渔业资源被境外捕鱼船所控制。"②

第四，海洋污染。污染是南太平洋地区可持续发展的主要威胁之一。污染源和污染程度的增加正在破坏太平洋岛国维持健康社会、促进发展和投资以及保证居民有一个可持续未来的努力。南太平洋地区主要的污染来自航运相关的污染、有毒化学物质和废弃物、固体废弃物的治理和处理。外来海洋物种、船舶残骸、海洋事故和船舶废弃物威胁着该地区的沿海和海洋资源。许多岛国陆地面积较小，缺少关于废物再循环的技术，这导致了塑料、废纸、玻璃、金属和有毒化学物质的扩散。大部分垃圾缓慢分解，并渗透到土壤和饮用水中，而未被分解的垃圾则占用了空间。恶臭的有机废物吸引了携带病毒的害虫。目前，海洋科学家们在南太平洋小岛——亨德森岛上，调查计算出该岛有 3800 万件垃圾，重达 17.6 吨，亨德森岛可能成为世界上人造垃圾碎片覆盖率最高的地方。③

第五，气候变化。许多太平洋岛国对气候变化、气候多样性和海平面上升有着明显的脆弱性，是世界上最先感知气候变化影响的地区。气候变化是近年来太平洋岛国面临的主要问题。它们面临着热带风暴、海平面上升等对大陆国家影响不大的自然灾害。岛国"气候变化政府间专家小组"（IPCC）在一项评估报告中指出，岛国短期内（2030—2040）面临着民生、海岸居所、基础设施和经济稳定的中度风险，而长期内（2080—2100）面临着高度风险。气候变化不仅影响海洋，而且还影响着生物多样性以及小岛国的土壤和水资源。如果不能适应气候变化，太平洋岛国将在未来面临较高的社会和经济成本。对于低洼的环礁珊瑚岛来说，经济的破坏是灾难性的，甚至需要居民转移到其他岛礁上居住或移民到别国。④ 丽贝卡·欣莉（Rebecca Hingley）在《气候难民：一个大洋洲的视角》（"Climate Refugees: An Oceanic Perspective"）一文中指出："太平洋目前是世界上受气候变化影响最严重的

① David J. Doulman, Peter Terawasi, "The South Pacific Regional Register of Foreign Fishing Vessels", *Marine Policy*, Vol. 14, Issue 4, 1990, p. 325.

② Rögnvaldur Hannesson, "The Exclusive Economic Zone and Economic Development in the Pacific Island Countries", *Marine Policy*, Vol. 32, Issue 6, 2008, p. 886.

③ "Island in South Pacific 'Has World's Worst Plastic Pollution'", Independent UK, http://www.independent.co.uk.

④ SPREP, *Pacific Region*, 2003, pp. 16 – 17.

地区，该地区的国家正努力挣扎在海平面上，并忍受日益严峻的自然灾害。基于这样的现实，国际社会把该地区的居民称为‘气候难民’。太平洋岛国自身并不希望被贴上这种标签，因为这将损害它们的自尊心。"[1]

中国—大洋洲—南太平洋蓝色经济通道倡导构建互利共赢的蓝色伙伴关系，共谋合作治理之路。中国倡导的蓝色伙伴关系顺应世界相互依存的大势，契合中国与太平洋岛国友好相处的普遍愿望，致力于在相互交流中取长补短，在求同存异中共同获益，将对太平洋岛国的"蓝色太平洋"身份产生重要的影响。太平洋岛国已经意识到了与中国构建蓝色伙伴关系的重要性。2017 年 3 月 25 日，太平洋岛国论坛副秘书长安迪·冯·泰（Andie Fong Toy）表示："南太平洋地区已经有很好的平台进行海洋管理，今后更需要促进经济发展和贸易往来，同时努力从中国提供的支持当中获取更大的收益，毕竟我们很多经济体量都特别小，希望通过论坛等平台组织形式，找到合理方式，沿着价值链可以进一步发展。海洋方面带来的不仅仅是渔业收益本身，还包括制药、能源、矿产资源。太平洋地区看到‘一带一路’带来的机遇，接下来需要专注于扩大规模变成现实。"[2]

《"一带一路"建设海上合作设想》强调了蓝色伙伴关系与海洋治理的关系。"建立紧密的蓝色伙伴关系是推动海上合作的有效渠道。加强战略对接与对话磋商，深化合作共识，增进政治互信，建立双边多边合作机制，共同参与海洋治理，为深化海上合作提供制度性保障。其中涉及中国与太平洋岛国海洋治理合作的内容有：办好中国—小岛屿国家海洋部长圆桌会议；支持在中国—太平洋岛国经济发展合作论坛多边合作机制下，建立海洋合作机制与制度建设。"[3] 进入 2018 年之后，中国与太平洋岛国在海洋治理领域的合作更加紧密，双方都欲充分利用这条蓝色经济通道的海洋治理功能。2018 年 2 月 28 日，汤加国王图普六世对中国进行了访问，双方同意加强海洋资源保护和可持续开发等领域的合作。汤加高度评价中方提出的"一带一路"倡议，认为倡议秉持共商、共建、共享原则，契合

---

① Rebecca Hingley, "Climate Refugees: An Oceanic Perspective", *Asia and The Pacific Studies*, Vol. 4, No. 1, 2017, p. 160.

② 《安迪·冯·泰：太平洋地区看到"一带一路"带来的机遇》，博鳌亚洲论坛，2017 年，http://www.boaoforum.org.

③ 《"一带一路"建设海上合作设想》，新华网，2017 年 6 月 20 日，http://www.xinhuanet.com.

广大发展中国家的实际需要，将为包括汤加在内的太平洋岛国带来重要机遇。① 蓝色经济通道的构建将为南太平洋海洋治理带来积极的作用。正如奥兰·扬所言，"无论体制是否能够成功解决或管理社会问题，它们的存在能够而且经常会对体制身处其中的社会背景产生更广泛的影响。一些体制通过影响它们名义范围之外的功能领域内成员的相互关系而产生外溢作用。体制——特别是那些总体上被认为是成功的体制——可以在它们自己的成员及其他体制面临新的问题时，通过提供先例而发挥示范作用。从长期来看，更重要的是，具体问题的体制在国际社会或全球公民社会起着制度创新的传播、推广和促进作用，这对这些社会体系会产生广泛而深远的影响"②。

第二节　推动海洋运输

对中国、澳大利亚、新西兰以及太平洋岛国来说，中国—大洋洲—南太平洋蓝色经济通道是一条依海繁荣之路，是它们之间进行海外贸易的重要海上航线。一旦这条航线被打通，中国同南太平洋地区国家的贸易有了稳定、便捷的"商路"，这将有助于各方发挥互补优势，互利共赢，造福沿线各国人民。海上航线的形成是由很多因素决定的，其中包括海岸、季风、洋流礁石等"实体限制"（physical constraints）和政治边界扮演着重要的角色。南太平洋航线服务亚洲、大洋洲与美洲之间的市场，是重要的海上航线。③ 以往中国同南太平洋地区国家的贸易航线比较分散，有三条航线，主要集中在北太平洋地区。这三条航线分别是：

（1）远东—加勒比、北美东海岸航线。该航线经夏威夷群岛至巴拿马运河后到达大西洋，横渡大洋的距离较长，是太平洋货运量最大的航线之一。从我国北方港口出发的船只多半经大隅海峡或经琉球奄美大岛出东海。

（2）远东—南美西海岸航线。从我国北方沿海各港出发的船只多经琉球奄美大岛、硫磺列岛、威克岛、夏威夷群岛之南的莱恩群岛穿越赤道进

---

① 《中华人民共和国和汤加王国联合新闻公报》，新华网，2018 年 3 月 1 日，http：//www.xinhuanet.com.

② 〔美〕奥兰·扬：《世界事务中的治理》，陈玉刚、薄燕译，上海人民出版社 2007 年版，第 12—13 页。

③ "The Geography of Transport Systems", Hofstra University, https：//people. hofstra. edu.

入南太平洋，至南美西海岸各港。

（3）远东—澳大利亚、新西兰航线。远东至澳大利亚东南海岸分两条航线。中国北方港口经朝、日到澳大利亚东海岸和新西兰港口的船只，需走琉球久米岛加载或转船后经南海、苏拉威西海、班达海、阿拉弗拉海，后经托雷斯海峡进入珊瑚海。

以往，从中国到达南太平洋地区的航线需要经过北太平洋地区，那里冬天气候比较冷，温带气旋所带来的大风巨浪严重影响着船舶的出行安全。影响冬季北太平洋中高纬度航线安全航行的温带气旋，主要产生于日本海的强烈发展的锋面以及从中国大陆东移入海的黄河气旋、江淮气旋。强烈发展的温带气旋具有很大的摧毁力，严重威胁远洋航行船舶和货物的安全。[1] 在尹尽勇、黄彬看来，"北太平洋的冬季是低气压活动最频繁的季节。全年以1月份频数最高，其次是12月和2月份。冬季由于北太平洋温带气旋和锋面的频繁活动而多大风，自然也是一个多大浪的地区"[2]。

中国—大洋洲—南太平洋蓝色经济通道虽然没有特指具体的航线，但是可以参阅2015年中国发布的《推动共建丝绸之路经济带和21世纪海上丝绸之路的愿景与行动》，其中指出了海上丝绸之路南线的方向，即21世纪海上丝绸之路重点方向是从中国沿海港口经南海到南太平洋。[3] 这条蓝色经济通道不仅可以成为中国与南太平洋地区国家之间进行贸易往来的海上航线，还可以成为一条全球贸易航线。

一 对澳大利亚的作用

中国与澳大利亚、新西兰两国自贸协定的签订，带来了贸易广阔的前景，中国对海上贸易航线的依赖也加深。中澳自贸协定于2005年4月启动，为期10年。该协定涵盖货物、服务、投资等十几个领域，实现了"全面、高质量和利益平衡"的目标，是我国与其他国家截至2015年已商签的贸易投资自由化整体水平最高的自贸协定之一。截至2015年，中国是澳大利亚第一大货物贸易伙伴，第一大进口来源地和第一大出口目的

---

① 赵建新：《北太平洋冬季西行航线的选择》，《航海技术》2009年第6期。
② 尹尽勇、黄彬：《北太平洋冬季西行航线的对比分析》，《气象科技》1999年第2期。
③ 《推动共建丝绸之路经济带和21世纪海上丝绸之路的愿景与行动》，商务部，2015年3月30日，http://zhs.mofcom.gov.cn。

地。① 在澳大利亚外交贸易部（Australia Government Department of Foreign Affairs and Trade）看来，"中澳自贸协定具有里程碑意义，将会为澳大利亚带来很多益处，提高其在中国市场的竞争力，促进经济增长，增加就业机会。同时，它为澳中的经贸关系进入一个新的阶段，打下了很好的基础。它还为澳大利亚开启了在中国的巨大机会，这是其最大的出口市场，占了全球出口市场的1/3 左右"②。由此可见，这条蓝色经济通道在未来中澳的贸易中将扮演日益重要的角色。从国家层面看，双方的海外贸易都非常依赖海上贸易航线。澳大利亚在《2016 年防务白皮书》（2016 Defence White Paper）中指出："澳大利亚首要的战略利益是保证安全、有弹性，即维护北部边界和附近的'海上交通线'的安全。我们的第三个战略目标是保证印度洋—太平洋地区和基于规则的国际秩序的稳定，这将维护澳大利亚的利益。印度洋—太平洋地区拥有大量的'海上交通线'，这将支持澳大利亚的贸易。澳大利亚海军未来将在印度洋—太平洋地区采取相应的行动，以保护澳大利亚贸易'海上交通线'的安全。"③《2016 年澳大利亚贸易结构报告》（Composition of Trade Australia 2016）指出："2016 年澳大利亚向中国的出口总额达到 930 亿澳元，出口的主要产品为煤炭、铁矿石、铜矿、羊毛、黄金等。澳大利亚从中国的进口总额为 612 亿美元，进口的主要产品为电脑、家具、电信产品等。"④ 中国—大洋洲—南太平洋蓝色经济通道将有助于发挥中澳两国的贸易互补优势，减弱对传统海上航线的依赖，规避气候因素对海洋航线的影响。根据中国海关总署数据，2020 年中澳进出口总额为 1683.19 亿美元。其中，中国向澳大利亚出口 534.82 亿美元，从澳大利亚进口 1148.37 亿美元。不过，在中澳政治关系尚无明显改善的情况下，双边贸易形势不容乐观。

二　对新西兰的作用

对新西兰而言，这条蓝色经济通道对其与中国的贸易往来将发挥重要作用。中国与新西兰自 1972 年建交以来，中新两国经贸关系一直稳定、

---

① 《中国与澳大利亚正式签署自由贸易协定》，商务部，2015 年 6 月 17 日，http：//www.mofcom.gov.cn.

② "China – Austrlia Free Trade Agreement"，Australia Government Department of Foreign Affairs and Trade，December 20，2015，http：//dfat.gov.au.

③ Australia Government Department of Defence，*2016 Defence White Paper*，2016，pp. 68 – 75.

④ Australia Government Department of Foreign Affairs and Trade，*Composition of Trade Australia 2016*，June 2017，p. 6.

健康发展。2004 年 4 月，新西兰政府正式承认中国完全市场地位。2008年 4 月，两国签署自由贸易协定，新西兰成为第一个与中国达成双边自由贸易协定的发达国家。2016 年 11 月，双方宣布启动中国—新西兰自由贸易协定升级谈判。2017 年 3 月，中新签署关于加强"一带一路"倡议合作的安排备忘录，新西兰成为首个同中国签署类似合作文件的发达国家。中国是新西兰第一大货物贸易伙伴、出口市场和进口来源地。中国对新西兰的主要出口商品为服装和机电产品，从新西兰主要的进口产品为乳制品、纸浆和羊毛。早在 19 世纪中叶，第一批中国移民就漂洋过海来到新西兰，同当地人民携手创造美好生活。新西兰友人路易·艾黎（Rewi Alley）1927 年远赴中国，将毕生献给了中国民族独立和国家建设事业。2017 年 3 月 28 日，中国同新西兰同意推进中新自贸协定升级谈判，加强"一带一路"倡议合作，拓展农牧业、基础设施、文化、教育、旅游等广泛领域的友好交流与务实合作。由此可见，同澳大利亚一样，新西兰同中国的经贸关系比较密切，发展战略比较契合，对海上航线的依赖较深。

新西兰是一个海洋国家，对海洋有着特殊的认同和依赖。新西兰被太平洋所环绕，海洋资源和生物在其经济、社会、文化以及身份中扮演着重要角色。作为一个岛国，新西兰对海洋治理方式有着强烈的兴趣。海洋是新西兰岛民生活的重要组成部分，这体现在娱乐、收入和食物的来源两个方面。① 海外贸易对新西兰的经济至关重要。国际贸易（包括进口和出口）大约占了国家经济总量的 60%。新西兰的经济比较开放，很少对国外服务或进口产品设置壁垒。截至 2017 年 12 月，新西兰的出口占了货物和服务的 70%，价值为 536 亿美元。② 因此，中国—大洋洲—南太平洋蓝色经济通道将会契合新西兰的国家经济政策，成为其与域外国家进行贸易往来的重要"商路"，尤其是在与中国贸易往来的时候，不必再北上走北太平洋地区的航线，大大缩短航程，规避温带气旋对海上航线的负面影响。

三 对太平洋岛国的作用

对太平洋岛国而言，中国—大洋洲—南太平洋蓝色经济通道的重要性不言而喻。在南太平洋地区国家中，除了澳大利亚和新西兰之外，其余太

---

① "Oceans and fisheries", New Zealand Foreign Affairs and Trade, https：//www. mfat. govt. nz.

② "NZ Trade Policy", New Zealand Foreign Affairs and Trade, https：//www. mfat. govt. nz.

平洋岛国都是名副其实的 SIDS①。近年来，中国与太平洋岛国的贸易往来密切，互补性较强。太平洋岛国虽然领土分散，人口稀少，总体购买力有限，但是，它们有着广阔的海洋面积。根据联合国《海洋法公约》的群岛原则，这些国家程度不同地拥有大片海域作为自己的专属经济区，从而使得它们的海洋国土大大超过了它们的陆地面积。热带海洋经济是这些国家的最大特色，因而，其与中国劳动密集型经济结构和大陆性自然禀赋之间存在一定的互补性。② 中国与太平洋岛国的经贸关系发展势头良好，双边贸易不断增长，合作领域日益拓宽。2006 年 4 月，首届"中国—太平洋岛国经济发展合作论坛"（以下简称"中太论坛"）在斐济成功召开，中国在论坛上宣布了中国与岛国开展合作、扶持岛国经济发展的六项措施，有力推动了双方在投资、渔业、旅游、基础设施建设等领域的务实合作，中国与太平洋岛国经贸合作迈向新台阶。据商务部统计，2012 年，中国在岛国地区对外承包工程、新签合同额 9.7 亿美元，完成营业额 9.5 亿美元。2012 年中国对岛国地区非金融类直接投资 9659 万美元，涉及农业、渔业、旅游、基础设施建设等领域。③ 自 2006 年"中太论坛"建立后，中国与太平洋岛国的贸易额增幅明显，尤其是 2010—2015 年，双方的贸易额增幅明显，年均增幅高达 27.2%，直接投资年均增长 63.9%。双方在经贸、文化、教育、卫生等领域的互利合作呈现出蓬勃发展的势头。

为进一步加强与太平洋岛国的经济合作，2013 年 11 月在广州举行的第二届"中太论坛"上，中国政府再次宣布支持太平洋岛国经济社会发展的一系列措施，其中主要包括：向建交岛国提供总计 10 亿美元的优惠性质贷款，支持岛国重大项目建设；设立 10 亿美元的专项贷款，用于岛国基础设施建设；继续为岛国援建医疗设施，派遣医疗队，提供医疗器械和药品；继续为岛国援建一批小水电、太阳能、沼气等绿色能源项目，支持

---

① 澳大利亚和新西兰在南太平洋地区实力较强、规模较大，不是严格意义上的 SIDS。我们把除了这两个国家之外的 SIDS 统称为"太平洋岛国"。太平洋岛国主要是太平洋岛国论坛的成员国，即库克群岛、密克罗尼西亚联邦、斐济、基里巴斯、瑙鲁、纽埃、帕劳、巴布亚新几内亚、萨摩亚、所罗门群岛、汤加、瓦努阿图、马绍尔群岛、新喀里多尼亚、法属波利尼西亚、图瓦卢。更多内容参见"The Pacific Islands Forum"，Pacific Islands Forum Secretariat，http：//www.forumsec.org。

② 喻常森：《大洋洲发展报告（2014—2015）》，社会科学文献出版社 2015 年版，第 8 页。

③ 《中国与太平洋岛国地区贸易和投资简况》，商务部，2013 年 12 月 23 日，http：//www.mofcom.gov.cn。

岛国保护环境和防灾减灾等。① 从投资方面来看，近年来，太平洋岛国已经成为中国企业"走出去"开展海外投资的热点地区之一。②

2019 年 10 月 21 日，第三届"中太论坛"在萨摩亚首都阿皮亚举行。中方指出，中方愿与各方一道，落实好领导人共识，深化战略对接，推动共建"一带一路"合作，分享发展经验，提高岛国可持续发展能力，扩大贸易投资往来，拓展农林渔业、能源资源、海洋、旅游等合作，促进人员往来和民心相通，进一步充实中国与太平洋岛国全面战略伙伴关系的内涵。③

当下，太平洋岛国与中国迎来了经贸合作的"春天"。"太平洋岛国普遍经济薄弱，发展经济、改善民生是他们面临的最迫切任务。近年来，太平洋岛国高度重视港口、机场等基础设施建设，中国与太平洋岛国的合作恰逢其时。太平洋岛国可以利用中国的资金、技术、人才等，推进本地区的互联互通。"联合国亚太工商业论坛主席大卫·莫里斯（David Morris）认为中国政府的《"一带一路"建设海上合作设想》是连接中国、南太平洋之间的"海洋经济之路"，相信双方能达成相互理解、互利共赢的经济合作机会。④

建立"蓝色太平洋"成为南太平洋地区的共识。2017 年 9 月 5—7 日，第 48 届太平洋岛国论坛峰会上强调了太平洋岛国的"蓝色太平洋"身份。太平洋岛国论坛领导人一致赞成"蓝色太平洋"身份是太平洋地区主义框架（Framework for Pacific Regionalism）下推动论坛领导人集体行动观念的核心驱动力。基于此，论坛领导人认为"蓝色太平洋"作为新的"记叙"，需要有品质的领导和长期的外交政策，目的是使南太平洋地区成为一个"蓝色大陆"。考虑到国际环境和地区环境的变化，论坛领导人承认"蓝色太平洋"身份在发掘共同管理太平洋和加强太平洋岛国互联互通方面所带来的机会。进一步说，"蓝色太平洋"是太平洋地区主义深度一体化的催化剂。⑤ 太平洋岛国论坛官网界定了"蓝色太平洋"的内涵。"基于明确的'海洋身份'、'海洋地理'和'海洋资源'的认同，'蓝色太平

---

① 《中国与建交的太平洋岛国关系》，新华网，2014 年 11 月 22 日，http：//news. xinhuanet. com.

② 喻常森：《大洋洲发展报告（2014—2015）》，社会科学文献出版社 2015 年版，第 8 页。

③ 《第三届中国—太平洋岛国经济发展合作论坛开幕》，人民网，2019 年 10 月 22 日，http：//paper. people. com. cn

④ 《中国与太平洋岛国合作正当时》，网易新闻，2017 年 7 月 13 日，http：//news. 163. com.

⑤ Pacific Islands Forum Secretariat, *Forty - Eight Pacific Islands Forum Communique*, 2017, p. 3.

洋'致力于重新捕捉共同治理太平洋的集体潜力。它的目的是通过把'蓝色太平洋'作为决策核心的方式,强化太平洋岛国以一个'蓝色太平洋大陆'身份的集体行动"。太平洋岛国论坛领导人承认'蓝色太平洋'是围绕所有太平洋居民。太平洋居民意识到了他们的需求和潜力,规划自身的发展议程。太平洋岛国论坛领导人通过"蓝色太平洋"来寻求强调太平洋居民与自然资源、环境、文化以及居住社区之间的关联性。① 萨摩亚总理图伊拉埃帕(Tuilaeopa)在第48届太平洋岛国论坛峰会上指出:"由于太平洋特殊的地理位置,比如全球权力中心转变的趋向,太平洋是当今全球地缘政治的中心。历史上,太平洋曾经成为域外国家博弈的焦点区域。蓝色太平洋这个术语呼吁太平洋岛国论坛做出长期承诺的领导,使得太平洋岛国可以以'蓝色大陆'的整体获益。此举将具有界定蓝色太平洋经济的潜力,确保可持续、稳定、有弹性、和平的蓝色太平洋,并强化蓝色太平洋外交、保护太平洋及其居民的价值。"② 2017年6月,图伊拉埃帕在联合国大会上对"蓝色太平洋"的行动做了梳理。"纵观太平洋岛国论坛的历史,我们的领导人表述了与'蓝色太平洋'一致的常识,即太平洋居民是世界上面积最大、最和平、资源丰富的海洋的守护人,它拥有许多岛屿以及丰富的文化多样性。基于海洋国家的身份,南太平洋地区在很多情况下展示了'蓝色太平洋'的身份。最明显的例子是1985年的《拉罗汤加无核条约》。在该条约中,论坛领导人表达了该地区陆地和海洋的自然美"③。中国—大洋洲—南太平洋蓝色经济通道有助于强化太平洋岛国的"蓝色太平洋"身份,推动中国与太平洋岛国双边贸易的发展。

大卫·莫里斯于2018年1月发表了《蓝色经济联通中国与太平洋》("Blue Economy Links China to Pacific")一文,探讨了中国提出的蓝色经济通道与太平洋岛国的蓝色经济之间的关系。"太平洋对于整个世界来说很重要,不仅仅是因为它覆盖了地球1/3的面积,它也决定了全球气候模式,而且它是亚太地区贸易的纽带,也是我们海产品的重要来源。太平洋

---

① "Pacific Regionalism & The Blue Pacific", Pacific Islands Forum Secretariat, https: //www. forumsec. org.

② "Opening Address by Prime Minister Tuilaeopa Sailele Mailelegaoi of Samoa to Open the 48th Pacific Islands Forum 2017", Pacific Islands Forum Secretariat, 5 September 2017, https: //www. forumsec. org.

③ "Remarks by Hon. Tuilaepa Lupesoliai Sailele Malielegaoi Prime Minister of the Independent State of Samoa at the High - Level Pacific Regional Side event by PIFS on Our Values and identity as stewards of the world's largest oceanic continen, The Blue Pacific", Pacific Islands Forum Secretariat, 5 June 2017, https: //www. forumsec. org.

分布着许多岛屿以及各种各样的地域文化，太平洋是它们赖以生存的沃土，海洋环境和资源的优劣决定了它们的未来。所以我们必须重视太平洋，确保在经济发展的同时，保护海洋环境并借此壮大太平洋文化。在对待太平洋问题上，我们需要'蓝色经济'。中国与亚太地区国家一样，都需要一个健康的太平洋，作为一个领先的新兴经济体，中国必定会在发展蓝色经济方面发挥重要作用。事实上，作为'一带一路'倡议的一部分，为了更好地维护基础设施和贸易投资连通性，中国政府在 2017 年推出了'蓝色经济通道'，使得亚洲与大洋洲联动。蓝色经济是要借正在开发中的基础设施和其他合作项目的机会，加强亚洲和太平洋之间的联系，建立可持续的运输通路、发展可持续旅游业并维持可持续渔业，同时又保护海洋环境。蓝色太平洋代表了我们共同管理太平洋的合作潜力，以及为太平洋地区的人民创造更美好未来的愿景。'蓝色太平洋'也代表了一种责任，即我们所采取的区域规划战略、自主发展方针和区域行动措施一定是要对所有人有利，而不是只对少数人有利。大洋洲地区的'蓝色太平洋'可与中国的'蓝色经济通道'相契合。我们可以在建设新的交通和通信基础设施的同时互相学习，共同进步。通过深层次的理解和更紧密的商业往来，找到真正实现双赢的经济合作领域，使得中国和大洋洲的发展中国家都受益。"①

第三节　维护南太平洋地区的安全，建构新型海洋秩序

南太平洋地区有着悠久的历史。大约 20000 年以前，第一批定居在大洋洲的人漂流到美拉尼西亚地区。它们主要是来自印尼和亚洲的游牧族群，说的语言是与祖先有关的巴布亚语。公元前 3000 年和公元前 2000 年，其他人通过驾驶独木船迁入该地区，他们来自印度尼西亚。② 然而，欧洲人的探险发现了太平洋，并打通了东方新航线。自此，域外国家围绕此航线展开了不同阶段、不同层面的战略博弈。域外国家由于战略利益的碰撞，很难和谐共处，博弈态势从未停止过，这客观上使得南太平洋在很长一段时间内成为"动荡之洋"，严重威胁到了南太平洋地区的安全。在

---

① David Morris, "Blue Economy Links China to Pacific", China Plus, January 2018, http: // chinaplus. cri. cn.
② Gotz Mackensen, Don Hinrichsen, "A New South Pacific", *AMBIO*, Vol. 13, No5/6, 1984, p. 291.

赫洛尔德·韦恩斯（Herold H. Wiens）看来，太平洋群岛除了具有军事重要性之外，还具有海洋商业和交通的战略价值。它们不仅扮演加油站和中继站的角色，还是交通和人员流动的起点和目的地。长久以来，主要的太平洋航线已经成型。在东太平洋的亚洲岛链，火奴鲁鲁是海运和空运的十字路口。六条高标准的海上航线从香港出发，连接到旧金山、横滨、巴拿马海峡、悉尼、奥克兰。大约有十二条季节性航线连接到环太平洋的其他港口。①

一　太平洋航线的发现及开辟

1513 年，西班牙探险家巴尔波亚（Balboa）通过 45 英里的巴拿马地峡，发现一片汪洋（太平洋），误认为是中国的"南海"。1535 年，西班牙探险家、殖民者赫尔南·科特斯（Hernan Cortés）从墨西哥进入太平洋东岸的加利福尼亚湾考察。1568 年，西班牙水手曼塔纳（Mantana）先后考察了太平洋中部的埃利斯群岛（今图瓦卢）、所罗门群岛、马绍尔群岛；1595 年，曼塔纳又考察了马克萨斯群岛。1605 年，西班牙水手从秘鲁航行至新赫布里底群岛，发现了新几内亚与澳大利亚之间的托雷斯海峡。葡萄牙人在太平洋的探险考察活动始于 1519 年。这一年，葡萄牙没落骑士家庭出身的费迪南·麦哲伦（Fernão de Magalhães），越大西洋远航，穿过美洲最南端的麦哲伦海峡，驶入"南海"，因风平浪静而称之为"太平洋"。麦哲伦在菲律宾群岛被土著人杀死，其船队在马鲁古群岛满载香料，沿着葡萄牙通往印度洋的航路回国。荷兰人在太平洋的探险考察活动始于 1616 年。这一年，荷兰航海家通过德雷克海峡，证明了麦哲伦海峡以南的火地岛与南极大陆并未连接。不久，荷兰航海家塔斯曼，从印度洋的毛里求斯向东航行，发现澳大利亚东南方向的塔斯马尼亚岛和塔斯曼海，并航行至新西兰、汤加群岛、斐济群岛和新几内亚。荷兰海员绕过美洲南端火地岛的合恩角进入太平洋，发现太平洋东南方向一个孤岛——复活节岛。1577—1580 年，英国伊丽莎白女王的宠臣弗朗西斯·德雷克（Francis Drake），乘"金鹿"号进行第一次环球航行时，通过麦哲伦海峡到达太平洋。1776 年，英国海军军官、航海家、探险家詹姆斯·库克（James Cook），在最后一次环球航行时，曾考察了澳大利亚、新西兰，并发现了新西兰南北岛之间的库克海峡。德雷克与麦哲伦的命运一样，他在最后到

---

① Herold J. Wiens, *Pacific Island Bastions of the United States*, New Jersey: D. Van Nostrand Company, INC, 1962, pp. 112 – 113.

达夏威夷时被土著人所杀。至此，西方人在太平洋的航海、探险活动基本结束。①

太平洋航线的开辟成为西方国家探险的主要目的，但这却有一个转变的过程。唐纳德·B.弗里曼（Donald B. Freeman）认同这个观点。"起初欧洲人的注意力集中在环太平洋地区的土地上，传说那里有以黄金或香料形式存在的财富，无论谁征服那些地方就如同中了大奖。邻近的'南海'——哪怕它的界限含糊不清——对帝国主义野心来说是不方便的障碍。随着他们对太平洋环带更为熟悉并开始勘察海洋，欧洲人发现了进一步探险的其他动机。这些因素包括据说存在于太平洋辽阔疆域中的广袤而惊人富裕的陆地，即'未知的南方大陆'，还有在其边缘存在可航行通道的可能性，例如西北航道，它们会提供欧洲和东西印度群岛那些盛产香料的岛屿之间更短而方便的航道。"② 随着太平洋航线的开辟，大洋洲的航路以及造船业不断得到拓展。林肯·佩恩（Lincoln Paine）指出："在太平洋上航行，如果希望能够安全返回出发地点或在遥远的地方登陆，就必须有高超的航海能力。新几内亚岛以东各岛屿的面积之和不到太平洋地区陆地面积的1%，包括大约21000个岛屿和环状珊瑚岛，平均面积不足60平方米，而其中多数岛屿要更小。正如大洋洲的探险和定居在世界历史上是独一无二的成就，其航海实践也是独一无二的。大洋洲的水手们是通过观察海上的环境与天象来完成的。他们运用天体导航的方法，这要求熟记'从每一个已知岛屿前往另一个岛屿的航线'。太平洋上不同区域的水手们使用不同的航海方法，其中少数方法至今仍然存在。马绍尔群岛的居民十分留意海水的涨落，而密克罗尼西亚联邦共和国的水手们则更多地依赖天上繁星的升降。大洋洲定居活动的编年史显示，远距离航行和迁徙范围的扩大与缩小经历着长时段的循环。当欧洲人在18世纪开始绘制太平洋地形图时，就已经花了一些时日进行武力扩张，但波利尼西亚人并没有放弃海洋，也没有失去远距离航行的能力。在库克船长首次航行期间，约瑟夫·班克斯（Joseph Banks）记录了以下事实：塔希提人图皮阿（Tupia）能够说出远方大批岛屿的位置，将长达20天的航行视作家常便饭。但是，波利尼西亚群岛的心脏地带夏威夷、复活节岛的两端、夏威夷和新西兰之间的联系已经中断。"③

①　王生荣：《海权对大国兴衰的历史影响》，海潮出版社2009年版，42—43页。
②　〔美〕唐纳德·B.弗里曼：《太平洋史》，王成至译，东方出版社2011年版，第83页。
③　〔美〕林肯·佩恩：《海洋与文明》，陈建军、罗燚英译，天津人民出版社2017年版，第15—20页。

　　西方国家围绕太平洋航线而展开了激烈的争夺。在唐纳德·B.弗里曼看来,"期望从辽阔的太平洋土地和人民那里攫取财富是西方国家在必要时使用武力的强烈动机之一,目的是从先前的所有人那里夺取富饶的领土,保护具有战略意义的贸易路线不受竞争者的侵扰。早在第一艘欧洲船只进入'南海',而且确实早在巴尔沃亚从巴拿马地峡看到太平洋之前,欧洲人对太平洋的争夺就开始了。最早的竞争涉及西班牙和葡萄牙,在15、16世纪之交,两国忙于扩大它们的帝国并搜寻财富和香料的新来源。大多数最早冒险进入太平洋的欧洲船只都有武装,哪怕是贸易船只、捕鲸船和檀香木帆船,而且在它们感到威胁时不会对使用它们的大炮有丝毫迟疑"①。

　　除了西班牙、英国、葡萄牙之外,法国对太平洋抱有浓厚的兴趣。法国最早同太平洋的接触可以追溯到11世纪,修道士兰伯特(Lambert)提出了关于南太平洋地区土地的投机买卖,并鼓励早期的探险者格纳维尔(Paulmier de Gonneville)去寻找这些土地。他发现了太平洋南部的土地,但是却在英吉利海峡遇到了海盗,从而丢失了所有的记录②。格纳维尔的航行激励了其他法国人去太平洋南部寻找土地。虽然西班牙和荷兰在16世纪和17世纪成为远征太平洋的领头羊,但是法国在这一时期同样存在于太平洋地区,其中1520年麦哲伦的远征就有18名法国船员。法国的海盗在17世纪曾造访太平洋。在18世纪早期之前,法国人对太平洋探索的主要目的是与其他国家的竞争、传教以及后期的商业利益,但是法国在这段时期未能建立有效的存在,这段时间内只是私人资助的舰船造访太平洋,催生了日益增加的商业活动。

　　然而,布干维尔1766—1769年对南太平洋的航行被看作是法国的标志性事件。布干维尔开始在南太平洋建立据点以弥补法国在其他地方的损失。他1766年的航行被认为是法国马尔维纳斯群岛(Falkland Island)损失的补偿物,这促使他要求法国在1767年索取土阿莫土群岛(Tuamotu Island)、1768年索取塔希提(Tahiti),现在的法属波利尼西亚就在塔希提③。法国投入了大量的资源用于组织南太平洋的官方航行,一直持续到

---

①　〔美〕唐纳德·B.弗里曼:《太平洋史》,王成至译,东方出版社2011年版,第196—206页。

②　Denise Fisher, *France in the South Pacific: Power and Politics*, Australia: ANU E Press, 2013, p. 14.

③　Denise Fisher, *France in the South Pacific: Power and Politics*, Australia: ANU E Press, 2013, p. 15.

19 世纪。法国在 18 世纪之后对太平洋的探索主要是基于科学调查、维护国家荣誉、传播宗教以及与英国既合作又竞争的目的。欧洲的政治和法国国内的紧急状况也映射了法国探索太平洋的本质。在普及科学知识，尤其是绘制南太平洋群岛地图方面，法国做出了很大的贡献。

法国于 19 世纪加强了在南太平洋地区的存在，其主要目的是为海军建立补给点、保护国民、传播宗教和维护据点的主权，居于次要地位还有商业利益的考量。法国是较早在南太平洋地区建立据点以及宣示主权的国家之一，当地居民对于法国有一定程度的认同感。一战期间，法属波利尼西亚和新喀里多尼亚的土著人为法国服兵役并参战。在 19 世纪早期，虽然法国恢复了君主政体，但是科学调查仍然是法国探索南太平洋地区的主要驱动，不过这些探索含有很多政治目的。直到 19 世纪 40 年代末期，法国才在澳大利亚建立了常驻外交代表以保护其在南太平洋地区的利益，包括保护法国的移民社区和为法国提供智力服务。[①] 截至 19 世纪末期，法国在法属波利尼西亚、新喀里多尼西亚以及瓦利斯与富图纳宣示了宗主权，自 1886 年起，其与英国共同管理新赫布底里群岛（现在的瓦努阿图）。[②]

二　二战期间美日对太平洋运输通道的争夺

数百年来，争夺和控制海上战略通道，一直是海洋强国经略海洋的重中之重。翻开历史，我们不难发现，不论是过去还是现在，不论是西方还是东方，当海洋大国用掠夺书写历史时，海洋强国永无止境追求利益而进行的多次交锋，大国频繁出现在几个关键战略点上。从地理构成看，这些地点主要为海上通道，范围包括影响通道安全的战略岛屿和陆地。从战略价值看，这些地点扼控世界海上交通，对支撑海洋国家拓展利益，形成全球战略布局，有无可代替的战略功能，因而成为海上战略的咽喉要地。战略家和军事家高度关注能够对全局产生重大影响的地点。[③] 太平洋岛屿数目为世界大洋之最，尤其是太平洋中部和西部，岛屿星罗棋布，岛岸多有优良港湾。东太平洋由巴拿马运河与加勒比海、中大西洋相通；南太平洋由麦哲伦海峡和德雷克海峡与南大西洋相连；西太平洋由马六甲海峡和巽他海峡等与印度洋相连，拥有发达的海上交通线。二战期间，美国和日本

---

① Robert Aldrich, *The French Presence in the South Pacific*, *1842 - 1940*, UK: Palgrave Macmillan, 1990, p. 201.

② Denise Fisher, "France in the South Pacific: An Australian Perspective", *French History and Civilization*, 2011, p. 240.

③ 梁芳:《海上战略通道论》, 时事出版社 2011 年版, 第 126 页。

围绕争夺太平洋的战略岛屿、控制海上战略通道，展开了激烈的斗争。

在太平洋，美国海军同海军陆战队和陆军一起，面对的是日本强大的舰队、海军航空力量和海岛上强大的防御力量。在最初几个月中，美国海军守着阵地，等待新军舰的竣工。珍珠港事件之后，海军在太平洋的所有舰艇只是一些巡洋舰、几艘航母和部分潜艇。欲在夏威夷以西的中太平洋部署兵力，需要有战略岛屿的支持，对美国而言，这只能一寸一寸地争夺。美国海军的首要任务是保护海岸。这意味着要坚守太平洋的防御——阿拉斯加—夏威夷—巴拿马弧线。其次，作为延伸防御的一部分，海军必须保证通往澳大利亚（美国在日本以南的主要盟友）的补给线，向那里运送尽可能多的飞机和部队，① 目的是保护好这条海上战略通道的安全。对日本而言，三条集中的防线组成了保护日本大洋洲帝国（oceanic empire）的框架。最里面的防线是从日本本土穿越琉球群岛至中国台湾，经过韩国至中国沿海，经过千岛群岛至堪察加半岛；第二条防线从小笠原群岛经马里亚纳群岛、关岛至特鲁克岛、帕劳、菲律宾和南中国海；最外面的防线的范围从阿留申群岛开始，途经威克岛、马绍尔群岛、吉尔伯特群岛、所罗门群岛、印度尼西亚和新加坡附近的东南亚大陆。中间防线的要塞是一些战略岛屿，主要有塞班岛、特鲁克岛和马尼拉。外层防线的要塞是夸贾林环礁、拉包尔、泗水和新加坡。中西太平洋群岛上的飞机场使得日本确信可以比美国更有战略优势。② 太平洋岛屿是南太平洋航线的重要枢纽，控制了这些岛屿就有助于控制海上的战略通道，这对于双方具有重要的战略意义。

1942 年 2 月，美国开始对日本在马绍尔群岛的沃杰环礁、夸贾林环礁、马洛埃拉普环礁，以及吉尔伯特群岛上的、马金岛上的防御工事和军舰进行猛烈的轰炸。在南部，美国、澳大利亚和新西兰的部队在 3 月 10 日攻击了日本位于新几内亚的莱城和萨拉马瓦。5 月 7—8 日，珊瑚海海战切断了日本南进路线，而 6 月 3—6 日的中途岛战役则对日本的空军和运输部队造成了灾难性的影响。1942 年 8 月 7 日，所罗门群岛战役开始，日本不得不在次年的 2 月 7—8 日撤离瓜达康纳尔岛。在麦克阿瑟的带领下，美国和澳大利亚的地面部队从西北群岛开始，并沿着新几内亚海岸，打开了

① 〔美〕乔治·贝尔：《美国海权百年：1890—1990 年的美国海军》，吴征宇译，人民出版社 2014 年版，第 235—240 页。

② Herold J. Wiens, *Pacific Island Bastions of the United States*, New Jersey, Toronto, London: D. Van Nostrand Company INC, 1962, pp. 43 – 44.

一条出路。① 在这期间，对美国战略家而言，中途岛海战意外解决了美国在南太平洋的难题。日本不再具备南进的实力，美国也不需要打防御战了。② 1942 年 6 月第一个星期里发生的中途岛海战，使得太平洋海权的天平开始向美国倾斜。1944 年 1 月、2 月的战役中，海军和海军陆战队吸取了塔拉瓦岛的教训，开始对马绍尔群岛进行猛烈的轰炸。马绍尔群岛，尤其是夸贾林环礁、罗伊—那慕尔岛，有保护吉尔伯特群岛所必需的空军基地。马里亚纳群岛是美国中太平洋战略的关键点。以这些岛屿为根据地，海军可以掌控整个西太平洋。从马里亚纳群岛出发的潜艇和飞机可以立即切断通往特鲁克岛的重要补给线和增援线。美国以马里亚纳群岛为根据地，可以覆盖麦克阿瑟进攻吕宋所必需的海上战略通道。③ 在太平洋群岛的战斗中，虽然很少有日本的部队投降，但是一个战略岛屿的丢失，意味着所有的防御设施被摧毁，以及海上交通线的切断。④ 日本的海上战略失败了。日本海军从来都不具备保护防御外围的实力和机动性，其海上战略通道的安全也面临着严重的威胁，一旦被美军切断，海军将面临非常被动的情形。美国可以自由地在任何时间任何地点攻击日本的防御圈，而避免日本战前一直计划的海上决战。⑤

1944 年 7 月 21 日，日本大本营确立了新的战略防御方针，确保千岛群岛—日本本土—西南诸岛—中国台湾岛—菲律宾群岛第一线的防御。日本大本营判断，美军进攻菲律宾，先在棉兰老岛登陆，然后攻取吕宋岛。而美军先取莱特岛这着棋，完全出于日本大本营的预料之外。日本海军探知美军在莱特岛登陆的情报后，小泽海军中将率领北部编队由北向南进发，以引诱美国主力舰队北上进行决战，海军中将粟田和西村率领南部编队的两支战斗大队由南向北进发。对美国两支舰队实施分兵合击。结果，这次大海战，美国舰队在锡布延海、苏里高海峡、萨马海和恩格诺角四次海上战斗中，将日本舰队各个击破。莱特湾海战为美军顺利登陆吕宋岛铺

---

① Herold J. Wiens, *Pacific Island Bastions of the United States*, New Jersey, Toronto, London: D. Van Nostrand Company INC, 1962, p. 44.

② John B. Lundstrom, *The First South Pacific Campain*, New York: U. S. Navy Institute Press, 2014, p. 174.

③ 〔美〕乔治·贝尔：《美国海权百年：1890—1990 年的美国海军》，吴征宇译，人民出版社 2014 年版，第 278—284 页。

④ Herold J. Wiens, *Pacific Island Bastions of the United States*, New Jersey, Toronto, London: D. Van Nostrand Company INC, 1962, p. 52.

⑤ 〔美〕乔治·贝尔：《美国海权百年：1890—1990 年的美国海军》，吴征宇译，人民出版社 2014 年版，第 300 页。

平了道路,日本"捷1号"作战计划宣告破产。日本本土面临着美国强大海军力量的包围之势,不可避免要遭受灭顶之灾。①

三 冷战期间美苏对太平洋海上战略通道的争夺

虽然1905年日俄战争结束的时候,俄国海军从世界海军第三位跌到了第六位,其进行海外扩张、争夺海上通道控制权的势头却丝毫未减。十月革命后,苏联成为世界上第一个社会主义国家,在旧海军基础上建立起来的苏联海军,在卫国战争期间,通过破坏敌方海上交通线,给德军造成了重大损失,从而有力支援了陆军的作战和各个战区的行动。外海交通线的顺畅,保障了1700多万吨同盟国支援苏联的战略物资的顺利运输,为苏联取得卫国战争的胜利做出了重大贡献。随着苏联海军实力的增强,苏联海军开始向世界各大洋渗透,以争夺海上战略通道的控制权。1967年,苏联海军进驻地中海,成立地中海分舰队;1968年,苏联海军进军印度洋,组建了印度洋分舰队;1979年,苏联派舰队进驻越南湾。苏联还在西非海岸部署舰船,经常派舰艇编队前往加勒比海等地。20世纪70年代至80年代中末期,苏联在世界各大洋上与美国展开了暗潮汹涌的较量。② 在美苏争霸的过程中,双方对海上战略通道的争夺无处不在。这种情形延伸到了南太平洋地区。蒋建东在《苏联的海洋扩张》中探讨了苏联在南太平洋地区的发展历程。在南太平洋辽阔的洋面上,出现了苏联扩张的阴影。苏联的军舰、飞机近年来不断进入南太平洋地区各国的海域和领空,它的商船、渔船在这一带巡航,它的各种人员也在这里到处活动和渗透。自70年代以来,随着苏联太平洋舰队实力的迅速增长,这一地区成了它扩张渗透的目标。"苏联《红星报》的文章曾表示:'第五大陆的地理位置恰恰是在美国重大战略利益交错点上,使五角大楼从远东到波斯湾的基地相连。'因此,如果苏联在南太平洋地区获得立足支点,就可以威胁美国通往东南亚、南亚、中东和东非的航运线,切断美国的'列岛防线',给美国造成巨大威胁,还可以加强它从日本海南下进入印度洋的地位,并还可以向拉丁美洲扩张。同时,苏联还打算把南太平洋变成它的导弹核潜艇新的发射场,建立向南极洲扩张的基地。从经济方面说,苏联对南太平洋地区的资源也垂涎三尺。在一望无垠的南太平洋上,散布着一个又一个岛屿。60年代以来,相继取得独立的汤加、斐济、西萨摩亚等国,就在这些

---

① 王生荣:《海权对大国兴衰的历史影响》,海潮出版社2009年版,第155—161页。
② 梁芳:《海上战略通道论》,时事出版社2011年版,第99—101页。

岛屿之中。"① 这些岛国位于太平洋、印度洋和南极洲之间，具有重要的战略地位。如果苏联太平洋舰队在南太平洋岛国获得补给基地，就将不再受冬季必须从西伯利亚出发的航海限制。苏联曾企图在汤加取得立足点，以威胁大洋洲、东南亚和美国。苏联对南太平洋的其他岛国，也不断加紧渗透活动。苏联与西萨摩亚建交后，也曾向西萨摩亚提出建立渔业基地的建议。苏联也曾对斐济和巴布亚新几内亚大力兜售其援助计划，但都没有获得结果。

自 1521 年后，域外国家在太平洋岛国的一个永恒主题是加强与泛太平洋的战略联系。这一战略动机推动了 19 世纪和 20 世纪早期西方对太平洋殖民地的争夺以及太平洋战争期间美日对战略岛屿的争夺。与其他西方大国不同，苏联在南太平洋地区处于一种"零基地"状态，即无固定的军事基地、无外交使团、无投资渠道、无高层次的贸易往来、无意识形态的关联性。直到 20 世纪 70 年代中期，苏联的地区活动才仅限于专门的海洋研究以及针对夸贾林导弹射程和法国核试验的情报搜集活动。20 世纪 70 年代中期苏联在南太平洋地区的战略具备了雏形，但直到 1985 年即戈尔巴乔夫执政初期，苏联的战略才变得明晰。这不但意味着西方国家开始认同苏联的太平洋强国身份，而且苏联此举削弱了西方国家在南太平洋地区的影响力以及客观上推动了太平洋岛国的不结盟运动。②

虽然美国在二战后一直依赖澳新美同盟来控制南太平洋地区，自身并未直接介入其中的具体事务，但冷战改变了南太平洋地区的格局，苏联在该地区的影响力日益增加，扩张的意图日益明显。对美国和欧洲国家而言，南太平洋海上战略通道对其安全有着重要的意义。任何切断美国和欧洲国家与南太平洋地区经济联系的威胁都会破坏它们的经济稳定。美国在意识到了这点以后，开始通过双边援助的形式，在南太平洋地区保持着重要的影响力，目的是维持在该地区的存在。在美国强大影响力的遏制下，苏联未能建立与南太平洋地区的经济和军事联系。③

苏联对南太平洋地区目标的追求始于 1976 年，其建议在汤加设立大使馆、建立码头和扩大汤加的主要机场，但由于汤加保守主义的影响以及澳大利亚和新西兰的干扰，这个建议未付诸实践。苏联的压力迫使美国在

① 蒋建东：《苏联的海洋扩张》，上海人民出版社 1981 年版，第 164—169 页。
② John C. Dorrance, "The Soviet Union and the Pacific Islands: A Current Assessment", *Asian Survey*, Vol. 30, No. 9, 1990, p. 908 – 912.
③ Gotz Mackensen, Don Hinrichsen, "A 'New' South Pacific", *AMBIO*, Vol. 13, No. 5, 1984, p. 291.

1977 年、1978 年决定设立小区域发展援助项目、新式教育和文化交流项目以及扩大在南太平洋地区的政治存在。"俄国人来了"的综合征将会使得澳新美同盟的利益聚焦在南太平洋。由于 1979 年苏联入侵阿富汗给太平洋岛国造成了负面影响以及苏联的意识形态外交对岛国没有多大吸引力，苏联在其他太平洋岛国建立外交代表团的建议被拒绝。在"新思维"改革的影响下，20 世纪 80 年代，苏联在南太平洋地区不仅寻求渔业合作，而且建立外交使团、加强文化交流、贸易往来等。

在澳新美同盟看来，由于南太平洋地区很少受大国竞争的影响，因此该地区应该是一个充满和平与稳定的堡垒。西方国家认为苏联的到来破坏了南太平洋地区的平静，因此它们需要加大参与和投资力度以保证对潜在对手的"战略拒止"（strategic denial）。自此以后，美国对太平洋岛国的援助大幅增加，外交关系逐步改善。① 在澳新美同盟的努力下，尽管苏联在操纵地区代理人方面取得了一些成果，但是在加强军事存在的努力方面归于失败，这意味着苏联在同美国争夺南太平洋地区的海上战略通道上败下阵来。1979 年 9 月 2 日，美国政府警告说："谁都不要弄错，美国仍然是一个太平洋国家"，"自由出入太平洋海上通道对美国的安全是生死攸关的，因此我们正在保护这条通道"。美国政府表示将保持在亚洲的军事力量，并加强第七舰队的实力。1979 年下半年，美国先后为第七舰队配备了新型的驱逐舰和潜艇，在太平洋地区增加驻军人数，派遣"F-16"战斗机和新的机载预警机与控制系统，加强美国的军事基地和军事设施。第七舰队在太平洋水域的活动也更加频繁，不断进行针对苏联的大规模演习。演习区域选在菲律宾、冲绳岛附近海域以及一些重要的海峡通道上。苏联在太平洋的扩张，不仅加剧了它同美国的扩张，而且从客观上推动了太平洋地区国家和人民反霸力量的发展。②

四　蓝色经济通道的新语境：倡导和谐海洋

如前所论，蓝色经济通道并不完全等同于海上战略通道，而是在构建人类命运共同体、践行全球海洋治理的语境下的应有之义。海上战略通道属于传统地缘政治理论的范畴，充满了地缘政治博弈的色彩。蓝色经济通道服务于可持续发展，是一条安全、高效的海上大通道。对于南太平洋海

---

① J. Fairbarn, Charles E. Morrison, Richaed W. Baker, Sheree A. Groves, *The Pacific Islands*: *Politics*, *Economics and International Relations*, Honolulu: University of Hawaii Press, 1991, p. 88.

② 蒋建东：《苏联的海洋扩张》，上海人民出版社 1981 年版，第 170 页。

上战略通道而言，上述的两个案例充分说明了这一点。当下，求和平、谋发展成为世界的主流，构建人类命运共同体成为大势所趋，传统的以零和博弈为特征的地缘政治博弈不符合世界大势。世界各国，无论大小，应该顺势而为，摒弃以损害人类共同利益为目的的零和博弈。

域外国家历史上对于太平洋海上战略通道的争夺给南太平洋地区人民留下了很大的心理创伤。对于海洋而言，海洋的健康、安全则受到了核试验的严重挑战。尤其是冷战期间法国、美国、英国在南太平洋进行的核试验，严重破坏了海洋生态系统。1946—1996年，美国、法国、英国在澳大利亚沙漠地区以及中南太平洋地区的环礁进行了核试验。在五十多年的时间里，它们在南太平洋地区总共进行了315次核试验。1946—1958年，英国在马绍尔群岛进行了67次核试验。[①] 法国的核试验是其独立防务政策指导下的必然选择。法国从1960—1996年在南太平洋地区共进行了193次核试验。1962年阿尔及利亚独立以后，法国被迫将其在撒哈拉沙漠的核试验基地迁往南太平洋的穆鲁罗瓦岛，自此，法国每年在该岛进行8次地下核试验。1962年9月21日，法国正式成立了太平洋实验中心。法国选择了无人居住的穆鲁罗瓦岛和方加陶法环礁（Fangataufa），它们都位于土阿莫土群岛，距离法国18000千米。[②] 根据法国国防部公布的文件，其核试验远比之前认定的要更具毒性，在波利尼西亚的大部分地区留下了放射性尘埃。[③] 美国在托管马绍尔群岛时期，进行了67次核试验。核试验的长期负面影响阻碍了马绍尔群岛国家和人民的发展。[④] 基于此，南太平洋区域环境署于1985年签署了《南太平洋无核区条约》（South Pacific Nuclear Free Zone Treaty Act），该条约于1986年生效。它重申了《不扩散核武器条约》对于防止核武器扩散和促进世界安全的重要性。每个缔约国承诺不通过任何方式在南太平洋无核区内外的任何地方生产或以其他办法获取、拥有或控制任何核爆炸装置，不寻求或接受任何援助以生产或获取核爆炸装置。[⑤]

---

① "Nucelar Testing in the Pacific 1950s – 80s", Australia Living Peace Museuem, http：//www. livingpeacemuseum. org. au.

② Robert S. Norris, "French and Chinese Nuclear Weapon Testing", *Security Dialogue*, Vol. 27, No. 1, 1996, p. 40.

③ "France Nuclear Tests Showered Vast Area of Polynesia with Radioactivity", The Guardian, July 2013, https：//www. theguardian. com.

④ "Ongoing Impact of Nclear Testing in the Republic of Marshall islands", Pacific Islands Forum secretariat, https：//www. forumsec. org.

⑤ "South Pacific Nuclear Free Zone Treaty Act 1986", SPREP, http：//www. sprep. org.

　　当下，构建和谐海洋是南太平洋地区的共识或呼声。"太平洋是地球上最大的海域，拥有一些最丰富的海域生态系统。太平洋地区几乎98%都是海洋。海洋及其资源对太平洋岛民的生活和未来繁荣至关重要。海洋及其海岸线为该地区居民提供了许多生态资源，这巩固了海洋渔业资源、娱乐、旅游业交通部门的基础。海洋同样提供了联系我们风俗和文化传统的共同点，这种方式对于蓝色太平洋大陆是独特的。我们的海洋同样提供了深海资源和药物以及尚未开采的可再生能源。"① 《关于"海洋：生命与未来"的帕劳宣言》同样指出了太平洋对于太平洋岛国的重要性。"太平洋是社会和经济的生命线，对全球气候和环境的稳定至关重要。海洋是我们的生命与未来。太平洋地区的人民正在见证这一事实。我们的生活方式、文化方向和行动应当体现这个事实，因为'太平洋人民'是我们的身份……我们呼吁地区和全球合作伙伴，包括公民社会和私营部门，共同合作，以打击非法海洋活动。"② 由此看来，太平洋对太平洋岛国及其居民具有特殊的意义。传统基于海上战略通道的争夺不仅会破坏太平洋的和谐、健康，更会威胁太平洋岛国及其居民的生存和发展。出于这种考量，南太平洋地区意识到了构建和谐海洋的重要性，制定各种规范来呼吁保护海洋健康、构建和谐海洋。2001年7月，第二届太平洋共同体秘书处通过的《太平洋岛国区域海洋政策与针对联合战略行动的框架》强调了这一点。该框架的指导原则包括"维持海洋的健康、推动海洋的和平利用、建立伙伴关系、推动合作、完善对海洋的理解、可持续利用海洋资源。就维护海洋的健康而言，区域层面的生态系统过程驱动着我们海洋的健康。海洋健康取决于保护生态系统的完整性，并最大限度减少人类活动的负面影响。海水质量恶化以及资源的耗尽体现了对海洋健康的威胁；就推动海洋的和平利用而言，和平利用海洋包括环境、政治、社会、经济和安全维度。推动和平利用意味着减少与地区和国际法相悖的非法活动。这类活动威胁着太平洋岛屿地区主要的生活资料来源。就建立伙伴关系而言，伙伴关系与合作提供了一个有利环境，对可持续利用海洋至关重要。为了建立伙伴关系，太平洋岛屿地区将致力于维护主权和治理海洋以及保护海洋中的责

---

① "Ocean Management and Conservation", Pacific Islands Forum Secretariat, https：//www. fo-rumsec. org.

② "Palau Declaration on 'The Ocean：Life and Future'", Pacific Islands Forum Secretariat, ht-tps：//www. forumsec. org.

任"①。

《太平洋岛国区域海洋政策与针对联合战略行动的框架》也对构建和谐海洋进行了重点关注。"关心海洋是全人类的责任。海洋是相通的，而且相互依赖。海洋是最后一道重要的防线，对人类的生存与生活至关重要。在过往的 3500 年间，太平洋岛屿地区分布着散落在海洋上的众多岛屿，这里出现了人类历史上一些重要的移民。海洋把太平洋岛屿地区连接在一起，并对该地区子孙后代提供支持——不仅作为交通的媒介，而且作为食物、传统和文化的源泉。当下，海洋为经济发展提供了最大的机会。"② 太平洋共同体作为南太平洋地区重要的海洋治理组织，对其观念进行了界定。"我们的太平洋观念是追求一个和平、和谐、安全的地区，目的是所有太平洋人民可以过上一种自由、健康的生活。"③ 一些学者也对太平洋给予了特别关注。米尔·普丽（Mere Pulea）在《太平洋保护海洋环境的未完成章程》（"The Unfinished Agenda for the Pacific to Protect the Ocean Environment"）一文中指出："太平洋是地球上最大的部分，将需要特殊关注，因为它对于太平洋国家和世界的发展是必需的。海洋环境不能被割裂为具体的部分，因为太平洋分散的区域中，陆地的环境问题与海洋环境密切相连。域外国家的活动严重威胁到了南太平洋的海洋环境，主要包括美国与法国的核试验、日本在北太平洋倾倒核废物、美国在约翰逊群岛焚毁化学武器、远洋国家在太平洋的过度渔业捕捞。太平洋岛国在意识到这些问题之后，在 20 世纪 70 年代采取了很多措施。南太平洋委员会举行了关于'岛礁和环礁湖'的研讨会。1974 年，南太平洋地区制订了'自然保护特别计划'。1976 年，南太平洋论坛决定南太平洋经济合作局（目前的太平洋岛国论坛秘书处）应当与南太平洋委员会一致，以准备磋商环境治理的区域路径。"④

中国—大洋洲—南太平洋蓝色经济通道契合了南太平洋地区海洋环境的背景以及观念，致力于将南太平洋打造成和平之海、合作之海、和谐之

---

① SPC, FFA, PIFS, SOPAC, USP, SPREP, *Pacific Islands Regional Ocean Policy and Framework for Integrated Strategic Action*, Fiji: Suva, 2005, p. 20.

② SPC, FFA, PIFS, SOPAC, USP, SPREP, *Pacific Islands regional Ocean Policy Draft*, New Caledonia: Noumea, 2001, pp. 1 - 2.

③ "About Us", Pacific Community, http: //www. spc. int.

④ Mere Pulea, "The Unfinished Agenda for the Pacific to Protect the Ocean Environment", in Jon M. Van Dyke, Durwood Zaelke, Grant Hewison, *Freedom for the Seas in the 21ˢᵗ Century: Ocean Governance and Environmental Harmony*, Washington, D. C.: Island Press, 1992, pp. 103 - 105.

海。自 2014 年以来,中国逐渐发展南太平洋的海洋安全政策,致力于该海域的安全。2014 年 11 月 17 日,中国在澳大利亚联邦议会上强调了维护海上通道安全的重要性。"海上通道是中国对外贸易和进口能源的主要途径,保障海上航行自由安全对中方至关重要。中国政府愿同相关国家加强沟通与合作,共同维护海上航行自由和通道安全,构建和平安宁、合作共赢的海洋秩序。中国一贯坚持通过对话协商以和平方式处理同有关国家领土主权和海洋权益争端。中国真诚愿意同地区国家一起努力,共同建设和谐亚太、繁荣亚太。"① 2014 年 11 月 22 日,中国在斐济楠迪同八个太平洋岛国领导人进行了会晤并指出:"中方愿同各岛国就全球治理、能源安全等问题加强沟通,维护双方和发展中国家共同利益。中方将在南南合作框架下为岛国应对气候变化提供支持,开展地震海啸预警、海平面监测等合作。"② 2017 年 1 月 17 日,中国在官方文件《中国亚太安全合作政策》白皮书中对海洋问题也提出了自己的立场。"中国积极参与和推动海上安全对话合作。2015 年以来,中国举办亚太海事局长会议、北太平洋地区海岸警备执法机构论坛'执法协作 2015'多任务演练、亚太航标管理人员培训班、亚太地区大规模海上人命救助(MRO)培训及桌面练习等项目。"③ 中国—大洋洲—南太平洋蓝色经济通道明确了对南太平洋海洋安全的维护。"维护海上安全是发展蓝色经济的重要保障。倡导互利合作共赢的海洋共同安全观,加强海洋公共服务、海事管理、海上搜救、海洋防灾减灾、海上执法等领域合作,提高防范和抵御风险能力,共同维护海上安全。"④

维护南太平洋的海洋安全不仅符合中国的利益,而且符合太平洋岛国、域外国家、澳大利亚与新西兰以及国际组织的利益。这条通道充分彰显了中国构建人类命运共同体的决心和信心。以澳大利亚为例,南太平洋的安全与稳定被其界定为国家战略利益。澳大利亚《2016 年防务白皮书》指出,"我们的第二个战略防务利益是确保邻近地区的安全、稳定与和谐。邻近的地区包括东南亚海域和南太平洋。第二个战略防务目标将支持东帝

① 《习近平在澳大利亚联邦议会发表重要演讲》,中国新闻网,2014 年 11 月 17 日,http://www.chinanews.com/gn.
② 《习近平同太平洋岛国领导人举行集体会晤并发表主旨讲话》,新华网,2014 年 11 月 22 日,http://www.xinhuanet.com.
③ 《〈中国亚太安全合作政策〉白皮书》,外交部,2017 年 1 月,http://www.fmprc.gov.cn.
④ 《"一带一路"建设海上合作设想》,新华网,2017 年 6 月 20 日,http://www.xinhuanet.com.

汶、巴布亚新几内亚以及太平洋岛国强化安全。澳大利亚政府将继续强化支持增强与合作的区域安全框架承诺。同时，澳大利亚将继续致力于成为南太平洋的巴布亚新几内亚、东帝汶以及太平洋岛国的主要合作伙伴"①。同时，《2016年防务白皮书》强调了南太平洋与澳大利亚防务关系重要性的动因。"地理、共同的历史、商业和人文联系使得澳大利亚的利益与南太平洋密切相关。澳大利亚非常重视与最近的邻居——巴布亚新几内亚的防务关系，双方的合作日益广泛。近年来，太平洋岛国承诺通过合作解决共同的挑战。为了帮助太平洋岛国克服所面临的挑战，澳大利亚将继续扮演领导角色。澳大利亚的战略权重、资源使得其可以有效应对太平洋岛国所面临的不稳定或自然灾害以及气候变化。澳大利亚将承诺继续致力于强化太平洋岛国的能力，这样它们可以用行动支持共同的利益。同时，澳大利亚将继续通过"防务合作项目"（Defence Cooperation Programme），特别是"太平洋海洋安全项目"（Pacific Maritime Security Programme）来提供更多的实际援助，还将继续与地区伙伴合作，以强化区域安全框架"②。

　　随着海洋问题日益严峻以及海洋共同利益的日益集中，域外国家意识到了建构和谐、稳定南太平洋的重要性，不断构建各种平台，加强防务合作。2013年5月，南太平洋防务部长会议在努库阿洛法举行，澳大利亚、新西兰、巴布亚新几内亚、智利、法国的国防部长举行了会谈。这次会议强调了太平洋安全的重要性。"我们强调了太平洋安全的持久重要性，这强调了区域安全与稳定。我们注意了太平洋地区安全与繁荣的持续重要性，包括脆弱国家内部的冲突、跨国犯罪、气候变化、环境恶化的影响以及持续的自然灾害。我们欢迎把南太平洋防务部长会议视为完善区域安全合作与协调的重要步骤。我们都同意南太平洋防务部长会议提供了一个有益的平台，用以就区域安全问题共享立场以及协调参与者之间的政策和路径。"③ 2017年，第三届两年一次的南太平洋防务部长会议在奥克兰召开。此次会议讨论了区域安全、人道主义援助、减缓灾害、维和行动、太平洋地区的军事演习协调。南太平洋防务部长会议是南太平洋地区唯一的部长级防务会议。澳大利亚是其坚定支持者，并在区域安全框架方面扮演着重

---

①　Australia Government Department of Defence, *2016 Defence White Paper*, 2016, p. 17.

②　Australia Government Department of Defence, *2016 Defence White Paper*, 2016, pp. 54 – 56.

③　"Communique: South Pacific Defence Minister's Meeting Concluded in Nuku' alofa on 1 May 2013. Details of The Meetings' Outcome is Outlined in the Joint Communique", Ministry of Information and Communications, May 3, 2013, http://www.mic.gov.to.

要的角色。①

　　对于太平洋岛国而言，倡导和谐南太平洋成为它们的共识，这既是基于历史上的经验和教训，也是源于当下海洋问题日益严峻的现实。太平洋岛国论坛第41届论坛峰会指出，"领导人强调了确保可持续发展、治理海洋的重要性。气候变化仍然是太平洋地区人民生活、安全和生存状况的最大威胁。论坛成员国必须在国家层面、地区层面以及国际层面上努力重视与太平洋地区有关的气候变化协议。同时，跨国犯罪也是国家和地区安全的一大威胁。这需要有效的国家法律执行机构来推进区域合作，共同打击跨国犯罪。论坛领导人意识到了关于马绍尔群岛放射性残留物的特殊危害，强调了美国对马绍尔群岛所应该承担的责任。这是美国在马绍尔群岛托管期间进行核试验的直接后果"②。第45届太平洋岛国论坛峰会指出，"领导人欢迎在帕劳举行的第45届太平洋岛国论坛主题——海洋：生命与未来。这强调了太平洋地区可持续发展、治理海洋的许多承诺和努力。同时，领导人对于金枪鱼存量的快速下降，表达了高度关切，并要求渔业部门紧急加强渔业治理，目的是减少和限制捕鱼量"③。第46届太平洋岛国论坛峰会公报指出："论坛领导人进一步强调了强化海洋监测与执行，并意识到这些问题的多维度本质。太平洋岛国和地区是世界上受气候变化的危害以及应对、适应气候变化最脆弱的地区，包括气候多样性的恶化、海平面上升、海洋酸化、极端气候频发"④。

　　《太平洋岛国区域海洋政策与针对联合战略行动的框架》同样指出了南太平洋所面临的严峻挑战。"南太平洋地区成千上万的岛屿和珊瑚礁完全位于沿海地区。海洋不仅是生命线，而且是危害的来源。这些危害随着太平洋岛屿地区内外的人类活动的影响而不断增加。太平洋岛屿地区对特定的环境、经济、社会条件具有特定的脆弱性。环境因素包括气候多样性、气候变化、海平面上升、频繁的自然灾害、脆弱的生态系统和自然资源基地、相互之间的地理孤立状态；经济因素包括有限的陆地面积和淡水资源、有限的市场规模、严重依附于进口、远离国际市场等；社会因素包

----

① "Fiji Joins South Pacific Defence Ministers' Meeting", Australian Defence Magazine, April 10, 2017, http://www.australiandefence.com.au.

② PIFS, Forty - First Pacific Islands Forum Communique, Vanuatu: Port Vila, August 2010, pp. 1 - 10.

③ PIFS, Forty - Fifth Pacific Islands Forum Communique, Palau: Koror, July 2014, p. 3.

④ PIFS, Forty - Sixth Pacific Islands Forum Communique, Papua New Guinea: Port Moresby, September 2015, p. 3.

括人口增长与分布、人身与食品安全、传统知识和实践的缺失等。"①

　　中国—大洋洲—南太平洋蓝色经济通道有助于帮助太平洋岛国提升海洋治理能力、扮演海上贸易航线的角色以及维护南太平洋地区的安全。因此，这条蓝色经济通道充分阐释了海上大通道、海上合作平台的价值，是站在全人类的角度去思考当下的南太平洋海洋问题，淡化了域外国家对于传统海上战略通道的博弈，强化了关于海洋问题的合作。海洋问题的合作可以"外溢"到其他高级领域。外溢是厄恩斯特·哈斯（Ernst Haas）著作中的核心概念。这个概念的基础是米特兰尼所称的"扩展原理"。正如哈斯所言："最初在一个领域进行一体化的决策外溢到新的功能领域中，一体化涉及的人越来越多，官僚机构之间的接触和磋商也越来越多，以便解决那些由一体化初期达成的妥协而带来的新问题。"可见，一体化必然向外延伸，一体化也因此能从一个部门外溢到另一个部门。在米特兰尼看来，一个领域的合作越成功，其他领域进行合作的动力就越强劲。他确信由于认识到合作的必要而在某一功能领域进行的合作，将会推动合作态度的改变，或使合作的意向从一个领域扩展到其他领域，从而在更大的范围内进行更深入的合作。② 从这个角度看，中国—大洋洲—南太平洋蓝色经济通道为构建人类命运共同体提供了一个很好的外溢点。相关国家基于这条蓝色经济通道的合作所获得的收益超过了单边行动的收益，合作的动力将会日益强劲。

---

① FFA, PIFS, SPC, SPREP, SOPAC, USP, *Pacific Islands Regional Ocean Policy and Framework for Integrated Strategic Action*, Fiji: Suva, 2005, pp. 3 - 4.

② 〔美〕詹姆斯·多尔蒂、小罗伯特·普法尔茨格拉夫：《争论中的国际关系理论》，阎学通、陈寒溪译，世界知识出版社 2003 年版，第 552—553 页。

第三章　中国—大洋洲—南太平洋
蓝色经济通道的基础

中国—大洋洲—南太平洋蓝色经济通道的构建具备了一定的基础，即中国、太平洋岛国、域外国家以及国际组织达成了构建蓝色伙伴关系的共识。

第一节　从小国到海洋大型发展中国家：
太平洋岛国身份辨析

一　传统意义上太平洋岛国的小国身份

毫无疑问，太平洋岛国是名副其实的小国。未来，这些局限性阻碍着太平洋岛国成为海洋发达国家的目标。经济、陆地面积、人口和环境特征一直是用来界定小岛屿国家的指标。[①] 传统意义上，太平洋岛国是典型的小岛屿国家，因此本书将从这四个指标上来界定其传统身份。

（一）脆弱的经济能力

长久以来，太平洋岛国处于国际政治的边缘地带，国力弱小，在国际舞台上扮演着弱国的角色，是名副其实的小国。正因为如此，许多岛国不得不依赖外部援助来维持国家的正常运转。对它们来说，外援是维系社会稳定和经济增长的重要手段。同时，来自澳大利亚与新西兰的侨汇（remittance）也是太平洋岛国收入的重要来源。以瑙鲁为例，该国曾被称为"幸福的岛屿"，磷酸盐的开采是主要的收入来源。20世纪六七十年代，瑙鲁是世界上人均收入最高的国家。然而，当瑙鲁已经没有可开采的磷酸

---

① Mark Pelling, Juha I. Unitto, "Small Island Developing States: Natural Disaster Vulnerability and Global Change", *Environmental Hazards*, Vol. 2, No. 3, 2001, p. 50.

盐时，投资因此也随之减少，侨汇成为瑙鲁最主要的经济来源。任何经济活动都是在一定的规模上进行的。如果不能达到经济活动所要求的"最小有效规模"①，经济效率就会受到严重约束，经济活动就无法持续下去。规模问题正是太平洋岛国经济面临的主要缺陷。市场普遍狭小、资源不足衍生了岛国的经济特征。岛国经济困于单一化和专门化，它们的支柱产业主要是农业、林业、渔业等。相对而言，这些部门都是劳动密集型产业，技术含量较低。农业是太平洋岛国的基础产业，从事农业的劳动人口是劳动力的主体，一般占全国总人口的半数以上。太平洋岛国渔业资源丰富。独立后，各国纷纷重视渔业资源的开发。仅金枪鱼一项每年产量达 70 多万吨，占全世界总产量的20%左右。② 近海渔业也受到了人口增长和气候变化的威胁。③ 很多学者已经意识到了境外捕鱼船的负面影响。"大片的南太平洋海域都要遵循沿海国家管辖权。国外捕鱼船在该地区比较活跃。有针对性地建立一个监督机制，可以更好地维护太平洋岛国对渔业资源的合法权益。"④ 太平洋岛国论坛渔业署指出："太平洋岛国需要制定促进本地工业发展的政策，目的是促进经济增长。当下，本地渔业带来的就业机会比较少，对减少贫困和维护食品安全的作用很小。比如，太平洋岛国捕捞金枪鱼的收入为 2 亿美元，但域外国家在同样海域捕捞金枪鱼的收入超过 10 亿美元。"⑤ 太平洋岛国已经意识到了问题的严重性，并做出了相应的应对。2015 年，在太平洋岛国论坛领导人会议上，领导人强调了从地区渔业获得最大化经济收益的重要性。领导人同样批准了《太平洋可持续渔业的地区路线图》（Regional Roadmap for Sustainable Pacific Fisheries），目的是五年内实现增加渔业领域的经济效益。⑥

（二）陆地面积较小

在太平洋岛国中，21 个国家的总面积大约为 55.1 万平方千米。其中，

---

① "最小有效规模"是指维持一个产品产出所需之最小水平的市场规模。Harvey W. Armstrong, Robert Read, "The Phantom of Liberty? Economic Growth and the Vulnerability of Small States", *Journal of International Development*, Vol. 14, No. 4, May 2002.

② 汪诗明、王艳芬：《太平洋英联邦国家——处在现代化的边缘》，四川人民出版社 2005 年版，第 256—261 页。

③ "A Regional Roadmap for Sustainable Pacific Fisheries", Ocean Conference, 2017, https://oceanconference.un.org.

④ David J. Doulman, Peter Terawasi, "The South Pacific Regional Register of Foreign Fishing Vessels", *Marine Policy*, Vol. 14, Issue 4, 1990, p. 325.

⑤ "FFA Fisheries Development", FFA, https://www.ffa.int.

⑥ Pacific Islands Forum Secretariat, *Annual Report 2016*, Fiji: Suva, 2017, p. 10.

面积较大的国家为巴布亚新几内亚（46.3万平方千米）、斐济（1.83万平方千米）、所罗门群岛（2.84万平方千米）、新喀里多尼亚（1.91万平方千米）、瓦努阿图（1.19万平方千米），面积较小的国家为美属萨摩亚（197平方千米）、瑙鲁（21平方千米）、托克劳（10平方千米）、图瓦卢（26平方千米）等。除了巴布亚新几内亚之外，绝大部分岛国的陆地面积狭小，小规模限制了经济的选择。除了远离主要的宗主国之外，岛国之间处于相互隔离的状态，这无疑增加了交通运输的成本。许多岛国位于容易引起诸如飓风、洪水、海啸、干旱等自然灾害的气候区，正因为如此，斐济、汤加、关岛、北马里亚纳群岛易受飓风的袭击，对农业、房屋、基础设施的影响很大。太平洋岛国的地理结构和分布程度（degree of disperson）不尽相同。太平洋群岛都是火山岛，它们可以分为三类：（1）复杂蛇纹石构造。巴布亚新几内亚、所罗门群岛以及新喀里多尼亚都属于此类。（2）高密度火山结构。代表性的有拉罗汤加和库克群岛。（3）珊瑚环礁。这类主要有托克劳、北库克群岛、瓦利斯与富图纳和马绍尔群岛。大部分岛国都属于第一类。山脉和崎岖的地形是它们的共同特点。一些岛国，比如纽埃和萨摩亚，相对比较紧凑，它们只有一个或几个邻近的小岛。相反，其他许多岛国由很多岛屿组成，这些岛屿散落在广阔的海洋上，比如，基里巴斯、法属波利尼西亚和密克罗尼西亚联邦，就属于这种类型。①

（三）太平洋岛国总体上人口状况

韦民把小国界定为"人口规模低于1000万的主权国家"②。依据此定义，太平洋岛国显然属于小国的行列。2017年，世界银行统计了11个太平洋岛国③的人口，总数大约为230万人。④ 2014年，联合国人口基金会（United Nations Population Fund）对16个太平洋岛国⑤进行了人口和发展的统计。这16个国家的总人口数为993.7万人。其中，所罗门群岛、基里

---

① I. J. Fairbairn, Charles E. Morrison, Richard W. Baker, Sheree A. Groves, *The Pacific Islands: Politics, Economics and International Relations*, Honolulu: University of Hawaii Press, 1991, pp. 3–60.

② 韦民:《小国与国际关系》，北京大学出版社2014年版，第58页。

③ 11个太平洋岛国分别是斐济、基里巴斯、马绍尔群岛、密克罗尼西亚联邦、瑙鲁、帕劳、萨摩亚、所罗门群岛、汤加、图瓦卢、瓦努阿图。

④ "The World Bank In Pacific Islands", The World Bank, September 19, 2017, http://www.worldbank.org.

⑤ 16个太平洋岛国分别是巴布亚新几内亚、斐济、所罗门群岛、瓦努阿图、萨摩亚、基里巴斯、汤加、密克罗尼西亚联邦、马绍尔群岛、帕劳、库克群岛、图瓦卢、瑙鲁、纽埃、法属波利尼西亚、新喀里多尼亚。

巴斯、图瓦卢、瓦努阿图被归类为"最不发达国家"(Least Developed Countries，LDCs)。巴布亚新几内亚、斐济和萨摩亚的人口占了总人口的90%左右。6个太平洋岛国的总人口不足2万人。尽管人口较少，但是有的岛国人口密度很大。南太平洋地区的环境非常脆弱，较高的人口密度威胁着供水系统、环境卫生、固体废弃物治理，导致了环境和健康危机。迁移一直是太平洋岛民的一种生活方式，影响了太平洋岛国的人口出生率及年龄分布地区。目前的现象是城镇化，即人口由外围岛屿或农村向市中心迁移。在绝大多数的美拉尼西亚和波利尼西亚地区，城镇人口的增长率远高于农村。国际迁移使得太平洋岛国的人口增长相对较低。事实上，很多较小的岛国担心人口流向诸如澳大利亚、新西兰这样的地方。据估计，每年离开太平洋岛国的居民达到1.6万人。[1]

就小国而言，人口规模低于100万人的国家被称为"极端小国"(extremely small countries)，介于100万—500万人的国家被称为"弹丸小国"(very small countries)，介于500万—1600万人的国家被称为"小国"[2]。基于上面的数据，绝大部分太平洋岛国属于"极端小国"的范畴。人口是国家权力的重要指标。在汉斯·摩根索(Hans J. Morgenthau)看来，"鉴于人口数量是国家权力所依赖的因素之一，又鉴于一国权力总是相对于其他国家的权利而言的，因此竞争权力的各个国家的相对人口数字，特别是它们的相对增长率就值得认真注意"[3]。

(四) 自然环境比较脆弱

气候变化已经对小岛屿国家带来一系列的负面影响。[4] 南太平洋区域环境署在《2011—2015年战略计划》(Strategic Plan 2011 – 2015)中指出："全球气候变化正不均衡地深刻影响着太平洋岛国。虽然太平洋岛国对全球温室气体的排放影响很小，但在全球范围内，它们却是首先受此影响的群体。绝大部分太平洋岛国正在经历气候变化对基础设施、供水、沿海和森林生态系统、渔业、农业、人类健康的影响。不仅如此，太平洋岛国日益感受到了海平面上升、海洋温度上升、海洋酸化以及气温的总体上

① UNFPA, *Population and Development Profiles: Pacific Island Countries*, 2014, pp. 5 – 8.

② Dominick Salvatore, Marjan Svetlicic, *Small Countries in a Global Economy: New Challenges and Opportunities*, New York: Palgrave, 2001, pp. 72 – 73.

③ 〔美〕汉斯·摩根索:《国家间政治》，徐昕、郝望、李保平译，北京大学出版社2006年版，第164页。

④ Mark Pelling, Juha I. Unitto, "Small Island Developing States: Natural Disaster Vulnerability and Global Change", *Environmental Hazards*, Vol. 2, No. 3, 2001, p. 13.

升。"① 联合国 2012 年《亚太人类发展报告》（Asia - Pacific Human Devel-
opment Report）指出："未来的气候变化将对太平洋岛国地区的生存带来
一系列根本性的挑战。在过去 100 多年中，南太平洋地区的温度净增加
0.6℃，进而引起了大约 17cm 的海平面上升，这引发了大规模的海啸和海
岸侵蚀。在未来的 100 年，南太平洋地区的温度预计会增加 1.4℃ 至
3.7℃，海平面将在 2100 年之前上升 120cm—200cm。气温升高将会对一
些生存因素产生影响，包括食物安全和疾病，而海平面上升将会对南太平
洋地区的可居住性带来重大挑战。"② 除此之外，太平洋岛国的农业和林业
对气候变化同样具有很大的脆弱性。③ 基于此，太平洋岛国对《巴黎协定》
充满了期待，希望通过《巴黎协定》来提升自身减缓气候变化的能力。
《第四十八届太平洋岛国论坛公报》指出，"论坛领导人强调了他们对于
《太平洋弹性发展框架》（Framework for the Resilient Development of the Pa-
cific, FRDP）的呼吁，以体现《巴黎协定》的成果。同时，论坛领导人在
2016 年 11 月的第 22 届缔约国大会（COP 22）上，渴望关于气候变化的
《巴黎协定》尽快生效，并重申了太平洋岛国论坛将继续与其他国家一道
履行《巴黎协定》规定的责任。考虑到太平洋岛国在气候变化方面的巨大
脆弱性，论坛领导人呼吁国际社会采取紧急行动，重视太平洋岛国的气候
变化问题，其中包括 2018 年之前定稿《巴黎协定指导方针》（Paris Agree-
ment Guidelines）"④。对太平洋岛民的生活、安全和健康而言，太平洋岛国
论坛领导人不断重申气候变化是他们面临的最大威胁。他们同样重申了对
于国际财政支持的迫切需求。⑤

二 太平洋岛国海洋大型发展中国家的内在身份属性

从实体上看，作为海洋国家，太平洋岛国虽然陆地面积狭小，但是根
据联合国《海洋法公约》，太平洋岛国拥有广阔的海洋专属经济区；从历
史传统上看，太平洋岛国拥有人海合一的传统观念；从现实看，太平洋岛

---

① SPREP, *Strategic Plan 2011 - 2015*, Samoa：Apia, 2011, p. 16.

② Patrick D. Nunn, "Climate Change and Pacific Island Countries", *Asia - Pacific Human Develop-
ment Report Background Papers*, 2012, pp. 1 - 2.

③ Pacific Community, *Vulnerability of Pacific Island Agriculture and Forestry to Climate Change*,
New Caledonia：Noumea, 2016, p. 3.

④ Pacific Islands Forum, *Forty - Eight Pacific Islands Forum Communique*, Samoa：Apia, 2017,
p. 5.

⑤ "Climate Finance：Strengthening Capacity in the Pacific", The Pacific Islands Forum Secretariat,
http：//www. forumsec. org.

国具备宝贵的海洋治理理念和经验。这些因素决定了太平洋岛国海洋大型发展中国家的内在身份属性。

图 3 - 1　太平洋岛国海域

资料来源："Pacific Islands Regional Ocean Policy and Framework for Integrated Strategic Action"，FFA, SPC, SPREP, SOPAC, USP, https://www.forumsec.org.

（一）广阔的海洋专属经济区

太平洋岛国有着成为海洋大型发展中国家的先天条件，即拥有广阔的海洋专属经济区。对于大片公海的海洋区域来说，200 海里 EEZ 对该海域有着重要的影响，特别是对拥有很多群岛的南太平洋海域。分散的小岛国几乎在一夜之间拥有了南太平洋海域资源的合法权利。与其他沿海国家一样，21 个太平洋岛国和领地建立的南太平洋 200 海里 EEZ 创建了一组毗邻的专属经济区和渔业专属区，横跨了超过 4 个时区。20 世纪 70 年代末、80 年代初，200 海里专属经济区明显地改变了南太平洋。南太平洋接近40% 的海域被置于国家资源的管辖权之下。大片海域的几乎所有资源和经济使用面积超过了 3000 万平方千米，被太平洋岛国所管辖。比如，基里巴斯的陆地面积为 690 平方千米，但控制着 350 万平方千米的海域。如果不算巴布亚新几内亚，太平洋岛国所控制的海洋面积是它们陆地面积的大约 300 倍。这是与世界上其他沿海国家最大的不同。以拥有世界上最大海洋专属经济区之一的美国为例，其海洋与陆地面积的比例少于 2：1。① 根据《太平洋岛国区域海洋政策与针对联合战略行动的框架》的解读，南太平洋区域的范畴不仅包括这些岛国所拥有的 200 海里 EEZ，而且还包括支持该地区海洋生态系统的海洋和沿海地区。在这里，"海洋"被定义为海洋里的水域、海底、海洋大气环境及大洋接口中有生命的和无生命的元素。②

广阔的 EEZ 意味着太平洋岛国具备了拥有丰富渔业资源的前提。南太平洋地区的海洋渔业资源分为两类：远洋渔业（oceanic）和近海渔业（coastal）。远洋渔业资源包括金枪鱼、旗鱼以及亲缘物种（applied species）。近海渔业包括多样的长须鲸和无脊椎动物。③ 与大西洋、印度洋与东太平洋海域的金枪鱼捕捞不同，中西太平洋海域的大部分金枪鱼属于太平洋岛国的专属经济区，大约57%的金枪鱼来自这些专属经济区。域外国家在南太平洋捕鱼所支付的"准入费"（access fees）成为太平洋岛国财政收入的重要组成部分。为了保护这些宝贵的渔业资源以及提高治理金枪鱼的能力，该地区在渔业治理方面加强合作，成为全球渔业治理的首个典范。④

（二）人海合一的海洋观念

在西方的环境观念中，人类被置于中心的位置，凌驾于自然之上。一些西方重要的环境组织，比如世界环境与发展委员会、保护自然和自然资源的国际联盟、世界自然基金会、联合国环境规划署，都认为人类优于自然界其他一切生物。这是一种典型的"人类中心论"或"人类优越论"⑤。在很长一段时间内，战胜自然的观念在西方文化中居于重要地位，以至于西方学者讨论最多的是人类如何改造自然。近代以来，由于自然科学获得了飞速发展，在人与自然问题上占统治地位的是 16 世纪至 17 世纪根据培

---

① Biliana Cicin – Sain, Robert W. Knecht, "The Emergence of a Regional Ocean Regime in the South Pacific", *Working Paper*, No. 14, 1989, p. 1.

② SPC, FFA, PIFS, SOPAC, USP, SPREP, *Pacific Islands Regional Ocean Policy and Framework for Integrated Strategic Action*, 2005, p. 4.

③ Robert Gillett, *Fisheries of the Pacific Islands*, Bangkok: FAO Regional Office for Asia and the Pacific, 2011, pp. 4 – 20.

④ Quentin Hanich, "Regional Fisheries Management in Ocean Areas Surrounding Pacific Island States", in H. Terashima, *Proceedings of the International Seminar on Islands and Oceans*, Tokyo: Ocean Policy Research Foundation, 2010, pp. 2 – 3.

⑤ Hayden Burgess, "An Introduction to Some Hawaiian Perspectives on the Ocean", in Jon M. Van Dyke, Durwood Zaelke, Grant Hewison, *Freedom for the Seas in the 21ˢᵗ Century: Ocean Governance and Environmental Harmony*, Washington, D. C.: Island Press, 1993, p. 91.

根的科学方法、牛顿物理学和笛卡尔哲学所建构的，以机械论的方式展示宇宙的观点。这种观点的其中一个方面是主张人与自然的分离与对立。培根、笛卡尔等人都极力鼓吹科学和知识的力量，认为科学可以使人成为自然的主人和占有者。这种观念加剧了人与自然的分离与对抗，促使人类强化其在自然界中的中心地位。①

海洋是自然环境的重要组成部分，是人类生存的基础线。在过去的100多年中，"无限海洋"（Limitless Sea）和海洋自由的观念一直是西方的主流思想。现代西方文明一直以开发、发现、征服海洋周围的陆地、海洋及海洋资源为基础。由于海洋被视为"边疆领土"，当处理海洋及其资源问题时，"听之任之"（anything goes）的态度被认为是合适的。自联合国《海洋法公约》签订后，科技的发展极大地证明了这种观念已经不合时宜。20世纪80年代末，公海流网捕鱼的推广是对稀缺渔业资源过度捕捞的典型。在海洋具有吸收所有类型废弃物无限能力的前提下，海洋自由观念包括了污染的自由。公海的军事活动同样被认为符合海洋自由观念，但这些活动具有明显污染海洋的能力，威胁着海洋环境，阻碍着对海洋的和平利用。② 按照胡果·格劳秀斯的看法，船舶对海上通道的利用并不会破坏其他任何船舶对海上通道的使用权。海洋必须提供航行和捕鱼的自由。海洋渔业资源取之不尽，某一个国家捕鱼船的活动并不会干扰其他国家捕鱼船在同一海域的活动。

西方的海洋观念一直深刻影响着海洋环境。人类活动正日益影响海洋自然系统、耗尽海洋资源以及破坏海洋自然风景。具体而言，西方海洋观念具有以下四个特征。

第一，把人类视为海洋的"管家"（stewardship）。"管家"一词多用于当下环境保护用语中，说明人类是海洋"仁慈的君主"。该词意味着人类具有保护海洋的责任，正如他们保护自己的领地、森林和王国一样。然而，这同样意味着他们的地位优于所管理的海洋，并与之分离。③

第二，西方主流的观点是人类所处的环境是资源不足的。基于此，所

---

① 李冠福、刘武军：《略论人与自然关系的历史演变与可持续发展》，《广西师范大学学报》1997年增刊。

② Jon M. Van Dyke, Durwood Zaelke, Grant Hewison, *Freedom for the Seas in the 21ˢᵗ Century: Ocean Governance and Environmental Harmony*, Washington, D. C.: Island Press, 1993, p. 3.

③ Hayden Burgess, "An Introduction to Some Hawaiian Perspectives on the Ocean", in Jon M. Van Dyke, Durwood Zaelke, Grant Hewison, *Freedom for the Seas in the 21ˢᵗ Century: Ocean Governance and Environmental Harmony*, Washington, D. C.: Island Press, 1993, p. 92.

有的资源都应当被索取，并形成一种经济模式的基础。出于这种稀缺性，为了驱动经济的发展，人类必须在生产成本和销售价格之间保证边际利润。①依此观点，为了推动经济的发展，人类必须最大限度地开发利用海洋资源，而不必优先考虑对海洋环境的影响及海洋资源的可持续利用。

第三，海洋是一个"水生大陆"（aquatic continent）。1990 年 10 月 27 日，美国前总统布什在火奴鲁鲁东西方中心的演讲中把海洋视为一个"水生大陆"。如果这个概念可以被接受，接下来的相关举措是把陆地的观念应用到资源和领土。分界线的概念在欧洲、美洲和其他地方已经深入人心，因此在海洋领域也被认为是合适的。②在西方看来，海洋也是陆地，两者没有明显的区别。

第四，海洋即资源。《布雷克法律词典》（Black's Law Dictionary）把海洋资源界定为可以转化成供应品的金钱或任何财产、赚钱的手段、积累财富的能力等。依此定义，西方海洋治理观念认为资源组成了全球体系经济模式的初级阶段。③阿黛尔伯特·瓦勒格（Adalberto Vallega）也认同这个观点，"工业社会和后工业社会都倾向于把海洋视为人类拓宽活动范围的新疆域，从该疆域恢复满足未来子孙需求的资源具有很大可能性。工业社会把海洋看成一个巨大的储存库，可以提供人类所需的食物、能源和矿物资源"④。在伊丽莎白·曼·贝佳斯看来，"人类历史上对海洋的态度基于海洋是取之不尽的资源储存库的观念。这种观念在工业化社会的几十年中被广泛分享。与此同时，海洋亦被视为建立国际新秩序的关键舞台。在新秩序框架下，人类可以合理利用海洋资源"⑤。

自古以来，海洋是太平洋岛国居民生活重要的一部分。南太平洋为岛

① Hayden Burgess, "An Introduction to Some Hawaiian Perspectives on the Ocean", in Jon M. Van Dyke, Durwood Zaelke, Grant Hewison, *Freedom for the Seas in the 21ˢᵗ Century: Ocean Governance and Environmental Harmony*, Washington, D. C.: Island Press, 1993, p. 92.

② Hayden Burgess, "An Introduction to Some Hawaiian Perspectives on the Ocean", in Jon M. Van Dyke, Durwood Zaelke, Grant Hewison, *Freedom for the Seas in the 21ˢᵗ Century: Ocean Governance and Environmental Harmony*, Washington, D. C.: Island Press, 1993, p. 93.

③ Hayden Burgess, "An Introduction to Some Hawaiian Perspectives on the Ocean", in Jon M. Van Dyke, Durwood Zaelke, Grant Hewison, *Freedom For The Seas in the 21ˢᵗ Century: Ocean Governance and Environmental Harmony*, Washington, D. C.: Island Press, 1993, p. 94.

④ Adalberto Vallega, *Sustainable Ocean Governance: A Geographical Perspective*, London: Routledge, 2001, p. 213.

⑤ Elisabeth Mann Borgese, The *Future of the Oceans*, Montreal: Harvest House, 1986, p. 1; Elisabeth Mann Borgese, "Ocean Mining and the Future of World Order", in J. Thiede, K. J. Hsu, *Use and Misuse of the Seafloor*, Chichester: John Wiley & Sons, 1991, pp. 117 – 126.

民提供了交通、资源、食物以及身份认同感。① 对太平洋岛国而言，海洋不仅是获取资源的来源，而且成为它们日常生活的重要组成部分，达到了"人海合一"的层次。"几百年来，'无限海洋'的观念一直是西方国家的主流意识，当代西方文明的建立基于对海洋及其海洋资源的开发和征服。因为海洋一直被视为边疆地区，所以'听之任之'的态度成为许多国家面对海洋及其资源的理念。大量当下及未来保护海洋的实践都可以从土著人的传统中发现。依岛缘海而生的居民早在快速交通或联系的时代之前，就意识到了海洋资源的有限性，并需要保护。人们不把海洋生物视为不同的种类，而视为他们整体生活的一部分。如今，太平洋岛民开始构建基于自身对海洋认知的南太平洋区域海洋机制，并引进保护海洋环境的路径。太平洋岛国在海洋治理方面的经验和倡议将指导我们如何可持续生存。"②《太平洋岛国区域海洋政策与针对联合战略行动的框架》指出："太平洋岛屿社区散落在海洋上群岛上，这其中发生了人类历史上一些最为鼓舞人心的人口迁移。海洋对太平洋岛屿社区整合程度，胜于其他一切。自居民定居在太平洋岛屿地区以来，海洋的生物多样性为居民提供了生活的来源。"③《2011—2015 年战略计划》指出，"数千年来，太平洋岛国居民的生存依赖于海洋所提供的丰富的自然资源。海洋还提供了食物、交通、传统实践和经济发展机会"④。第 47 届太平洋岛国论坛峰会公报中明确指出了海洋的重要价值，"太平洋地区最重要的自然资源就是海洋"⑤。

"对太平洋岛国的居民而言，海洋不仅仅是一种资源，它是人类的家园。海洋养育了太平洋诸岛及其所居住的人类。海浪把太平洋诸岛的祖先从遥远的地方，穿越时空，带到这个地方。对他们来说，陆地和海洋是不分离的，相互依存。他们的生活、健康、灵性和意识都与海洋有着密切的联系。"⑥ 夏威夷人也把海洋视为一种生命性的存在。在波卡·拉努（Poka Laenui）看来，"夏威夷人不但把海洋视为环境或资源，而且视海洋为永生

---

① World Bank, *A Global Representative System of Marine Protected Areas*, *Marine Region* 14: Pacific, 1995, p. 2.

② Jon M. Dyke, Durwood Zaelke, Grant Hewison, *Freedom for the Seas in the 21ˢᵗ Century: Ocean Governance and Environmental Harmony*, Washington, D. C.: Island Press, 1993, pp. 3 – 4.

③ SPC, FFA, PIFS, SOPAC, USP, SPREP, *Pacific Islands Regional Ocean Policy and Framework for Integrated Strategic Action*, 2005, p. 3.

④ SPREP, *Strategic Plan 2011 – 2015*, Samoa: Apia, 2011, p. 7.

⑤ "Forum Communique", Pacific Islands Forum Secretariat, http://www.forumsec.org.

⑥ Jon M. Dyke, Durwood Zaelke, Grant Hewison, *Freedom for the Seas in the 21ˢᵗ Century: Ocean Governance and Environmental Harmony*, Washington, D. C.: Island Press, 1993, p. 89.

上帝和其他一切生物的家园。相反，西方却持一种'人类中心论'或'人类优越论'的观点，海洋只是被用来维持人类的生存，唯一的用途是被人类主宰、掌握和控制，别无他意义。这种论断把人类同世界上的其他生物隔离开来。在太平洋地区，海洋是许多东西的来源，超越了经济、安全或交通。海洋是太平洋岛国人民食物和健康的来源，为岛国人民提供了身体健康和情感依赖的多种机制。海洋同样提供了净化灵魂、救赎和滋养的源泉以及学习自然之道的途径"①。由此可见，太平洋岛国的海洋观不同于西方国家，达到了"人海合一"的层次。只有充分理解太平洋岛国对海洋的理念，才能更好地了解海洋对它们的意义。"海洋资源的可持续发展和利用、海洋和沿海环境依赖于对海洋的完全理解，包括传统的理念。"② 毫无疑问，太平洋居民与海洋有着特殊的密切关系。大部分群岛共同体理念和信仰体系把其子孙后代追溯到海洋。每个太平洋岛屿的居民都有着土地和海洋的图腾，并把海洋视为自己的血统，而不是我们所认为的一个省或地区。③ "人海合一"的观念已经成为太平洋岛国的一个集体身份，而这种集体身份有助于形成集体认同。在亚历山大·温特（Alexande Wendt）看来，"集体身份把自我和他者的关系引向其逻辑得出的结论，即认同。认同是一个认知过程，在这一过程中自我—他者的界线变得模糊起来，并在交界处产生完全的超越。自我被'归入'他者"④。

（三）太平洋岛国土著居民具有宝贵的海洋治理理念和经验

太平洋岛国在全球海洋治理方面的实践也有效践行着其海洋大型发展中国家的身份。在全球海洋治理方面，南太平洋地区有效地倡导着海洋治理价值理念，并践行海洋治理理论。正如安迪·冯·泰所言，"在面对全球应对如何在可持续发展、管理和保护海洋及海洋资源之间建立一个平衡关系方面，我们一直是先行者。实现这一平衡是开展良好的海洋治理与管

① Poka Laenui, "An Introduction to Some Hawaiian Perspectives on the Ocean", in Jon M. Dyke, Durwood Zaelke, Grant Hewison, *Freedom for the Seas in the 21ˢᵗ Century: Ocean Governance and Environmental Harmony*, Washington, D. C.: Island Press, 1993, pp. 91 – 94.

② SPC, FFA, PIFS, SOPAC, USP, SPREP, *Pacific Islands Regional Ocean Policy and Framework for Integrated Strategic Action*, 2005, p. 12.

③ "The Blue Pacific at the United Nations Ocean Conference", Pacific Islands Forum Secretariat, January, 2017, http://www.forumsec.org.

④ 〔美〕亚历山大·温特：《国际政治的社会理论》，秦亚青译，上海人民出版社 2014 年版，第 224 页。

理的关键"①。在过去的数十年间,该地区的海洋治理面临着严重的威胁,出现了很多海洋问题,比如过度捕捞、环境污染日益严重、海水温度增高、海平面上升等,这些问题严重破坏了海洋环境及海洋生态系统。欧盟在《全球海洋治理联合声明》中表达了对于太平洋岛国海洋治理的关切,"许多岛国(包括小岛屿发展中国家)和沿海国家严重依赖海洋资源。人类活动对海洋保护和可持续利用的潜在影响较大"②。太平洋岛国被认为是太平洋的"护卫","没有人比世世代代以海洋为家园的太平洋岛民更适合做海洋'护卫'了"③。

就南太平洋地区来说,海洋治理规范具有该地区独特的特点,从宏观层面到微观层面。同时,这些规范既包括框架,又包括海洋保护协议,有效指导了该地区的海洋治理,有助于保护海洋资源、完善海洋治理的努力。④宏观层面上,海洋具有流动性和跨界性的特点,这就需要有一个宏观的规范来指导海洋治理。南太平洋地区已经意识到随着海洋问题的增多,不同领域的规范也越来越多,这使得海洋治理规范具有碎片化的特点,因此需要一个宏观的规范来整合具体领域的规范。⑤太平洋岛国传统的"占有"和生态观念成为南太平洋地区重要财产,这对于限制准入或在习惯海域的特定活动而言,具有显著的效果。流行的"管家"文化观念影响着区域层面的资源治理决策。虽然大部分太平洋岛国没有成文的习惯法,但这些传统观念却被广泛认可,并体现在大部分国家的最高法之中。太平洋岛国的土著海洋治理规范在保护地区生物多样性中,发挥着关键的作用。⑥

由于太平洋岛国实力弱小,很难依靠自身力量来进行海洋治理,因此它们主要依靠区域组织来克服自身在海洋治理方面的脆弱性,主要的区域组织有太平洋岛国论坛、太平洋共同体、太平洋岛国论坛渔业署、南太平

---

① 《太平洋岛屿国家,不是小的脆弱经济体,而是大的海洋国家》,博鳌亚洲论坛,2017 年 3 月 26 日,http://www.boaoforum.org.

② "Joint Communication to the European Parliament, the Council, the European Economic and Social Committee and the Committee of the Regions", *European Commission*, Nov.18, 2015, http://eeas.europa.eu.

③ "Ocean Governance: Our Sea of Islands", The Commonwealth, http://thecommonwealth.org.

④ "Key Ocean Policies and Declarations", Pacific Islands Forum Secretariat, January 21, 2015, http://www.forumsec.org.

⑤ SPC, FFA, PIFS, SOPAC, USP, SPREP, *Pacific Islands Regional Ocean Policy and Framework for Integrated Strategic Action*, 2005, p.3.

⑥ "Ocean Governance: Our Sea of Islands", The Commonwealth, http://thecommonwealth.org.

洋区域环境署。① 与此同时，太平洋岛国还利用一些国际组织在海洋治理
方面的优势，积极与国际组织合作，主要的国际组织有联合国、欧盟、世
界银行等。南太平洋地区的海洋治理主体发挥着重要的作用，而且相互之
间的合作关系很密切，形成了一个关于海洋治理的联合网络，这体现了海
洋综合管理理论的跨学科的、跨部门的、重复的参与过程。"南太平洋地
区建立了世界上最复杂、最高级的合作工具。这些区域组织鼓励联合治
理，对保护海洋资源以及向各国政府传达治理理念有着重要的作用。以渔
业资源保护为例，在地区层面上，太平洋共同体和太平洋岛国论坛渔业署
共同为太平洋岛国服务。"② 就把海洋治理的理念融入现代整合路径而言，
南太平洋地区是世界的领导者。在太平洋岛国居民眼里，海洋超越了国家
界线，对岛国许多共同的发展愿望有着重要的影响。③ 古特雷斯在联合国
海洋法会议上指出，"SDG14 已经为实现清洁、健康的海洋制定了明确的
路线图。当务之急是必须结束将经济、社会发展需求同海洋健康之间人为
地'一分为二'的错误做法"④。

三　太平洋岛国海洋大型发展中国家身份的外在表现

受限于国际政治中权力政治的影响，太平洋岛国在国际事务中的影响
力无法与大国媲美。但作为海洋大型发展中国家，太平洋岛国国际海洋事
务中仍然发挥着重要作用，体现着自身的身份特性。

（一）在联合国《海洋法公约》制定与完善中的关键角色

联合国《海洋法公约》是国际社会长时间反复较量后达成的调和与折
中的产物，是海洋资源和权利的再分配，体现了各种利益的协调和若干矛
盾冲突的妥协。该公约通过并生效反映了以太平洋岛国为代表的发展中国
家的崛起，标志着国际海洋秩序的建立。联合国《海洋法公约》的出现，
不仅创造了世界海洋上新的法律机制，还促使所有海洋国家重新对其在海

---

① Martin Tsamenyi, "The Institutional Framework for Regional Cooperation in Ocean and Coastal Management in the South Pacific", *Ocean & Coastal Management*, Vol. 42, No. 6, 1999, p. 469.

② Quentin Hanich, Feleti Teo, Martin Tsamenyi, "A Collective Approach to Pacific Islands Fisheries Management: Moving Beyond Regional Agreements", *Marine Policy*, Vol. 34, 2010, pp. 85–91.

③ "The Blue Pacific at the United Nations Ocean Conference", Pacific Islands Forum Secretariat, http://www.forumsec.org.

④ 《联合国海洋大会开幕——扭转趋势、促进海洋可持续发展》，联合国，2017 年 6 月 5 日，http://www.un.org.

洋上的活动与利用加以重视，亦促使所有海洋国家将海洋视为一个整体，来探讨立法与行政的关系。① 太平洋岛国在联合国《海洋法公约》的不断完善过程中，发挥了不可忽略的作用。

第一，推动联合国《海洋法公约》的制定。由于南太平洋地区面临着各种各样的海洋问题，太平洋岛国在保护海洋环境方面积累了丰富的经验，这些地区经验客观上推动着国际海洋法的完善。《南太平洋地区自然资源和环境保护公约》是南太平洋地区首次努力在其广阔的地理范围内阻止、减少和控制海洋污染，该公约成为防止海洋环境恶化的有效工具。该公约把公海纳入了保护的区域，这是保护海洋环境领域有意义和重要的一步，但世界上很多大国却忽略了这一点。考虑到太平洋岛国缺乏执行和监测能力以及足够的财政资源，这也许效果不大。然而，对国际法治理公海规则的发展来说，这是一个重要的贡献。② 自 20 世纪 50 年代起，联合国多次召开国际海洋会议，着手研究、制定新的海洋法公约。20 世纪 70 年代，新独立的太平洋岛国意识到了联合国召开的海洋法会议对于它们的重大意义，积极派遣代表参与该会议。其中，新独立的斐济及其首位总理拉图·玛拉（Ratu Mala）发挥了重要的领导作用，甚至在联合国《海洋法公约》制定完毕后的十年间，联合国第三次海洋法会议斐济代表萨切雅·南丹还担任联合国海洋事务和海洋法公约秘书长特别代表一职。1982 年 12 月，联合国《海洋法公约》制定完成，斐济成为该公约第一个签字国。随后不久，南太平洋论坛成员国相继签约。③ 事实上，世界上所有地区的小岛屿国家都积极参与联合国海床委员会，以及自 1973 年起参与第三届联合国海洋法大会的实质性会议。作为岛国，它们联合起来，寻求新的海洋机制，在扮演建设性角色的同时，也敦促联合国《海洋法公约》应该考虑到岛屿国家的特殊需求。比如，参考一个国家的陆地和人口，这个国家 EEZ 的规模不应该受到限制。可喜的是，小岛屿国家的合理诉求体现在了

---

① Raphael Bille, Lucien Chabason, Petra Drankier, Erik J. Molenaar, Julien Rochette, *Regional Oceans Governance: Making Regional Seas Programmes, Regional Fishery Bodies and Large Marine Ecosystem Mechanisms Work Better Together*, UNEP Regional Seas Reports and Studies No. 197, 2016, p. x2.

② A. V. S. Va'ai, "The Convention for the Protection of the Natural Resources and Environment of the South Pacific Region: Its Strengths and Weaknesses", in Jon M. Dyke, Durwood Zaelke, Grant Hewison, *Freedom for the Seas in the 21ˢᵗ Century: Ocean Governance and Environmental Harmony*, Washington, D. C.: Island Press, 1993, p. 113.

③ 曲升:《南太平洋区域海洋机制的缘起、发展及意义》,《太平洋学报》2017 年第 2 期。

联合国《海洋法公约》的条款中。[①] 1971 年 8 月，太平洋岛国在论坛峰会上讨论了南太平洋的领海需求问题，主要是关于新独立国家在合法领海区域的海洋资源问题，并期望作为联合国海床委员会成员国的澳大利亚和新西兰可以为岛国提供及时有效的信息。[②]

第二，丰富联合国《海洋法公约》的海洋治理规范。联合国《海洋法公约》是一个海洋治理的总体性框架。区域海洋治理机制是在这个总体框架之下运行。南太平洋地区许多具体的关于海洋环境和资源保护、利用的政策及规划丰富了这个总体框架的具体条款。[③] 同时，该地区的很多海洋治理规范契合、丰富了联合国《海洋法公约》。联合国《海洋法公约》是海洋治理的国际法基础，对内水、临海、专属经济区、大陆架、公海等概念进行了界定，并对领海主权争端、污染处理等具有指导作用。《2016—2020 年战略计划》的制订基于实现可持续发展目标的海洋治理理念。"《2016—2020 年战略计划》的执行考虑了全球环境的作用。太平洋共同体通过了实现可持续发展目标的承诺。实现可持续发展目标体现了太平洋共同体很多成员国的发展重点，为《2016—2020 年战略计划》提供了全球和地区框架及多边协议。"[④]《太平洋岛国区域海洋政策与针对联合战略行动的框架》的基础则是联合国《海洋法公约》，"南太平洋区域海洋政策致力于推动太平洋地区海洋环境的保护和治理，并支持该地区的可持续发展。它的指导原则是联合国《海洋法公约》及相关国际及地区协议"。[⑤]南太平洋区域环境署在 2011 年通过了《2011—2015 年战略计划》，其中指出："提高成员国参与气候变化谈判的能力，承担国际责任，尤其是《联合国气候变化公约》所规定的责任，具有重要的意义。"[⑥]

第三，有效践行专属经济区（EEZ）的概念。太平洋岛国对于践行EEZ 达成了共识。1976 年 7 月，在第 17 届论坛峰会上，论坛领导人强调

① Tuiloma Neroni Slade, *The Making of International Law: the Role of Small Island States*, Int'l & Comp. L. J., 2003, pp. 534 – 535.

② Pacific Islands Forum Secretariat, *Joint Final Communique*, 1971, p. 3.

③ Raphael Bille, Lucien Chabason, Petra Drankier, Erik J. Molenaar, Julien Rochette, *Regional Oceans Governance: Making Regional Seas Programmes, Regional Fishery Bodies and Large Marine Ecosystem Mechanisms Work Better Together*, UNEP Regional Seas Reports and Studies No. 197, 2016, p. 14.

④ Pacific Community, *Strategic Plan 2016 – 2020*, New Caledonia: Noumea, 2015, p. 3.

⑤ SPC, FFA, PIFS, SOPAC, USP, SPREP, *Pacific Islands Regional Ocean Policy and Framework for Integrated Strategic Action*, 2005, p. 3.

⑥ SPREP, *Strategic Plan 2011 – 2015*, Samoa: Apia, 2011, p. 16.

了岛国依附于联合国海洋法发展的重要性。所有成员国从 200 海里 EEZ 的建立中获取了益处，岛国控制了海洋资源，这为它们带来了新的经济机会。论坛领导人意识到需要做很多准备，目的是建立 EEZ 以及确保 EEZ 一旦建立，就能最大限度地为岛国带来优势。这需要区域层面的合作与协调。论坛成员国需要防止未经协商的决策，这种决策会牺牲南太平洋地区的整体利益。论坛采取的准备措施包括与在该地区捕鱼的域外国家进行谈判。同时，论坛领导人意识到了有必要提升海洋监测与巡查能力。① 太平洋岛国从联合国《海洋法公约》中得到了很大的益处。在马丁·萨门尼（Martin Tsamenyi）看来，随着 1982 年联合国《海洋法公约》在世界范围内的执行，特别是该公约关于资源和环境治理的条款，为太平洋岛国提供了广泛的经济机会。大部分岛国陆地资源匮乏，但是海洋资源却很丰富，特别是在海洋 EEZ 内有丰富的渔业资源。作为重要的海洋资源，渔业不仅为太平洋岛国带来了外汇收入，而且为岛国带来"营养"②。在践行联合国《海洋法公约》所确定的概念方面，特别是关于 EEZ 的使用，南太平洋地区处于前沿地位。太平洋岛国的海洋发展为其他沿海的发展中国家树立了典范。基于此，非洲、加勒比地区的区域组织向太平洋岛国寻求这方面的建议。太平洋岛国论坛及其有特色的地区路径的推行，被认为是成效显著的。③

（二）在联合国海洋大会中的活跃地位

历史上，太平洋岛国参与联合国海洋法会议经历了一个过程。1974 年的第二届海洋法会议通过了第 3334 号决议，即邀请巴布亚新几内亚、库克群岛、纽埃、太平洋岛屿托管领土以观察员身份参加海洋法会议其后举行的任何一期会议，如果其中任何一个国家或领土获得独立，可以参加国地位参加海洋法会议。④ 自此，这几个太平洋岛国获得了联合国海洋法会议的观察员资格，并参加了 1975 年的第三届海洋法会议。劳伦斯·朱达（Lawrence Juda）认为从主权平等的意义上说，在相当一部分法律体系形成背景下，第三届海洋法会议为发展中国家充分、平等参与，提供了重大

---

①　South Pacific Forum, *Summary Record*, 1976, p. 39.

②　Martin Tsamenyi, "The Institutional Framework for Regional Cooperation in Ocean and Coastal Management in the South Pacific", *Ocean and Coastal Management*, Vol. 42, 1999, pp. 465 – 466.

③　Biliana Cicin – Sain, Robert W. Knecht, "The Emergence of a Regional Ocean Regime in the South Pacific", *Ecology Law Quarterly*, Vol. 16, Issue 1, 1989, pp. 182 – 209.

④　国家海洋局海洋发展战略研究所:《联合国海洋法公约》，海洋出版社 2014 年版，第 271 页。

的机会。以往，国际法只是由少数的西方国家制定。自 1973 年开始，随着殖民列强的瓦解以及新独立国家的扩散，世界共同体已经发生了很大的变化。①

近年来，太平洋岛国海洋大型国家的身份在国际社会中不断得到认可，其在联合国海洋大会中的角色日益活跃。海洋大会是联合国首个关于 SDG14 议题的会议，将提供独特的宝贵机会，供世界寻求具体解决方案以扭转海洋健康状况急剧下降的趋势。同时，此会议将进一步推进实施 SDG14。② 斐济和瑞典共同组办了此次海洋大会。此举是太平洋岛国在联合国中的海洋大国身份的体现。斐济总理姆拜尼马拉马（Bainimarama）作为海洋大会的主席，在发言中强调，"气候变化是人类有史以来所面临的最严峻威胁之一，由此导致的海平面上升以及海洋生态环境恶化等问题直接涉及小岛屿发展中国家的未来生存和发展"③。同时，斐济在开幕致辞中指出，"要想在这个星球上为所有物种创造一个安全的未来，我们必须现在就采取行动，维护海洋和气候的健康"④。2017 年，太平洋岛国论坛领导人在联合国大会上强调了"蓝色太平洋"的重点，主要有执行《巴黎协定》、有效治理和保护海洋、实现可持续发展目标、维护和平与稳定等。⑤

（三）集体推动联合国大会对太平洋岛国海洋问题的重视

太平洋岛国凭借在联合国中的数量优势，集体推动联合国大会做出有助于解决岛国海洋问题的决议。联合国成为太平洋岛国推动全球海洋问题议题设置的重要平台，也特别适合克服太平洋岛国的个体脆弱性。罗伯特·罗斯坦（Robert Rothstein）认为，国际组织的存在可以通过扩大外交视野的方式为没有经验的小国提供提升外交策略的可能性。⑥ 太平洋岛国在联合国的活动舞台主要是联合国大会，那里的所有成员都遵循主权平等

---

① Lawrence Juda, *International Law and Ocean Use Management: The Evolution of Ocean Governance*, London: Routledge, 2013, p. 209.

② 《我们的海洋，我们的未来》，联合国海洋大会，2017 年 6 月 5 日，http://www.un.org.

③ 《联合国海洋大会开幕——扭转趋势、促进海洋可持续发展》，联合国，2017 年 6 月 5 日，http://www.un.org.

④ 《联合国海洋大会开幕——扭转趋势、促进海洋可持续发展》，联合国，2017 年 6 月 5 日，http://www.un.org.

⑤ "Pacific Islands Forum Chair Highlights Priorities for the Blue Pacific at the United Nations", Pacific Islands Forum Secretariat, June 2017, http://forumsec.org/pages.

⑥ Robert L. Rothstein, *Alliances and Small Powers*, New York: Columbia University Press, 1968, p. 40.

的原则，因而太平洋岛国可以发挥数量的优势来获取最大的收益。

"最近几十年来，国际组织使海洋问题政治化，并极大地提高了积极参与这些问题的国家数量。尽管欠发达国家政府除拥有海岸线外，缺乏与海洋相关的重要能力，但在这些问题上的影响越来越大。显然，主要海洋大国在联合国海洋法会议上处于守势。"① 近年来，气候变化成为联合国大会的焦点议题，太平洋岛国在推动该议题的过程中扮演着关键角色。它们在联合国大会上敦促国际社会采取减缓气候变化影响的行动。2017 年 9 月，基里巴斯总统塔内希·马茂（Taneti Maamau）在联合国大会上指出，"本次会议的主题是以人为本……联合国必须重视全球大家庭中最脆弱、最穷困的成员，比如最不发达国家和小岛屿国家。我们必须确保它们不落后于通过实现全球发展议题的进程……我们必须确保它们的声音可以被倾听"。汤加国王图普六世（Tupou VI）同样表达了联合国大会应重视全球资源的保护和可持续利用、强调伙伴关系在国际法框架下联合实现目标中的重要性。所罗门群岛总理梅纳西·索加瓦雷（Manasseh Sogavare）则充分地阐述了气候变化的负面影响，这种负面影响已经出现在所罗门群岛的沿海，带来严重的威胁。② 2009 年 6 月 3 日，联合国大会一致通过了 A/RES/63/281 决议。该决议引入了"联合国相关机构强化考虑、解决气候变化问题的努力，特别强调了它们的安全影响"。这是整个国际社会首次把气候变化同国际和平与安全明确联系起来。该决议要求秘书长基于成员国和相关区域组织的意见，在第 64 届大会上递交一份关于气候变化的综合报告。太平洋岛国以此方式表达了它们的观点，并被纳入了上述报告。这份文件概述了南太平洋地区气候变化的安全影响、原因和框架，同时列举了太平洋岛国正在经历的气候变化的安全影响以及它们在中短期内所渴望面对的安全影响。经济和地理的脆弱性使得太平洋岛国对于气候变化的安全影响特别脆弱，因此，南太平洋地区的案例可以为整个国际社会提供经验和教训。没有任何一个国家可以避开气候变化的安全影响。③

---

① 〔美〕罗伯特·基欧汉、约瑟夫·奈：《权力与相互依赖》，门洪华译，北京大学出版社 2012 年版，第 123 页。

② "At UN Assembly, Pacific Island States Press for Action to Mitigate Impacts of Climate Change", UN, August 2017, https：//news. un. org.

③ "Fiji, Marshall Islands, Micronesia, Nauru, Palau, Papua New Guinea, Samoa, Solomon Islands, Tonga, Tuvalu, Vanuatu Views on the Possible Security Implications of Climate Change to be Included in the Report of the Secretary – General to the 64th Session of the United Nations General Assembly", Pacific SIDS, June 3, 2009, http：//www. un. org.

（四）努力建立与相关国际海洋组织的关系

"国际组织往往是适合弱国的组织机构。联合国体系的一国一票制有利于弱小国家结盟。国际组织的秘书处也往往迎合第三世界的需求。国际组织的实质性规范大多是过去多年间形成的，它们强调社会公平、经济公平和国家公平等。过去的决议反映了第三世界的立场，有的获得了工业化国家有保留的赞成，这些决议赋予第三世界的要求以合法化。这些协议几乎没有约束力，但制度规范可以使得反对者显得极其自私并难以自圆其说。"① 努力成为国际组织的成员国成为太平洋岛国维护自身海洋利益、摆脱大国控制的重要选择。除了联合国之外，太平洋岛国参与的国际相关海洋组织主要有国际海事组织、联合国环境规划署、国际海底管理局、联合国粮农组织等。

第一，国际海事组织。国际海事组织目前拥有 173 个成员、3 个准成员。国际海事组织指出："它保证在决策过程中将考虑所有利益相关方的观点，并继续注意发展中国家的需求，特别是小岛屿发展中国家和最不发达国家。"② 基于此，太平洋岛国成为国际海事组织的重点考虑对象。截至目前，共有 5 个太平洋岛国成为国际海事组织的成员，分别是库克群岛、基里巴斯、所罗门群岛、图瓦卢、巴布亚新几内亚。③ 除此之外，国际海事组织与南太平洋地区的区域组织有着密切的合作关系。国际海事组织与太平洋共同体的合作历史悠久，主要是帮助太平洋岛国提升运输服务。太平洋共同体拥有在国际海事组织的观察员资格，双方合作的领域包括海洋治理与安全、能源有效运输、提升妇女在海洋部门中的权利。④

第二，联合国环境规划署。联合国环境规划署是全球主要的环境组织，它设置环境议程、推动联合国体系下的可持续发展环境维度的政策执行，是全球环境的权威倡导者。⑤ 在联合国环境规划署的理事会成员中，有两个太平洋岛国，分别是西萨摩亚和所罗门群岛。2014 年 9 月，联合国环境规划署在阿皮亚成立一个次区域办公室，这被认为是小岛屿发展中国家第三届国际会议的完美铺垫，焦点是作为保证小岛屿发展中国家可持续

---

① 〔美〕罗伯特·基欧汉、约瑟夫·奈：《权力与相互依赖》，门洪华译，北京大学出版社
2012 年版，第 34—35 页。

② IMO, *Strategic Plan for The Organization For The Six-Year Period 2018 to 2023*, December 2017, p. 4.

③ "Member States", IMO, http：//www.imo.org.

④ "International Maritime Organization", SPC, http：//www.spc.int.

⑤ "About UN Environment", UNEP, https：//www.unenvironment.org.

发展的持久合作手段。联合国环境规划署在南太平洋地区办公室的建立恰逢其时，主要是因为太平洋岛国面临着气候变化和海平面上升带来的诸多挑战。[①] 2017 年，联合国环境规划署与南太平洋区间环境署宣布建立新的合作伙伴关系。双方将紧密合作，致力于保护太平洋岛国的生物多样性。[②]

第三，国际海底管理局。截至 2017 年 7 月，国际海底管理局成员国包括 13 个太平洋岛国，分别是斐济、基里巴斯、马绍尔群岛、密克罗尼西亚、瑙鲁、纽埃、帕劳、巴布亚新几内亚、所罗门群岛、萨摩亚、汤加、图瓦卢、瓦努阿图。[③] 太平洋岛国在国际海底管理局中扮演着积极的角色。太平洋岛国对广阔海域的海床拥有主权。在 EEZ 内，联合国《海洋法公约》赋予了沿海国家开采海床资源的权利以及保护海洋环境的责任。巴布亚新几内亚、汤加、斐济和所罗门群岛是世界上首批在 EEZ 内为公司办理开采手续的国家。库克群岛和汤加目前正建立国家法定机制（national statutory regimes），目的是在国际层面上补充国际海底管理局的努力。[④] 2015 年，太平洋共同体与国际海底管理局签订了一份理解备忘录。该备忘录表达了双方在发展地区和国家框架方面的相互利益，用以维护太平洋岛国的利益、管理超出国家管辖范围外的深海资源开采活动、进行科学研究和分析、分享海床资源信息。[⑤]

第四，联合国粮农组织。为了满足农业发展中对全球趋势的要求以及迎接成员国所面临的挑战，联合国粮农组织确立了几个工作重点，其中的一个重点与海洋相关，即"确保渔业资源更可持续、更具有生产性（productive）"。联合国粮农组织的成员国中共有 13 个太平洋岛国，分别是斐济、马绍尔群岛、基里巴斯、巴布亚新几内亚、密克罗尼西亚、瑙鲁、纽埃、帕劳、所罗门群岛、托克劳、汤加、图瓦卢、瓦努阿图。[⑥] 1996 年，联合国粮农组织为了更好地协调其在南太平洋地区的工作，在萨摩亚建立了一个次区域办公室。联合国粮农组织次区域办公室是一个技术中心，用

---

① "UNEP Opens First Sub Regional Office at SPREP, Samoa", SPREP, September 2014, http：//www. sprep. org.

② "SPREP and UNEP Announce New Partnership to Showcase Pacific Islands' Achievements in Protecting Biodiversity", SPREP, 18 December, 2017, http：//www. sprep. org.

③ "Member States", International Seabed Authority, 25 July, 2017, https：//www. isa. org. jm.

④ "Pacific Islands: Leading the Way in Deep Sea Minerals Legislation", East Asia Forum, 11 May, 2013, http：//www. eastasiaforum. org.

⑤ "SPC and International Seabed Authority Seal New Agreement", SPC – EU Deep Sea Minerals Project, 23 July, 2015, http：//dsm. gsd. spc. int.

⑥ "About FAO", FAO, January 2018, http：//www. fao. org.

以支持 14 个太平洋岛国，同时它还致力于推动与南太平洋地区相关政府部门、私营机构以及非政府组织的合作关系。①

第二节　中国对构建蓝色伙伴关系的认知

中国是一个海陆复合型国家，海洋与国家地缘安全有着密切的联系。党的十八大做出建设海洋强国的战略决策，是要依靠海洋强盛国家，建成拥有强大海洋综合力量的现代化强国。党的十九大报告则提出了要积极发展全球伙伴关系，扩大各国利益的交汇点，推进大国协调与合作，构建总体稳定、均衡发展的大国关系框架，按照亲诚惠容理念和与邻为善、以邻为伴的外交方针，深化同周边国家关系，秉持正确义利观和真实亲诚理念，加强同发展中国家团结合作。中国积极发展全球伙伴关系，为世界各国创造了和平稳定的国际环境。中国构建与南太平洋地区的蓝色伙伴关系既是历史的延续，也是在海洋方向实现国家利益拓展的需求，还是中国走和平发展道路的体现。中国不可能重复以往大国所走过的道路，那种谋求霸权并使用炮舰政策引发了大规模战争和全球动荡的方式。

一　历史上中国与南太平洋地区的交往

历史上的海上丝绸之路（包括途经黄海、东海、南海等连接中外的东亚、东南亚、西亚北非、欧洲、大洋洲等）长期联系中外，特别是途经南海的海上丝绸之路，更是海上丝绸之路的典型代表。其中，南太平洋地区是中国古代的海上丝绸之路的一条通道、一个终端。随着西班牙于 1571 年占领菲律宾，万历三年（1575）即开通了广州、澳门经马尼拉中转直达拉丁美洲的利马航线。清朝张荫桓《三洲日记》卷五记载道："查墨（西哥）记载，明万历三年，即西历一千五百七十五年，（墨）曾通中国。岁有飘船数艘，贩运中国丝绸、瓷、漆等物，至太平洋之亚翼巴路商埠（阿卡普尔科港），分运西班牙各岛。其时墨隶西班牙，中国概名之为大西洋。"② 为了对付英、荷新兴的海洋国家，葡萄牙、西班牙联合起来。16世纪末、17 世纪初，西班牙允许葡萄牙人、中国商人自澳门到马尼拉贸易，这样，跨太平洋的大帆船贸易中最长的海上航线形成。这条航线多是

① "FAO Regional Office for Asia and the Pacific", FAO, January 2018, http://www.fao.org.
② （清）张荫桓：《三洲日记》，朝华出版社 2017 年版，第 12 页。

西班牙的大帆船航行，一般把中国的丝货运输到拉丁美洲，然后从拉丁美洲换回大量的白银，因经中转站马尼拉，通称"马尼拉中国大帆船贸易"（或称太平洋丝路、白银之路）。冬季先由广州、澳门出海，经万山群岛东南行，至东沙群岛折向东南，循吕宋岛西岸达马尼拉，再从马尼拉经圣贝纳迪诺海峡，乘六月中下旬西南季风到北纬 37°—39° 的水域，又借西北风横渡太平洋。其中北太平洋航线一段，向北达北纬 40°—42°，后又南折，利用"黑潮"，再利用盛行于海岸的西北风、北风直达墨西哥西海岸的阿卡普尔科、秘鲁的利马港。其间经过关岛、火山群岛（硫磺列岛）、金岛、银岛等，全航程平均需要半年左右。①

　　清朝嘉庆年间，广州至大洋洲的航线被开辟。1819 年，第一艘满载茶叶的商船"哈斯丁侯爵"号从广州驶向新南威尔士的杰克逊港，广州至大洋洲的茶叶贸易航线形成。1830 年，"奥斯丁"号船又载茶叶、生丝从广州驶向贺伯特城和悉尼，他们不仅在广州有商行代理人，而且"每一季度都要派出几条船到广州去"。广州对外丝茶贸易已经延伸到大洋洲。② 汉克斯·万·蒂尔堡（Hanks K. Van Tilburg）指出："从 1905 年开始，一小部分中国的传统帆船从中国航行至北美，途经太平洋。向东航行途经太平洋的帆船是来自中国海岸的船帆。这些帆船的到来使得观察者可以了解中国的航海技术和海洋文化。区域历史把中国海洋影响力的范围定位于东亚和东南亚以及途经印度洋的西行航线。然而，中国的太平洋航程事实上存在过。详细的资料证明中国在太平洋的海洋活动可以追溯到公元前 1200 年的商朝。1905 年，10 艘中国帆船开始了太平洋航程。由于当时中国官方并不鼓励海外贸易，因此大部分的太平洋航程由家庭或小群体的个体商人完成。"③ 弗里曼指出了中国人在开辟太平洋航线中的作用，"中国人无疑是在其海上航行中以系统的方式使用导航仪器的第一批太平洋岛民：最著名的是磁罗盘的初期原型。磁性氧化铁拥有地磁的显著性质，那种性质可以通过仅仅用一块磁铁纵向摩擦而转移到一根铁针上，中国人早就知道这一点。中国人提高了它的准确性和持久性"④。

　　中国途经太平洋通往北美的航线也被开通。18 世纪是世界海洋经济大

---

①　黄启臣：《广东海上丝绸之路史》，广东经济出版社 2003 年版，第 377 页。

②　王元林：《海陆古道——海陆丝绸之路对接通道》，广东经济出版社 2015 年版，第 129—130 页。

③　Hanks K. Van Tilburg, *Chinese Junks on the Pacific*: *Views from a Different Deck*, Florida: University Press of Florida, 2013, pp. 13 - 15.

④　〔美〕唐纳德·B.弗里曼：《太平洋史》，王成至译，东方出版中心 2011 年版，第 150 页。

发展时期，西方国家大力拓展海外贸易，广州至北美航线正是这一时期美国为满足自身海外贸易需求开辟的贸易航线。1784年，美国商人开辟北美洲至中国的航线：纽约—太平洋—好望角—巽他海峡—广州，美国第一艘来华商船"中国皇后"号即沿这一航线到达广州港。乾隆五十二年（1787），美国的"哥伦比亚"号与"华盛顿女士"号从波士顿起航，到达大西洋威德角群岛，再向西南绕过合恩角，取道太平洋，经夏威夷群岛，于1789年到达广州，卖掉毛皮，又装中国货回国。这是条"北皮南运"的典型路线，由美国至广州的太平洋航线：纽约—南美海岸—合恩角—太平洋—广州。① 前英国海军潜水艇指挥官加文·孟席斯提出了世界航海史上的惊世之说"郑和发现了美洲"。他认为郑和船队1421年间进行了环球航行，并先于哥伦布到达美洲大陆。在他看来，1421年11月，三支船队穿过印度洋，绕过南端好望角，沿着非洲西海岸航行，到达大西洋佛得角群岛，再利用大西洋赤道洋流向西航行，抵达加勒比海。经过美洲加勒比海后，三支船队分开，向着不同方向航行。这三支分船队只有五艘海船于1423年11月回到了中国。另外还有一支船队由杨庆率领，在1421年2月出航，其航线遍及太平洋、印度洋、南大西洋等广阔海域，也称得上是环球航行。②

二 海上丝绸之路的内涵：构建蓝色伙伴关系

南太平洋地区除了澳大利亚与新西兰之外，其余太平洋岛国经济比较落后，对国外援助有着很深的依赖。同时，海洋与太平洋岛国的经济、居民的生活息息相关。该地区有许多岛屿，星罗棋布地分布在辽阔的太平洋洋面上。它们在自然条件和文化特色方面都千差万别，错综复杂，从政治上看也各不相同。③ 因此，中国与南太平洋地区的国家差异很大，但共同点就是对海洋都比较重视，这是构建蓝色经济通道的一个基础。目前，国际社会比较重视构建蓝色伙伴关系。联合国致力于同各种行为体建立广泛的伙伴关系，这是与其他国际组织最大的不同。1998年，联合国成立了"伙伴关系"办公室，为促进千年发展目标而推动新的合作和联盟，并为秘书长的新举措提供支持。联合国试图建立最广泛的全球治理伙伴关系，

① 王元林：《海陆古道——海陆丝绸之路对接通道》，广东经济出版社2015年版，第129页。
② 转引自吕承朔《震惊世界的壮举：郑和七下西洋》，商务印书馆2015年版，第192页。
③ 〔美〕约翰·亨德森：《大洋洲地区手册》，福建师范大学外语系译，商务印书馆1978年版，第89页。

动员、协调及整合不同的行为体参与全球治理的机制和经验。世界银行制定了"全球海洋伙伴关系"（Global Partnership for Oceans），目标是整合全球行动，评估及战胜与海洋健康有关的威胁。"全球海洋伙伴关系"的援助领域有可持续渔业资源、减少贫困、生物多样性及减少污染，由 140 多个政府、国际组织、公民社会团体及私人部门组织构成。[①] 作为政府间组织，欧盟同样重视构建蓝色伙伴关系。2016 年 11 月，欧盟委员会与欧盟高级代表通过了首个欧盟层面的《全球海洋治理联合声明》文件，该文件指出，"就海洋治理而言，欧盟与全球范围内的双边及多边伙伴共同合作，它与主要的国际合作者及行为体建立了战略合作伙伴关系，并与主要的新兴国家保持着密切的接触"[②]。

中国是一个海陆复合型的国家，海洋在新时期与国家地缘安全有着密切联系。中国在党的十八大提出了建设"海洋强国"的主张，这标志着中国欲走向远海，维护远海的海洋利益；在党的十九大提出了要积极发展全球伙伴关系，扩大各国利益的交会点。构建蓝色伙伴关系是中国实现国家利益在海洋方向的拓展，不能重复以往大国所走过的道路。中国探寻的是一种通过共同分享海洋发展机遇、共同应对海洋威胁挑战、推进人类和平使用海洋的全新理念。在这种背景下，中国在《"一带一路"建设海上合作设想》中提出了构建蓝色伙伴关系的倡议，"中国政府秉持和平合作、开放包容、互学互鉴、互利共赢的丝路精神，致力于推动联合国制定的《2030 年可持续发展议程》在海洋领域的落实，愿与 21 世纪海上丝绸之路沿线各国一道开展全方位、多领域的海上合作，共同打造开放、包容的合作平台，建立积极务实的蓝色伙伴关系，铸造可持续发展的'蓝色引擎'"[③]。2017 年 6 月，中国在联合国海洋大会分会上提出了构建蓝色伙伴关系的倡议。联合国肯定了构建蓝色伙伴关系对于实现海洋可持续发展的重要意义。没有国与国之间、组织与组织之间顺畅高效的伙伴关系，就无法实现海洋资源的可持续利用与养护。葡萄牙支持并热切盼望参与蓝色伙伴关系。2017 年 9 月 21 日，"中国—小岛屿国家海洋部长圆桌会议"通过了《平潭宣言》，是双方达成共识的一个初步成果。《平潭宣言》再次提

---

① "Partnering International Ocean Instruments and Organizations", Pacific Islands Forum Secretariat, http：//www. forumsec. org.

② European Commission. *Joint Communication to the European Parliament，the Council，the European Economic and Social Commitment and the Committee of the Regions*，2016，p. 5.

③ 《"一带一路"建设海上合作设想》，新华网，2017 年 6 月 20 日，http：//news. xinhuanet. com.

出了中国与太平洋岛国需要共同构建蓝色伙伴关系,"各方在推动海洋治理进程中平等地表达关切,分享国际合作红利,共同建立国际合作机制,制定行动计划,实施海上务实合作项目。合作领域包括但不限于发展蓝色经济、保护生态环境、应对气候变化、海洋防灾减灾、打击 IUU 捕捞、管理与减少海洋垃圾特别是海洋微塑料等"①。

中国在自身依海、靠海、临海快速发展的同时,有意愿、有能力为国际社会提供更多的海洋公共产品,与沿线国家建立蓝色伙伴关系。中国对于蓝色伙伴关系的界定已经有了较为详细的论述。中国在 2017 年 4 月 17日提出了蓝色伙伴关系的三个原则。"第一,蓝色伙伴关系是包容的。中国主张国家不分大小,都可以在推进海洋可持续发展进程中平等地表达自己的关切,并根据自身能力特点发挥作用,分享海洋合作的红利。要特别注意倾听发展中国家,特别是小岛屿国家声音,使得蓝色伙伴关系的建立切实适应并服务于海洋可持续发展主题的多元化,使海洋可持续发展目标与沿海国家经济社会发展目标高度契合。第二,蓝色伙伴关系是具体务实的。海洋可持续发展需要解决不断出现的新挑战和新问题,建议当前蓝色伙伴关系可以重点围绕海洋经济发展、海洋科技创新、海洋能源开发利用、海洋生态保护、海洋可持续渔业、海洋垃圾和酸化治理、海洋防灾减灾、海岛保护与管理、南北极科考等开展合作。同时,要关注与之相关的重大国际议程的磋商进程。在全球、地区、国家层面,搭建常态合作化平台,推进务实合作。第三,蓝色伙伴关系是互利共赢的。蓝色伙伴关系的建立,使有关各方能够成为共促海洋可持续发展的互信共同体,共享蓝色发展的利益共同体,共担海洋环境和灾害风险的责任共同体,通过提高对海洋生态价值、经济价值、社会价值、人文价值的认知水平和利用能力,不断增强沿海国家因海而兴、依海而强的获得感。"②

蓝色伙伴关系是 2017 年的联合国海洋大会上的一个主题。中国提出要着力构建蓝色伙伴关系,增进全球海洋治理的平等互信。"中国愿立足自身发展,积极与各国和国际组织在海洋领域构建开放包容、具体务实、互利共赢的蓝色伙伴关系。国家和国际组织不分大小,均可平等地表达关切,尤其要注意倾听发展中国家声音,使蓝色伙伴关系的建立和实施能够

---

① 《平潭宣言》,国家海洋局,2017 年 9 月,http://www.soa.gov.cn。
② 《倡议有关各方共同建立蓝色伙伴关系》,新华网,2017 年 4 月 17 日,http://www.xin-huanet.com。

切实适应并服务于海洋可持续发展，共同应对全球海洋面临的挑战。"① 联合国充分肯定了构建蓝色伙伴关系对实现海洋可持续发展的重要意义。"没有国与国之间、组织与组织之间顺畅、协调、高效的伙伴关系，就无法实现海洋资源的可持续利用与保护。各方应通过深入交流海洋保护经验、加强机构机制作用以及加强能力建设等途径，不断促进蓝色伙伴关系的构建。"② 中国在 2017 年厦门国际海洋周开幕式上再次提出了构建蓝色伙伴关系的倡议。"聚焦海洋合作机制建设，建立稳定的对话磋商机制，进一步拓展合作领域，加强资源共享，打造多元平台，推进相应的海洋合作领域，将合作向更高水平、更广空间迈进，实现共同发展。"③

中国倡导的蓝色伙伴关系顺应世界相互依存的大势。2017 年 3 月 21 日，太平洋岛国论坛高度评价中国的国际影响力和"一带一路"倡议，表示太平洋岛国论坛珍视同中国的伙伴关系，愿与中国共同努力，推动双方各领域的交流与合作不断走向深入。2017 年 9 月 7 日，中国在第 29 届太平洋岛国论坛会后对话中结合本次会议主题，围绕海洋治理、气候变化等议题阐明中方的立场和主张，并重点介绍了中国在帮助太平洋岛国发展海洋经济、保护海洋环境、提升应对气候变化能力等方面所作巨大努力和取得的成果。中国将继续支持太平洋岛国实现经济社会发展。与会各方高度评价了中国同太平洋岛国的关系，高度赞赏中国在促进南太平洋地区发展中发挥的建设性作用，并表示愿积极参与"一带一路"合作。

第三节　太平洋岛国对蓝色伙伴关系的认知

与西方国家对待海洋的理念不同，太平洋岛国对海洋秉持着一种"人海合一"的理念：敬畏海洋、尊重海洋、保护海洋。这种先天的海洋观念决定了它们对蓝色伙伴关系持认同的态度。

太平洋岛国论坛在世界海洋日上指出："作为太平洋岛民，我们与海洋有着很强的联系。我们的图腾主要是海洋或陆地动物，沿海社区在域外

---

① 《中国在联合国海洋大会上亮出中国观点贡献中国智慧》，国家海洋局，2017 年 6 月 9 日，http://www.soa.gov.cn.

② 《构建蓝色伙伴关系　促进全球海洋治理》，国家海洋局，2017 年 7 月 5 日，http://www.soa.gov.cn.

③ 《中国政府倡导在各国之间构建蓝色伙伴关系》，中国新闻网，2017 年 11 月 3 日，http://www.chinanews.com.

国家进入我们领地之前，把建立渔业基地的方式视为'禁忌'。我们以与自然世界的亲密关系为自豪。作为太平洋的'管家'，我们有责任保护海洋，为我们自己，也为子孙后代。人类活动正在损害海洋，我们必须行动起来。太平洋提供了文化实践以及具有很多共同语言的桥梁，将太平洋岛民紧密联系在一起。无论作为个体，还是作为群体，我们都需要共同保护海洋……海洋是我们的家园，对我们子孙后代的未来至关重要。我们需要合作，共同采取行动来保护海洋。"①

一　蓝色太平洋：太平洋岛国的集体身份

太平洋岛国"蓝色太平洋"的身份通过 2017 年的太平洋岛国论坛峰会和联合国海洋大会被系统论述。自此，"蓝色太平洋"不仅成为太平洋岛国的集体身份，而且成为南太平洋地区区域一体化的核心。近年来，建立"蓝色太平洋"成为南太平洋地区的共识。南太平洋地区就"蓝色太平洋"的身份认同，展开了行动。"回顾太平洋岛国论坛的历史，我们领导人以与'蓝色太平洋'一致的方式表达了身份的共同常识。比如，2014年太平洋领导人批准的《太平洋区域主义框架》的开场语为太平洋人民是世界上最大、最丰富、最和谐海洋的'管理员'。太平洋拥有许多岛屿，具有文化多样性。"2014 年，太平洋岛国领导人在帕劳举行的会议中发布了《关于"海洋：生命与未来"的帕劳宣言》，宣言指出："我们将继续在管理世界最大的自然禀赋之一的太平洋方面，扮演关键角色。它是我们经济和社会的生命线，对全球气候和环境的稳定具有重要作用。它是一个联合网络，基于此，我们有了密切的个体和集体联系以及关于可持续发展的协议。海洋是我们的生命和未来。太平洋人民是这一事实的有力证明。我们的生活方式、文化、方向和行动应当体现这一事实，因为它是我们的身份——太平洋人民。基于海洋身份，南太平洋地区已经有很多以'蓝色太平洋'身份采取行动的案例。最明显的例子可能是 1985 年《拉罗汤加无核条约》的签订。在该条约中，太平洋岛国领导人表达了确保南太平洋地区陆地和海洋的丰富、自然美成为太平洋人民及子孙后代的财富。岛国领导人强调了它们共享的海洋，目的是在南太平洋建立一个无核区。2015年，岛国领导人同样呼吁增加联合渔业的收入。国际法和国际机制一方面赋予了太平洋岛国合法使用海洋及其资源的权利，另外一方面也赋予了太

---

① "Know Our Ocean – An Opinion Editorial by Meg Taylor, DBE on World Oceans Day", Pacific Islands Forum Secretariat, https：//www.forumsec.org.

平洋岛国治理、保护海洋资源和保护海洋生物多样性及环境的责任。根据国际准则和惯例，太平洋岛屿社区已经建立了国家法律，这为岛国在其管辖区内负责地治理、使用海洋及其资源提供了基础。太平洋岛屿社区将同其他伙伴一道推动兼容性政策的应用。太平洋岛国论坛也在全球层面上对于拥护太平洋的保护和认知，起着有益的作用，比如批准 SDG14 作为联合国《2030 年可持续发展议程》中的独立目标。在早些年，太平洋岛国论坛还参与了联合国《海洋法公约》的谈判以及流网捕鱼问题，目的是倡导保护共有的海洋资源。'蓝色太平洋'需要将我们共同的海洋身份、海洋地理和海洋资源置于太平洋区域主义和太平洋岛国论坛的中心位置。'蓝色太平洋的潜在可能性'包括蓝色太平洋经济、可持续和有弹性的蓝色太平洋、稳定与和谐的蓝色太平洋"①。

　　太平洋岛国论坛领导人一致赞成"蓝色太平洋"身份是《太平洋区域主义框架》（Framework for Pacific Regionalism）下推动论坛领导人集体行动观念的核心驱动力。萨摩亚总理图伊拉埃帕再次在此次峰会上对"蓝色太平洋"展开论述。"第48届太平洋岛国论坛峰会的主题是'蓝色太平洋：我们的岛屿之海——通过可持续发展、治理和保护的安全'，并讨论了太平洋区域主义的核心。对太平洋地区和岛国而言，海洋是至关重要的。培养一种与海洋相关的共同身份和目的感对保护和推动共有太平洋的潜力，一直很关键。'蓝色太平洋'将强化现有的政策框架，把海洋利用为太平洋政治经济发展、社会文化转变的驱动器。进一步说，它为推进太平洋区域主义，提供了动力。2014 年，太平洋岛国领导人批准了《太平洋区域主义框架》。'太平洋人民是世界上最大、最和谐、资源最丰富海洋的保管人'。这契合了'蓝色太平洋'的概念。把'蓝色太平洋'置于区域决策的中心，体现在了以下的区域倡议中。第一，2002 年的《太平洋岛屿区域政策》基于联合国《海洋法公约》，推动太平洋地区的可持续发展、治理和保护海洋和沿岸资源；第二，2010 年的《太平洋景观框架：一个执行海洋政策的催化剂》刺激了区域行动和倡议，这覆盖了大约 4000 万平方千米的海洋和岛屿生态系统；第三，太平洋岛国领导人在共有海洋区域内，集体推动和平与安全；第四，海洋外交一直是太平洋岛国在国际舞台上的主要特征，论坛领导人对关于保护和可持续利用海洋的 SDG 持支持的态

---

① "Remarks by Hon. Tuilaepa Lupesoliai Sailele Malielegaoi Prime MInister of the Independent State of Samoa at the High-level Pacific Regional Side event by PIFS on Our Values and Identity as Stewards of the World's Largest Oceanic Continent, The Blue Pacific", Pacific Islands Forum Secretariat, June 2017, https://www.forumsec.org.

度。如今，SDG14 已经成为联合国《2030 年可持续发展议程》的关键组成部分；第五，与《国家管辖区之外的多样性》（Biodiversity Beyond National Jurisdiction）相关的筹备委员会进程和对《联合国气候变化公约》之下的海洋与气候关系的倡导被认为是论坛成员国恢复'蓝色太平洋'传统'管家'身份的标志；第六，渔业资源继续是区域海洋政策的关键组成部分。2007 年，论坛领导人批准了《瓦瓦乌宣言——太平洋渔业资源：我们的渔业，我们的未来》（Vava'u Declaration on Pacific Fisheries Resources：Our Fish，Our Future）。2015 年、2016 年，在《太平洋区域主义框架》之下，太平洋岛国呼吁采取地区的、重点的行动，目的是从地区共有渔业资源中增加经济收益。同时，批准了《渔业资源路线图》（Fisheries Roadmap）；第七，《关于〈海洋：生命与未来〉的帕劳宣言》符合太平洋作为经济和生活生命线的身份，这对全球气候与环境的稳定至关重要；第八，2015 年，太平洋岛国在《巴黎协定》的谈判中发挥着有益的作用。作为太平洋岛民，我们成功地劝说世界看到气候变化以及小岛屿国家对气候变化的脆弱性。"①

"蓝色太平洋"的提出不仅是太平洋岛国自身的海洋国家身份，而且具有很强的外延型。太平洋岛国的地理位置比较独特，比如随着全球地缘政治的发展，太平洋岛国处于当代全球地缘政治的中心位置。"蓝色太平洋"为太平洋地区主义、太平洋岛国论坛如何参与世界提供了一个新的"叙述"。这种新的"叙述"需要论坛长期有效的领导以及对以"蓝色大陆"身份从集体行动中获得收益的承诺。这有潜力界定"蓝色太平洋"经济，确保一个可持续、稳定、有弹性及和平的"蓝色太平洋"，以及强化"蓝色太平洋外交"，目的是维护太平洋及太平洋人民的价值。②

自"蓝色太平洋"提出以后，它已经成为南太平洋地区整体发展的驱动力。太平洋地区的高级贸易官员于 2018 年 7 月 12 日至 13 日在萨摩亚首都阿皮亚召开了区域会议，讨论太平洋地区增加有利经济活动和协调相关政策的方法，以实现加强区域贸易一体化的共同经济政治目标。太平洋岛国论坛领导人在 2017 年提出的"蓝色太平洋"构想为此次讨论提供了思路和框架。当大众开始将太平洋地区视为一个大型、综合且有价值的蓝色

---

① "Opening Address by Prime Minister Hon. Tuilaepa Lupesoliai Sailele Malielegaoi of Samoa to open the 48ᵗʰ Pacific Islands Forum 2017"，Pacific Islands Forum Secretariat，5 September，2017，https：//www. forumsec. org.

② "Opening Address by Prime Minister Hon. Tuilaepa Lupesoliai Sailele Malielegaoi of Samoa to Open the 48ᵗʰ Pacific Islands Forum 2017"，Pacific Islands Forum Secretariat，5 September，2017，https：//www. forumsec. org.

大陆时，换句话说，将它视为一个多达 800 万太平洋地区的消费者和企业的市场时，也就意味着太平洋地区的巨大潜力被发掘出来。这次会议也将为太平洋地区人民实现区域一体化提供新的思路。2018 年 7 月 11 日，在区域会议的前一天，太平洋岛国论坛贸易官员会议召开，法属波利尼西亚和新喀里多尼亚首次作为新的论坛成员参会。来自 18 个论坛成员国的代表出席了会议，会上根据《太平洋区域主义框架》和"蓝色太平洋地区"构想，就太平洋岛国为深化内部贸易和经济一体化所需采取的集体行动交换了意见，并监控行动实施进度。①

为了确保"蓝色太平洋"身份，太平洋岛国论坛在第 50 届太平洋岛国论坛峰会上提出了一项《2050 年战略》②。

二　基于"蓝色太平洋"身份的伙伴关系构建

太平洋岛国在提出"蓝色太平洋"的概念之后，构建蓝色伙伴关系成为太平洋岛国的一种正常行为。这符合建构主义的理论。"国家行为是由国家身份和国家利益决定的，所以只有确定了国家身份和利益之后才可能真正理解和解释国家的行为。"③ 而太平洋岛国人海合一的海洋观念成为其构建蓝色伙伴关系的决定性因素。"观念不仅是指导行动的路线图，观念还具有建构功能，可以建构行为体的身份，从而确定行为体的利益。这就将观念视为国际关系的首要因素。这样观念就不仅仅是因果关系中的原因因素，而且是建构关系中的建构因素。"④ 当下，南太平洋海洋问题日益严峻，保护海洋、治理海洋已经成为南太平洋地区的支柱理念。保护海洋、治理海洋观念已经被太平洋岛国广为接受，成为自觉行动和地区和国际社会的事实。

（一）区域规范中的伙伴关系

为了更好地建构"蓝色太平洋"的身份，太平洋岛国意识到需要与国际组织或域外国家建立合作关系，以克服自身在保护和治理海洋方面的脆弱性。太平洋岛国积极参与多边国际组织，将自己纳入全球海洋治理的网络之中，强烈支持国际法、国际规范和国际组织，在国际问题上倡导并采

---

① "Regional Meet on Forum Leaders Priority for an Integrated Region", Pacific Islands Forum Secretariat, July 9, 2018, https://www.forumsec.org.

② PIF, *Forum Communique*, Tuvalu: Funafuti, August 2019, pp. 2 – 5.

③ Alexander Wendt, *Social Theory of International Politics*, Cambridge: Cambridge University Press, 1999, p. 166.

④ 秦亚青：《国际关系理论：反思与重构》，北京大学出版社 2012 年版，第 24 页。

用道德规范的立场。太平洋共同体在《2016—2020 年战略计划》中明确指出，"太平洋共同体不仅将拓展伙伴关系，以促进在海洋治理领域的合作，而且还将强化现有的合作伙伴关系，包括太平洋区域组织理事会，构建新型关系"①。为了更好地治理海洋，南太平洋地区的区域组织与联合国、欧盟、世界银行等进行合作。② 南太平洋区域环境署在 2011 年制订了《2011—2015 年战略计划》（Strategic Plan 2011 – 2015），明确指出"南太平洋区域环境署将强化与其他国际组织在地区层面和国际层面上的伙伴关系，以进行有针对性的国家层级的活动"③。南太平洋区域环境署秘书处将在南太平洋地区推动合作，包括与发展合作伙伴、非政府组织及私营部门建立更强的联系。南太平洋区域环境署在引进新的援助者与合作伙伴方面，一直比较成功。在南太平洋区域环境署看来，伙伴关系不应被物质利益所驱动，而是建立在比较优势的基础上。④《太平洋岛国区域海洋政策与针对联合战略行动的框架》中同样明确表示要建立蓝色伙伴关系，"伙伴关系与合作可以提供一个适应性广的海洋，对我们海洋的可持续利用至关重要。为了建立伙伴关系和推动合作，太平洋岛屿地区将致力于在保护、利用和发展海洋中，维护国家主权和承担相应责任，并采取一系列的战略行动，包括支持现有的有益于太平洋岛屿地区提高能力的国际伙伴关系、推动南南合作关系以及与私营部门、民间社团和非政府组织的伙伴关系等"⑤。《南太平洋区域环境署公约》（SPREP Convention）通过建议、共识与妥协，于 1990 年 7 月生效。该公约通过伙伴协定，对发展环境倡议做出了很大的贡献。它被称为南太平洋地区环境保护的宪法，被很多岛国接受。第八项环境保护条款为相关方必须阻止、降低、控制由爆炸或海床资源开发引起的污染。然而，许多太平洋岛国没有进行海床资源开发所需要的资金和能力，但美国、日本和一些欧洲国家愿意同专属经济区内有海床

---

① Pacific Community, *Strategic Plan 2016 – 2020*, 2015, p. 7.

② "Partnering International Ocean Instruments and Organizations", Pacific Islands Forum Secretariat, http://www.forumsec.org.

③ SPREP, *Strategic Plan 2011 – 2015*, 2011, p. 32.

④ John E. Hay, Teresa Manarangi – Trott, Sivia Qoro, William Kostka, "Second Independent Corporate Review of SPREP: The Pacific Regional Environment Programme", Final Report, August 18, 2014, p. viii.

⑤ FFA, PIFS, SPC, SPREP, SOPAC, USP, *Pacific Islands Regional Policy and Framework for Integrated Strategic Action*, 2005, pp. 18 – 19.

资源储量的太平洋岛国建立合作伙伴关系。①

太平洋岛国已经意识到了需要建立伙伴关系，以合作的方式保护海洋资源。在弗罗里安·古邦（Florian Gubon）看来，"为了子孙后代，太平洋岛国采取了一些措施来保护海洋资源。太平洋岛国基于相互之间的合作与对话，在区域组织的支持下，采取了这些措施。之所以选择合作的方式，主要是因为太平洋岛国缺乏足够的资源和能力。南太平洋地区会议上的很多决议和决定中的合作协议都论述了合作的原因和目标。区域组织的建立和运行有助于推动南太平洋地区的合作。资源和信息共享被认为是太平洋岛国发展的最优战略。区域合作过程致力于推动太平洋岛国发展、治理和保护海洋资源的路径……太平洋岛国在海洋资源治理领域采取合作措施的主要动力是其在开发渔业资源方面所获得的经济收益。通过区域协议和安排来批准、执行的政策和决议被认为是对地区政治和目的最为有效。这些行动体现了太平洋岛国在解决共同关切问题时的合作性和能力。它们发展了面对共同问题时的'区域内聚力'（regional cohesiveness）。同时，太平洋岛民已经证明他们是很好的海洋'管理者'。他们所做的一切已经证明了这一点"②。

《太平洋岛国区域海洋政策与针对联合战略行动的框架》确定了"建立合作伙伴关系、推动区域合作"的原则。"伙伴关系与合作提供了一个适应性广的环境，对我们海洋的治理至关重要。太平洋岛屿社区（Pacific Island Community）作为一个群体，实现了规模经济，并在国际舞台上联合发声，不但成为一个国际影响力日益提高的区域集团，而且成为一个在具有共同利益或跨界影响的海洋问题上采取联合行动的平台。为了建立合作伙伴关系、推动合作，太平洋岛屿社区将致力于寻求维护在治理、维护、保护海洋方面的权利和责任。基于此项原则，太平洋岛国采取了一系列的战略行动。第一，在海洋资源的安全、监测、执行以及可持续利用方面，推动伙伴关系与合作的建立；第二，最大可能地充分利用地区和国际伙伴与协调，比如区域组织、与海洋相关的条约、合适的

① Mere Pulea, "The Unfinished Agenda for the Pacific to Protect the Ocean Government", in Jon M. Van Dyke, Durwood Zaelke, Grant Hewison, *Freedom for the Seas in the 21ˢᵗ Century: Ocean Governance and Environmental Harmony*, Washington, D. C.: Island Press, 1993, p. 108.

② Florian Gubon, "Steps Taken by South Pacific Island States to Preserve and Protect Ocean Resources for Future Generations", in Jon M. Van Dyke, Durwood Zaelke, Grant Hewison, *Freedom for the Seas in the 21ˢᵗ Century: Ocean Governance and Environmental Harmony*, Washington, D. C.: Island Press, 1993, pp. 121 – 128.

双边协定；第三，尊重与我们毗邻海洋管辖区的海洋政府，支持他们的海洋政策；第四，鼓励太平洋岛屿群体发展，在与该框架内一致的政策框架内实现海洋治理的区域努力的体现。它是基于现有的国际和地区协议，建立一个广泛的地区合作与协调框架，目的是实现可持续治理与保护该地区的海洋生态系统。"①

为了更好地践行这项原则，《太平洋岛国区域海洋政策与针对联合战略行动的框架》将该原则明确为其中的一个主题。"该主题包括两个倡议。第一，发展国际合作伙伴，推进太平洋岛国的利益和特殊关切。太平洋地区人口较少，远离国际热点地区，但域外国家的决定可以直接影响太平洋岛国。其他国家意识到太平洋岛国所面临的挑战，至关重要。太平洋岛国要在以下四个方面，采取相应的举措。一是支持现有的、新近成立的国际合作伙伴，这些合作伙伴有助于提升太平洋岛屿地区的能力，并使该地区受益。二是在太平洋岛国发展面临挑战的国际领域，增强意识。三是推动南南合作，加强与私营部门、公民社会、NGO 的合作。四是寻求与邻近海域的合作，增强认知。第二，就执行该框架而言，最大限度地推进合作伙伴关系。推动海洋问题领域的相关合作，构建有效的合作伙伴关系。太平洋岛国采取了一些具体的措施。一是建立跨政府的海洋委员会，目的是加强国家间以及地区层面的联系。二是通过联合的协商安排，提升区域行为体在共同责任领域的协作水平。三是发展合作伙伴和融资协议。四是建立包括 NGO、非国家行为体、私营部门在内的合作网络。"②

（二）区域组织中的蓝色伙伴关系

南太平洋地区很多区域组织同样致力于构建蓝色伙伴关系。主要的区域组织有太平洋共同体、太平洋岛国论坛渔业署、南太平洋区域环境署、太平洋岛国论坛、南太平洋大学等。

第一，太平洋共同体。太平洋共同体与许多合作伙伴合作，通过科学和技术支援，共同帮助成员国实现发展目标。太平洋共同体是太平洋区域组织理事会成员之一。它与太平洋区域组织理事会保持着密切的关系，在不同的领域合作，主要包括减缓气候变化、可持续海洋治理、教育、可持续旅游、文化保护等。③ 太平洋共同体在《2016—

---

① SPC, FFA, PIFS, SOPAC, USP, SPREP, *Pacific Islands Regional Ocean Policy and Framework for Integrated Strategic Action*, 2005, p. 7.

② SPC, FFA, PIFS, SOPAC, USP, SPREP, *Pacific Islands Regional Ocean Policy and Framework for Integrated Strategic Action*, 2005, pp. 19 – 24.

③ "Our Partners", Pacific Community, https：//www.spc.int/partners

2020 年战略计划》（Pacific Community Strategic Plan 2016 – 2020）中指出，"为了支持成员国实现发展目标，太平洋共同体将与合作伙伴一道利用科技知识、社会、经济和环境问题方面的经验，来改善太平洋地区人民的生活。太平洋共同体将加强同成员国、合作伙伴的协调。成员国强有力的参与是确保太平洋共同体工作有效性的关键。太平洋共同体的一个重点是增强与成员国的接触，以加深成员国对太平洋共同体工作重点、文化、理念和背景的理解"①。

第二，太平洋岛国论坛渔业署。自 1979 年开始，太平洋岛国论坛渔业署致力于区域合作，因此，所有的太平洋国家都将从可持续利用渔业资源中受益。它们的年收益大约 30 亿美元，大大改善了人民的生活水平。② 太平洋岛国论坛渔业署在其《2014—2020 年 FFA 战略计划》（FFA Strategic Plan 2014 – 2020）中强调了建立蓝色伙伴关系的重要性。"太平洋岛国论坛渔业署的使命是驱动区域合作，目的是从远洋渔业资源的可持续利用中最大化地获得经济和社会收益。《2014—2020 年 FFA 战略计划》意识到区域合作和联合区域行动为确保长期利用渔业资源的安全，提供了有效的机制。除了联合国《海洋法公约》《联合国渔业协议》《中西太平洋委员会公约》之外，太平洋岛国论坛渔业署成员国还是一些与渔业有关的国际规范的成员国。这体现了治理远洋渔业资源的多边性质以及国家间、国际组织间合作的必要性。太平洋岛国论坛渔业署以开放、包容的心态和方式，与国际组织合作。太平洋岛国论坛渔业署同样与政府间国际组织合作，主要的组织有太平洋岛国论坛、南太平洋大学、中西太平洋委员会、联合国粮农组织、世界银行、联合国发展署等。太平洋岛国论坛渔业署与太平洋共同体保持着密切的合作关系。双方直接的联系涉及了太平洋岛国论坛渔业署绝大多数的工作。太平洋岛国论坛渔业署还同主要的援助伙伴保持着长期的合作关系。这些援助伙伴在南太平洋地区扮演着重要的角色，对地区发展做出了很大贡献。"③

第三，南太平洋区域环境署。在太平洋共同体、亚太经合组织和联合国环境规划署的联合倡议之下，南太平洋区域环境署于 20 世纪 70 年代末成立，最终成为联合国环境规划署的"区域海洋项目"（Regional Seas Programme）的重要组成部分。南太平洋区域环境署是关于环境和可持续发展

---

① SPC, *Pacific Community Strategic Plan 2016 – 2020*, New Caledonia: Noumea, 2015, p. 7.

② "Welcome to the Pacific Islands Forum Fisheries Agency", FFA, https: //www. ffa. int/about

③ FFA, *Strategic Plan 2014 – 2020*, 2014, pp. 7 – 8.

的政府间组织，也是区域组织委员会的成员。南太平洋区域环境署的主要任务是推动南太平洋地区的区域合作、提供援助，目的是为当下及后世的环境保护，确保可持续发展。①《建立南太平洋区域环境署协议》（Agreement Establishing SPREP）强调了区域合作的重要性。"南太平洋区域环境署将通过行动计划落实推动区域合作的目的，主要包括协调重视环境的区域活动、监视区域环境状态、强化国家和地区能力、增加培训和教育以及公共意识、推动联合治理机制等。"② 南太平洋区域环境署制定的 2008—2012 年《太平洋岛屿地区自然保护和保护区行动战略》（Action Strategy for Nature Conservation and Protected Areas in the Pacific Island Region 2008 - 2012），目的是鼓励国家层面和地区层面上围绕太平洋面临主要问题的合作与协调。并提出了"伙伴关系和网络"的指导方针，即主动与主要利益行为体建构伙伴关系。国际合作伙伴包括国际非政府组织、区域组织、政府间组织、国际私营部门；国家层面的合作伙伴包括地方非政府组织、国家私营部门和社区、省和地方政府。③

第四，太平洋岛国论坛。自 1989 年开始，太平洋岛国论坛就建立了论坛会后对话会，与主要的合作伙伴进行部长级的定期会晤。目前，太平洋岛国论坛拥有 18 个合作伙伴。④ 太平洋岛国论坛在《2016 年度报告》（Annual Report 2016）中指出，"基于相互尊重的原则，我们在区域、此区域以及区域外追求有效、真诚的关系以及长久、包容的伙伴关系"⑤。2005年，太平洋岛国论坛推出了《太平洋计划》（Pacific Plan），这是一个加强区域一体化的指导文件。论坛领导人对于构建蓝色伙伴关系表达了明确的态度和立场。"我们寻求同邻国建立伙伴关系，目的是保证互联互通，确保经济的可持续发展。论坛领导人将通过《太平洋计划》来体现这一点。具体来说，就是在能通过资源共享来获利的领域，推动区域合作和一体化。建立成员国、太平洋属地、区域和国际组织、非政府组织之间强有力的蓝色伙伴关系。《太平洋计划》的主要战略目标是建立国家和区域利益行为体之间的蓝色伙伴关系。"⑥

---

① "Our Governance", SPREP, https：//www. sprep. org.
② SPREP, *Agreement Establishing SPREP*, 1993, pp. 4 - 5.
③ SPREP, *Action Strategy for Nature Conservation and Protected Areas in the Pacific Island Region 2008 - 2012*, Samoa：Apia, 2009, pp. 6 - 21.
④ "Forum Dialogue Partners", Pacific Islands Forum Secretariat, https：//www. forumsec. org.
⑤ PIF, *Annual Report 2016*, 2016, p. 2.
⑥ PIF, *The Pacific Plan*, November 2007, pp. 1 - 10.

第五，南太平洋大学。南太平洋大学的理念是实现太平洋岛国可持续发展的创新，一个主要使命是为太平洋地区的国家和社区提供相关的、有效的、可持续的方案。① 南太平洋大学是区域组织委员会的成员之一，与其他区域组织保持着密切的合作关系。"发展合作单元"（Development Co-operation Unit）是南太平洋大学的一个主要负责为其与合作伙伴联系提供战略建议与分析的单位。"发展合作单元"通过发展南太平洋大学与外部伙伴长期、互利共赢的关系，协助南太平洋大学实现战略目标。同时，"发展合作单元"协助学校发展与其他国家、地区以及国际组织的合作关系。南太平洋大学的主要合作伙伴有澳大利亚、新西兰、日本、欧盟、亚洲开发银行、世界银行、美属萨摩亚、法国、印度、中国、韩国、加拿大、英国、联合国、中国台湾。② 南太平洋大学远不只是一所高等学校，而是一个扮演区域组织角色的机构。"区域和国际参与单位"（Regional and International Engagement Unit）负责南太平洋大学与区域组织委员会组织机构的联系，并确保南太平洋大学与地区、国际机构的接触和对国际会议的参与。南太平洋大学积极参与地区会议，比如太平洋岛国论坛领导人峰会和部长级会议、区域组织委员会常务会议。③《2013—2018 年战略计划》（Strategic Plan 2013 – 2018）指出，"南太平洋大学被认为是一个进步的、成功的组织，在帮助成员国与日益开放、充满竞争性的外部世界接触方面，扮演着重要的角色。就推动区域合作与一体化而言，南太平洋大学的作用至关重要"④。

某种程度上说，中国—大洋洲—南太平洋蓝色经济通道构建既是经略海洋，也是治理海洋。蓝色伙伴关系不仅是经略海洋的基础，而且是治理海洋的有效路径。"一直以来，海洋治理围绕政治、部门以及管理界线发展。因此，海洋治理被批评为过于分散化，缺乏有效的整合与协调，不能保证海洋资源的可持续利用。尽管国际社会存在很多海洋治理的倡议，但海洋治理的整体框架并不是各个倡议的简单汇总。把海洋视为一个完整的、相互联系的生态系统至关重要。联合治理海洋成为大势所趋。"⑤ "保护海洋需要国际合作，主要是因为该任务艰巨，让一个或

---

① "USP's Mission, Vision and Values", USP, https：//www. usp. ac. fj.
② "Development Cooperation Unit", USP, https：//www. usp. ac. fj.
③ "Regional and International Engagement Unit", USP, https：//www. usp. ac. fj.
④ USP, *Strategic Plan 2013 – 2018*, 2013, pp. 1 – 46.
⑤ PROG, *Partnering for a Sustainable Ocean*, 2017, p. 63.

两个国家来保护海洋、其他国家受益，这不公平。"① 作为海洋大型国家，太平洋岛国不仅视蓝色伙伴关系为海洋治理的关键路径，而且将其作为可持续发展的重要保证。对于中国来说，蓝色伙伴关系是中国构建命运共同体的必由之路。因此，中国—大洋洲—南太平洋蓝色经济通道具备了相应基础。

　　进一步说，构建蓝色伙伴关系体现了把海洋视为整体的原则。阿韦德·帕多（Arvid Pardo）强调了海洋治理必须尊重海洋的整体性原则。"世界共同体需要从整体上建立一个新的合法的海洋治理机制。这种新的海洋机制必须保护所有人的共同利益，为所有国家提供利用海洋的机会。只有着眼于全局利益，有效治理和发展海洋资源，才能实现这些目标。国际规范应该建立在海洋是人类共同财产这一概念的基础上，代替过去传统的海洋自由和主权。海洋作为人类共同财产的意义深远。"② "要意识到海洋是人类的共同财产，这有助于合理分配有限的海洋资源。人类应该共享海洋资源。所有国家都要考虑别国的海洋利益，而不能做出损害别国利益的行为。这个海洋法的原则应该更新，以治理海洋资源的利用。"③

---

① Jon M. Van Dyke, Durwood Zaelke, Grant Hewison, *Freedom for the Seas in the 21ˢᵗ Century*：*Ocean Governance and Environmental Harmony*, Washington, D. C. ：Island Press, 1993, p. 231.

② Arvid Pardo, "Perspective on Ocean Governance", in Jon M. Van Dyke, Durwood Zaelke, Grant Hewison, *Freedom for the Seas in the 21ˢᵗ Century*：*Ocean Governance and Environmental Harmony*, Washington, D. C. ：Island Press, 1993, p. 39.

③ Jon M. Van Dyke, "International Governance and Stewardship of the High Seas and Its Resources", in Jon M. Van Dyke, Durwood Zaelke, Grant Hewison, *Freedom for the Seas in the 21ˢᵗ Century*：*Ocean Governance and Environmental Harmony*, Washington, D. C. ：Island Press, 1993, p. 18

第四章　中国—大洋洲—南太平洋
蓝色经济通道的内容

在《"一带一路"建设海上合作设想》的框架之下，考虑地区实际情况，中国—大洋洲—南太平洋蓝色经济通道的构建应该围绕构建互利共赢的蓝色伙伴关系展开。

第一节　共走绿色发展之路

维护海洋健康是最普惠的民生福祉。中国—大洋洲—南太平洋蓝色经济通道的首要前提是保证南太平洋的健康，而不能以损害海洋的健康为代价，片面追求海洋经济的发展。《太平洋岛国区域海洋政策与针对联合战略行动的框架》指出，"维护海洋的健康是所有人的职责。海洋是相互联通、相互依存的，覆盖了地球表面的72%。海洋的可持续利用与保护对人类的生存与生活至关重要。海洋把太平洋岛屿连接在一起，并养育了一代又一代人，不仅扮演着交通中介的角色，而且是食物、传统和文化的源泉。该框架确立了维护海洋健康的原则"[1]。《中国海洋事业的发展》的前言也强调了维护海洋健康。"维护联合国《海洋法公约》确定的国际海洋法律原则，维护海洋健康，保护海洋环境，确保海洋资源的可持续利用和海上安全，已成为人类共同遵守的准则和共同担负的使命。"[2] 中国—大洋洲—南太平洋蓝色经济通道沿线国家首先应该共走绿色发展之路，这契合了太平洋岛国对蓝色经济的认知。"区域和国际层面上，太平洋岛国和它们的领导人援引蓝色经济的概念，以把握海洋治理多领域、多维度的目标。蓝色经济的目的是平衡可持续经济的收益和海洋的长期健康，采取的

---

[1] SPC, FFA, PIFS, SOPAC, USP, SPREP, *Pacific Islands Regional Ocean Policy and Framework for Integrated Strategic Action*, 2005, p. 1.

[2] 《中国海洋事业的发展》，中华人民共和国国务院新闻办公室，2000 年 9 月 10 日，http://www.scio.gov.cn/zfbps/ndhf/1998/Document/307963/307963.htm.

方式与可持续发展相符。"①

一 保护南太平洋生态系统健康和生物多样性

海洋生物多样性是体现海洋生态系统健康状况的一个重要指标。它的变化将直接或间接影响人类的生存与发展。当下，海洋生态灾难频繁，海洋生物资源面临着衰退，这都与海洋生物多样性的变化密切相关。中国历来重视保护海洋生物多样性。1992 年 6 月，中国率先签署了《生物多样性公约》，并编制了执行该公约的《中国生物多样性保护行动计划》。2010年，中国再次发布《中国生物多样性保护战略与行动计划》（2011—2030年）。20 多年来，中国制定了很多保护海洋生物多样性的法律法规，主要有《海洋环境保护法》《野生动物保护法》《渔业法》《自然保护区条例》《海洋自然保护区管理办法》等。然而，中国的生物多样性面临着严峻的挑战。"近年来，随着转基因生物安全、外来物种入侵、生物遗传资源获取与收益共享等问题的出现，生物多样性保护日益受到国际社会的高度重视。目前，中国生物多样性下降的总体趋势尚未得到有效遏制，资源过度利用、工程建设以及气候变化严重影响着物种生存和生物资源的可持续利用，生物物种资源流失严重的形势没有得到根本改变。"②

南太平洋是世界上海洋生物多样性最丰富的地区之一，也是海洋生物多样性受到破坏最严重的地区。太平洋岛国丰富的生物多样性正受到严重威胁。许多生态系统正在衰退，许多淡水、海洋植物和动物的数量正在减少。③ 太平洋岛国也面临着珊瑚礁退化的趋势。不断上升的海洋温度导致了珊瑚白化（coral bleaching）④，海洋对二氧化碳的吸收加剧了这一现象。海洋温度上升和海洋酸化正在降低珊瑚礁的生物和结构复杂性以及海洋生物多样性。这导致了整个珊瑚礁生态系统的消亡，威胁太平洋岛屿的生态

---

① Meg R. keen, Anne – Maree Schwarz, Lysa Wini – Simeon, "Towards Defining the Blue Economy: Practical Lessons from Pacific Ocean Governance", *Marine Policy*, Vol. 88, 2017, p. 333.

② 《关于印发〈中国生物多样性保护战略与行动计划〉（2011—2030 年）的通知》，中华人民共和国生态环境部，2010 年 9 月 17 日，http://www.zhb.gov.cn.

③ Randy Thaman, "Threats to Pacific Island Biodiversity and Biodiversity Conservation in the Pacific Islands", *Development Bulletin*, Vol. 58, 2002, p. 23.

④ 珊瑚白化就是珊瑚颜色变白的现象。珊瑚本身不是白色的，它的颜色来自珊瑚虫体内的共生海藻，珊瑚虫依赖体内的共生海藻生存，海藻通过光合作用向珊瑚提供能量。如果共生海藻离开或死亡，珊瑚就会变白，最终因失去营养供应而死。由于海洋温度不断升高，致使珊瑚所依赖的海藻减少，珊瑚也因此更容易受到白化的影响。30 多年前，珊瑚白化的现象比较少见，但近年来却越来越多地出现。

多样性,并限制了食物的来源。由于钙化和侵蚀,南太平洋地区已经经历一些重要珊瑚礁的消亡,使许多依赖珊瑚礁的鱼类生存受到影响。比如,在瑙鲁,珊瑚礁生存的极限温度为25℃—29℃。海洋温度的提高会导致珊瑚白化、珊瑚物种的消失和珊瑚礁的生长过程停止。珊瑚礁的破坏将直接威胁太平洋岛屿的地理边界和安全,并威胁太平洋岛屿所依赖的渔业资源和食物安全。①

基于此,《太平洋岛国区域海洋政策与针对联合战略行动的框架》明确制定了保护海洋生态系统健康的原则。"我们海洋的健康和生产性(productivity)由区域生态系统过程来驱动。这依赖生态系统的完整和降低人类活动对环境的负面影响。海洋健康和生产性的威胁主要体现在海水质量下降、海洋资源减少、船舶和飞行器的废弃物等。陆地污染构成了80%的海洋污染,是影响近岸海洋生态系统健康的长期主要威胁,这影响着海洋生态系统进程、公共健康、海洋资源的社会及商业利用。"② 沿线国家应该依据此原则,来共同推进保护南太平洋生态系统健康和生物多样性。

第一,在现有保护海洋生态系统的协议基础上,推动建立沿线国家共同相关协议,建立长效合作机制。目前,南太平洋地区尚无专门的关于保护海洋生态系统的区域协议,一些区域性的海洋治理规范涉及保护海洋生态系统。《太平洋岛国区域海洋政策与针对联合战略行动的框架》是南太平洋海洋治理的整体规范,但涉及了保护海洋生态系统的原则和倡议。"海洋的健康和生产性由区域生态系统进程决定,依附于海洋生态系统的完整性……一个倡议是在国家层面、区域层面上,要保护生态多样性,包括生态系统、物种等。"③《太平洋景观框架:一个执行海洋政策的催化剂》同样把维护海洋健康、保护海洋生物多样性作为一个海洋治理的原则:"降低人类活动的负面影响,采取保护海洋生物多样性的措施。"④《瓦瓦乌宣言——太平洋渔业资源:我们的渔业,我们的未来》对保护公

---

① "Views on the Possible Security Implications of Climate Change to be included in the Report of the Secretary – General to the 64th Session of the United Nations General Assembly", Pacific SIDS, http://www.un.org.

② SPC, FFA, PIFS, SOPAC, USP, SPREP, *Pacific Islands Regional Ocean Policy and Framework for Integrated Strategic Action*, 2005, p. 1.

③ SPC, FFA, PIFS, SOPAC, USP, SPREP, *Pacific Islands Regional Ocean Policy and Framework for Integrated Strategic Action*, 2005, pp. 16 – 17.

④ Cirstelle Pratt, Hugh Govan, *Framework for a Pacific Oceanscape: A Catalyst for Implementation of Ocean Policy*, Samoa: Apia, 2010, p. 55.

海的生物多样性做了承诺。①《太平洋景观愿景：基于海洋可持续发展、治理和保护的和谐的太平洋岛国》确立了六个战略重点，其中之一为可持续发展、治理和保护海洋。"太平洋岛国建立了海洋空间规划机制，目的是实现经济发展和环境保护的目标，并维护海洋生态系统及生物多样性的完整性。"② 南太平洋区域环境署的第二次独立审阅报告强调："南太平洋区域环境署与太平洋共同体签订了一个合作备忘录。双方将在国家层面上采取联合行动，其中包括在对岛国重要的领域共同合作，这需要平衡发展与生物多样性的保护。南太平洋区域环境署日益把保护环境与提高人民收入及可持续发展联系在一起，可持续发展的重点是生物多样性与生态系统治理。"③《南太平洋自然保护公约》（Convention on Conservation of Nature in the South Pacific）规定建立保护区，以保护自然生态系统。"'保护区'即国家公园，国家公园意味着建立保护动植物生态系统的地方。每一个公约成员国应该在现有保护区的基础上，建立保护区，以保护自然生态系统的样本。"④

除了太平洋岛国之外，澳大利亚也比较重视保护海洋生态系统。"澳大利亚是一个有着'超级生物多样性'（megadiverse）的国家，是世界上生物多样性最丰富的国家之一。"⑤ "对澳大利亚来说，未来20年将是保护生物多样性的关键时期。基于此，澳大利亚推出了《2009—2030年国家储备系统战略》（Strategy for Australia's National Reserve System 2009 – 2030）。这将是长期保护生物多样性的重要步骤。"⑥ 2010年，澳大利亚制定了《2010—2030年澳大利亚生物多样性保护战略》（Australia's Biodiversity Conservation 2010 – 2030）。它是国家保护生物多样性的总体性框架，列出了澳大利亚保护生物多样性的重点内容，目的是在国家层面上协调各方的努力，可持续治理生物资源，以满足当下的需求并确保生物多样性长期的

① "Key Ocean Policies and Declarations", Pacific Islands Forum Secretariat, http：//www. forum-sec. org.

② SPREP, *Pacific Oceanscape Vision：a Secure Future for Pacific Island Countries and Territories Based on Sustainable Development*, *Management and Conservation Of Our Ocean*, Honolulu：University of Hawaii Press, 2008, p. 23.

③ SPREP, *Second Independent Corporate Review of SPREP：the Pacific Regional Environment Programme*, Cook Islands：Rarotonga, 2014, pp. 35 – 40.

④ "Apia Convention", SPREP, https：//www. sprep. org.

⑤ "Protecting Biodiversity", Australia Government Department of the Environment Energy, http：//www. environment. gov. au.

⑥ "Strategy for Australia's National Reserve System 2009 – 2030", Australia Government Department of the Environment Energy, http：//www. environment. gov. au.

健康、适应性。①

　　对新西兰而言，保护海洋生物多样性同样是其重点。"可持续发展和利用海洋资源对健康的经济至关重要。新西兰环境部与其他部门一道制定战略和政策，确保海洋环境的质量和多样性。我们的海洋环境支持动物、植物以及食物来源的广泛多样性。"②《我们的海洋环境2016》（Our Marine Environment 2016）指出，"作为一个国家，新西兰应保护海洋，确保海洋的多样性以及生活福利可以持续为后代所享用。与陆地面积相比，新西兰拥有比较大的海洋。新西兰拥有两个主要的岛屿以及700多个较小的岛屿……新西兰的海洋环境复杂、多元，海洋生活环境比较丰富。在毛利人看来，所有有生命的东西之间是相互依存、相互联系的。人类与自然之间的密切关系也意味着保护环境的义务，并为子孙后代着想"③。

　　南太平洋地区并没有专门用于保护海洋生态系统和生物多样性的规范，只是零星地被一些区域海洋政策或规范所提及。作为蓝色经济通道的载体，海洋的健康是这条通道能否顺利、长久、安全运行的关键。中国、太平洋岛国、澳大利亚以及新西兰可以考虑共同制定一个保护海洋生态系统和生物多样性的专门条约，确立共同的责任和义务，并设立专门的机构，用于执行、监督该条约。沿线国家可以将《生物多样性公约》作为一个整体框架，在这个框架之下制定相应的规范，该公约是一项具有法律约束力的国际条约，有两个主要目标：保护生物多样性、可持续利用生物多样性。该公约的总体目标是鼓励建设可持续未来的行动，涵盖了所有层面的生物多样性，即生态系统、物种和遗传资源。根据该公约制定的行动框架生态系统方法是管理资源的综合战略。一些沿线国家的生物多样性保护条约就是建立在《生物多样性公约》的基础上。比如，中国的《中国生物多样性保护战略与行动计划》体现了这一点。"《生物多样性公约》规定，每一缔约国要根据国情，制定并及时更新国家战略、计划或方案。为落实《生物多样性公约》的相关规定，进一步加强我国的生物多样性保护工作，有效应对我国生物多样性保护面临的新问题、新挑战，环境保护部会同20

①　"Australia's Biodiversity Conservation Strategy"，Australia Government Department of the Environment Energy，http：//www. environment. gov. au.

②　"Why Our Marine Environment Matters"，Ministry for the Environment，http：//www. mfe. govt. nz.

③　Ministry for the Environment，*Our Marine Environment 2016*，2016，pp. 1 – 35.

多个部门和单位编制了《中国生物多样性保护战略与行动计划》"①。

第二，联合开展海草床、珊瑚礁等典型海洋生态系统监视监测、健康评价与保护修复。海草床存在于世界很多咸水水域，覆盖范围从热带地区到北极圈地区。海草床可以形成水下草地。它们虽然很少被关注，但却是世界上最重要的生态系统之一。海草床为很多动物提供了居所和食物来源。海草床同样为人类提供服务，但由于人类活动的影响，许多海草床已经消失。国际社会已经采取措施，努力恢复这些重要的生态系统。② 海草床、珊瑚礁、红树林等在南太平洋地区非常普遍，对气候变化有着重要的作用。太平洋岛屿地区沿岸的潮间带和潮下带为大面积的海草床和红树林提供营养。同世界其他地方相比，虽然热带太平洋海草床和红树林同渔业及无脊椎动物的联系并不明显，但海草床、红树林与潮滩和珊瑚礁联系密切。除了繁殖区域的角色之外，海草床、红树林、潮滩还为许多鱼类提供食物和栖息地。海草床和潮滩还是一些海参等软体动物的栖息地。沿岸渔业依赖海草床、红树林、潮滩的程度较高。在一些太平洋岛国，由于海草床和红树林同海岸带的发展高度相关，由它们所控制的生态系统受到了很大的侵蚀。气候变化被认为是加剧了对海草床、红树林和潮滩的人为影响。③ 自有记录开始，世界上已经消失了大约 30% 的海草床。土地开垦、水体透明度的下降、营养的流失导致了许多太平洋岛国海草床的减少。沿岸建设和港口发展产生的淤泥降低了透光度，有时候会闷死海草床。在有些情况下，红树林的移动使得淤泥影响附近的海草床。气候变化也将会影响海草床的分布。④

热带太平洋地区红树林的多样性比较丰富。在全球 71 种公认的红树林中，有 31 种分布在该地区，其中 23 种分布在巴布亚新几内亚，这使得巴布亚新几内亚成为世界上红树林多样性最丰富的国家。在南太平洋地区，自西向东，红树林多样性逐渐减少，萨摩亚只有 4 种红树林以及 1 种杂交种（见表 4 - 1）。海草床、红树林以及潮滩在支持底层鱼类以及无脊椎动物方面扮演着重要角色，这有助于沿海渔业的存续。

① 《关于印发〈中国生物多样性保护战略与行动计划〉（2011—2030 年）的通知》，中华人民共和国生态环境部，2010 年 9 月 17 日，http：//www. zhb. gov. cn.

② "Seagrass and Seagrass Beds", Smithsonian Ocean, https：//ocean. si. edu/ocean - life/plants - algae/seagrass - and - seagrass - beds.

③ Michelle Waycott, Len J. McKenzie, Jane E. Mellors, *Vulnerability Of Mangroves, Seagrass and Intertidal Flats in the Tropical Pacific to Climate Change*, Kenya：Nairobi, 2006, pp. 1 - 5.

④ "Seagrass", SPC, https：//spccfpstore1. blob. core. windows. net.

表4-1　　　　　　　　太平洋岛国红树林和海草床的数量

国家	总陆地面积（平方千米）	红树林			海草		
		种类（种）	面积（平方千米）	占陆地的比例（%）	种类（种）	面积（平方千米）	占陆地的比例(%)
斐济	18272	8	424.6	2.32	6	16.5	0.01
新喀里多尼亚	19100	18	205	1.07	11	936	5
巴布亚新几内亚	462243	33	4640	1	13	117.2	0.03
所罗门群岛	27556	19	525	1.9	10	66.3	0.24
瓦努阿图	11880	17	25.2	0.21	11		
密克罗尼西亚	700	16	85.6	12.23	10	44	6.29
关岛	541	12	0.7	0.13	4	31	5.73
基里巴斯	690	4	2.6	0.37	2		
马绍尔群岛	112	5	0.03	0.27	3		
瑙鲁	21	2	0.01	0.05	0	0	0
北马里亚纳群岛	478	3	0.07	0.01	4	6.7	1.4
帕劳	494	15	47.1	9.53	11	80	16.19
美属萨摩亚	197	3	0.5	0.26	4		
库克群岛	240	0	0	0	0	0	0
法属波利尼西亚	3521	1			2	28.7	0.82
纽埃	259	1	0	0	0	0	0
皮特凯恩群岛	5	0	0	0	0	0	0
萨摩亚	2935	3	7.5	0.26	5		
托克劳	10	0			0		
汤加	699	7	13	1.87	4		
图瓦卢	26	2	0.4	1.54	1	0	0
瓦利斯与富图纳	255	2	0.2	0	5	24.3	17

资料来源：Michelle Waycott, Len J. McKenzie, Jane E. Mellors, *Vulnerability of Mangroves, Seagrass and Intertidal Flats in the Tropical Pacific to Climate Change*, Kenya：Nairobi, 2006, p. 302.

珊瑚礁、海草床、红树林、潮滩之间存在着高度的连通性，这意味着任何一个栖息地消失都会对其他生态系统的组成部分产生影响。治理的重点应该集中在确保所有栖息地之间稳定的连通性及维护沿岸渔业的繁殖能力。① 基于此，中国、太平洋岛国、澳大利亚、新西兰应该共同采取行动，对珊瑚礁、海草床、红树林以及潮滩进行监视监测、健康评价与保护修复。沿线国家应该推动以社区为基础的（community‑based）联合治理路径，与地方、政府组织和非政府组织密切合作，主要地方利益相关者执行具体的举措。适应性的共管应充分利用社会资本，比如已经存在的传统治理理念、政策机制、资源治理机制等。同时，沿线国家应该注重南太平洋区域层面上的合作。正如太平洋共同体在为渔业社区提供关于渔业治理的建议中所指出的，"保护海草床需要采取国家层面上的行动，以治理海岸带，主要包括七个方面：监视水体质量和海草床范围、提高对海床重要性及其所面临威胁的认知、减少污染物进入沿海水域、控制沿岸的发展、保护海草床、恢复海草床、限制捕捞能促进海草床生长的鱼类"②。

沿线国家可以依托太平洋共同体来治理珊瑚礁、海草床、红树林以及潮滩。在南太平洋数量庞大的区域组织中，太平洋共同体是专业的科学和技术组织，服务于太平洋地区的发展。70 多年来，太平洋共同体一直为太平洋岛屿地区提供关键的科技服务和建议。纵观历史，太平洋共同体通过与成员国、发展伙伴的合作，产生了重要、持久的影响力。它的多学科融合的科技专业知识及应用这些专业知识的能力被广泛认可。③ 澳大利亚和新西兰既是太平洋共同体的成员国，也是太平洋共同体的主要援助伙伴。目前，太平洋共同体具有很强的包容性，广泛创造机会，吸引合作伙伴。在它看来，广泛扩大合作伙伴有助于太平洋岛国的可持续发展，并对太平洋人民具有积极的影响。④ 由此可见，太平洋共同体可以成为中国、澳大利亚、太平洋岛国执行治理珊瑚礁、海草床、红树林以及潮滩的机构。这不仅是基于太平洋共同体的包容性和拥有的专业知识，还基于其未来几年的战略重点。太平洋共同体在《2016—2020 年战略计划》中明确指出了其战略重点之一，"强化对自然资源的可持续治理。太平洋共同体支持水资源治理战略，包括能力建设、意识提高、监测、评估、保护资源。太平洋共同体为太平洋岛国提供技术建议和服务，用于治理农业、林业和陆地

① Michelle Waycott, Len J. McKenzie, Jane E. Mellors, *Vulnerability of Mangroves*, *Seagrass and Intertidal Flats in the Tropical Pacific to Climate Change*, Kenya: Nairobi, 2006, p. 350.
② "Seagrass", SPC, https://spccfpstore1.blob.core.windows.net.
③ SPC, *Pacific Community Strategic Plan 2016‑2020*, New Caledonia: Noumea, 2015, p. 1.
④ "Our Partners", SPC, https://www.spc.int.

资源"。同时，太平洋共同体维护着太平洋岛屿地区的数据库，包括200多个战略部门的指数，为太平洋岛国提供数据库的搜集和分析，这对于太平洋岛国的可持续发展特别有价值。① 从这点可以看出，太平洋共同体擅长治理珊瑚礁、海草床、红树林以及潮滩，并拥有扎实的基础，包括专业知识、数据库等。

中国与太平洋岛国论坛、南太平洋区域环境署、南太平洋大学、太平洋岛国发展论坛等区域组织保持着密切的双边接触，但缺乏与太平洋共同体的双边接触。目前，双方的互动是在区域组织委员会的框架之下进行，保持着多边互动。虽然中国与太平洋共同体没有正式的接触，但太平洋共同体在过去一直负责来自中国发展援助的项目。2007年，太平洋共同体获得了中国援助太平洋岛国论坛200万美元的一部分，目的是支持《太平洋计划》所确定的两个重点领域：整合性港口发展（Integrated Ports Development）以及太平洋地区信息和通信系统（Pacific Regional Information and Communications System）。这些项目为期四年，从2009年至2012年。然而，自从这两个项目结束以后，截至2021年8月太平洋共同体未再获得中国任何进一步的援助。2013年，《太平洋共同体独立专家评论》（Independent Expert Review of SPC）把中国视为东亚地区一个新兴的援助者，并建议太平洋共同体发掘把中国作为未来发展伙伴的潜力，以援助其成员国的项目和活动。太平洋共同体的年度预算大约为780万美元，其中的60%为项目资金。欧盟和澳大利亚提供了大部分的项目资金。太平洋共同体的"生物安全和贸易服务小组"（Biosecurity and Trade Support Team）为库克群岛的一个有机诺丽果汁（Organic Noni）厂商提供服务，以确保其产品进入中国市场，并于2015年1月出口到中国。中国的官方援助只针对十个建交太平洋岛国，同时在一些协议的框架内，对区域组织委员会提供偶尔的支持，但太平洋共同体与中国有着很大的互动空间。双方可以考虑在以下三个方面加强互动。一是在区域层面上强化对项目的支持，包括考虑成员国的需求，选择双边援助项目。太平洋共同体已经在成员国的要求下，成功操作了一些双边援助项目。二是建立区域层面上更紧密的伙伴关系。三是通过现有的机制和平台，加强对话。②

太平洋共同体仅是沿线国家执行治理珊瑚礁、海草床、红树林以及潮

① SPC, *Pacific Community Strategic Plan 2016-2020*, New Caledonia: Noumea, 2015, p. 5.
② Mrs Fekitamoeloa Utoikamanu, "Changing Geopolitics: China and the Pacific - A Regional Perspective", China Research Center, https://www.victoria.ac.nz.

滩的平台，也可以成为它们进行有效沟通与合作的平台。目前，澳大利亚与太平洋共同体已经确立了 2014—2023 年的合作伙伴关系。澳大利亚与太平洋共同体确立了密切合作的共同愿景，实现发展目标及所有太平洋岛民生活质量的可持续完善。该伙伴关系主要聚焦于澳大利亚如何帮助太平洋共同体实现所有成员国的关切。同时，该伙伴关系的原则有三个方面：相互尊重、增强的援助协调、通过联合评估和学习，聚焦于提升影响力。澳大利亚与太平洋共同体都要推动与太平洋共同体成员国的区域一体化、经济增长和可持续发展。① 中国可以参考澳大利亚与太平洋共同体的伙伴协议，制定相应的合作规范，做到有规范可依。长远来看，这便于蓝色经济通道沿线国家以太平洋共同体为中心，构建治理珊瑚礁、海草床、红树林以及潮滩的合作机制。

第三，加强海洋濒危物种保护的务实合作。太平洋岛国 23% 的动物、植物物种面临着灭绝的危险。1985 年，太平洋共同体发布了《为了南太平洋保护区的行动战略》（Action Strategy for Protected Areas in South Pacific Region），并指出：“太平洋岛屿环境对自然保护造成了特殊的、严峻的挑战。地理和生态环境的隔离导致了特殊动植物物种的进化，许多物种只能在该地区的环境中生存，却不能适应世界其他地区的环境。南太平洋拥有大约 2000 种不同类型的生态系统，大约 80% 的物种只能在本地生存。有限的生存空间意味着这些物种受到很大的限制，而且群体数量不足增加了它们的脆弱性。人口增长、由陆地资源开采引起的栖息地的减少、外来物种的竞争和捕食增加了对自然环境和物种保护的压力。近年来，大量本地动植物物种灭绝或濒危。南太平洋濒危的物种是加勒比地区的七倍、是北美地区的一百倍，这对太平洋岛国造成了很大的压力。一些岛国已经努力开始保护自然环境。该地区有 95 个保护区，总面积大约为 800 平方千米。然而，保护区的面积大约只占总陆地面积的 0.15%，因此非常有必要扩大保护区的面积。”②

基于此，蓝色通道沿线国家应加强海洋濒危物种保护的务实合作，共同保护南太平洋生态系统的平衡。对沿线国家而言，推动海洋保护区的建立和完善是合适的共同举措。对于海洋保护区的功能，比利安娜·塞恩和罗伯特·克内特在《美国海洋政策的未来——新世纪的选择》中做了探讨：“正如 1998 年关于海洋生物资源的海洋年报告所提出的，作为一个大

① SPC, Government of Australia, *Partnership 2014 - 2023*, 2017, p. 20.
② SPC, *Action Strategy for Protected Areas in South Pacific Region*, 1985, pp. 2 - 3.

型的综合区域管理制度，海洋保护区能够为保护海洋生物资源及其所依赖的栖息地提供一个最有效的机制。作为一种管理工具，它们实际上是濒危物种保护区——保护海洋生物多样性异常丰富的区域。一是保护独特的或有重要生态意义的资源；二是提供一个活的实验室，来验证管理措施的有效性；三是提供海洋生物技术发展的未来潜在利益。"[1] 然而，学术界对于海洋保护区的功能持不同的态度，一些学者持批评的态度。[2] 而一些学者则对其持肯定的态度。[3] 在贾斯汀·阿尔杰（Justin Alger）和皮特·多佛（Peter Dauvergne）看来，国际社会对大型海洋保护区的趋势（包括超过100 万平方千米的海洋区域）促使各国治理海洋的政策发生重要转变，其作为一个海洋保护战略具有特定的优势，因此，它部分以大型海洋保护区范式开始出现。目前，学术界对于大型海洋保护区作为有价值的保护战略之所以成为国际标准范式的动因和手段，并没有深入的探讨。自 20 世纪中期以后，大型海洋保护区主要是源自非政府组织的推动。[4] 这种自下而上，而非自上而下的扩散模式是大型海洋保护区出现及扩大的主要方式。

《为了南太平洋保护区的行动战略》的目标是为南太平洋保护区提供服务项目，该战略包括五个相关目标，其中之一是建立和治理保护区。落实这些目标需要结合地区层面、国家层面和国际层面的实际情况。具体的一个举措是在南太平洋地区建立保护区网络。目前，不到 20% 的生态类型

---

① 〔美〕比利安娜·塞恩、罗伯特·克内特：《美国海洋政策的未来——新世纪的选择》，张耀光、韩增林译，海洋出版社 2010 年版，第 212—213 页。

② Pierre Leenhardt, "The Rise of Large – Scale Marine Protected Areas: Conservation or Geopolitics?", *Ocean & Coastal Management*, Vol. 85, Part A, 2013, pp. 112 – 118; Rodolphe Devillers, "Reinventing Residual Reserves in the Sea: Are We Favoring Ease of Establishment over Need for Protection?", *Aquatic Conservation: Marine and Fresh Water Ecosystems*, Vol. 25, No. 4, 2015, pp. 480 – 504; Matthias Wolff, "From Sea Sharing to Sea Sparing – Is There a Paradigm Shift in Ocean Management?", *Ocean & Coastal Management*, Vol. 116, 2015, pp. 58 – 63; Peter J. S. Jones, E. M. De Santo, "Is The Race for Remote, Vary Large Marine Protected Areas Taking Us Down the Wrong Track?", *Marine Policy*, Vol. 73, 2016, pp. 231 – 234.

③ Robert J. Toonen, "One Size Does Not Fit All: the Emerging Frontier in Large – Scale Marine Conservation", *Marine Pollution Bulletin*, Vol. 77, No. 1, 2013, pp. 7 – 10; Aulani Wilhelm, "Large Marine Protected Areas – Advantages and Challenges of Going Big", *Aquatic Conservation: Marine and Fresh Water Ecosystems*, Vol. 24, No. S2, 2014, pp. 24 – 30; Rebecca L. Singleton, Callum M. Roberts, "The Contribution of Very Large Marine Protected Areas to Marine Conservation: Giant Leaps or Smoke and Mirrors?", *Marine Pollution Bulletin*, Vol. 87, No. 1 – 2, 2014, pp. 7 – 10.

④ Justin Alger, Peter Dauvergne, "The Politics of Pacific Ocean Conservation: Lessons from the Pitcairn Islands Marine Reserve", *Pacific Affairs*, Vol. 90, No. 1, March 2017, p. 30.

列在了保护区内。大量特别的生态系统和相关的物种正面临着很大的脆弱性。① 由此可见，中国、澳大利亚、新西兰、太平洋岛国可以同区域组织合作，共同推进建立海洋保护区。比如，"太平洋岛国海洋和沿岸生物多样性治理项目"（Marine and Coastal Biodiversity Management in Pacific Island Countries）是由国际自然保护联盟、德国联邦经合部、南太平洋区域环境署同五个太平洋岛国（基里巴斯、汤加、斐济、所罗门群岛、瓦努阿图）合作共同执行的，目的是完善这些岛国的海洋和沿岸生物多样性的治理。② 该项目之外，"太平洋岛屿治理和保护区项目"（Pacific Islands Managed and Protected Areas Community）则是一个长期的共享能力的项目，包括非政府组织、地方社区、国际机构在内的社会网络，目的是共同完善太平洋岛屿保护区的有效利用和治理，其海洋保护区主要集中在美国太平洋岛屿和其自由联系邦。③ 太平洋岛屿治理和保护区将依赖许多机构、组织和个人的合作，目的是建立太平洋岛屿海洋保护区参与者之间的伙伴关系。④ 太平洋岛屿治理和保护区的使命是在太平洋岛屿地区提供分享信息、经验、技术和实践的机会，以发展和强化区域海洋治理能力。同时，太平洋岛屿治理和保护区将扩大其视野，包含了对于海洋治理区域的陆地进行治理及采用整体的路径。未来几年，它将聚焦于扩大伙伴关系，支持重点培训和技术援助的组织化。⑤ 太平洋岛屿治理和保护区将能力建构定位为有效的区域治理。然而，区域治理并不能实现所有的资源治理目标，必须整合进入一个更大的框架。基于此，太平洋岛屿治理和保护区将在区域层面支持生态系统治理的路径，把陆地与海洋整合为一个整体。⑥ 作为蓝色经济通道的发起国，中国可以主动倡议构建类似太平洋岛屿治理和保护区的海洋保护区联盟，并制定相应的合作机制和规范。中国在《中国生物多样性保护战略与行动计划》（2011—2030 年）中把建立生物多样性保护公众参与机制与伙伴关系视为优先领域。"推动建立生物多样性保护关系。建立国际多边机构、双边机构和国际非政府组织参与的生物多样性保护合作

---

① SPC，*Action Strategy for Protected Areas in South Pacific Region*，1985，pp. 3 - 7.
② "MACBIO"，SPREP，PROE，https：//pipap. sprep. org.
③ "Welcome to PIMPAC"，Pacific Islands & Protected Areas Community，http：//www. pimpac. org.
④ "PIMPAC Partners"，Pacific Islands & Protected Areas Community，http：//www. pimpac. org.
⑤ PIMPAC，*2010 - 2012 PIMPAC Strategic Plan*，2009，p. 1.
⑥ PIMPAC，*Pacific Islands Managed and Protected Area Community Strategic Plan*：*2013 - 2016*，2013，p. 4.

关系。"①

澳大利亚对海洋保护区同样持认同的态度，在《2010—2030年澳大利亚生物多样性保护战略》中指出："澳大利亚的'国家保护体系'（National Reserve System）包括保护区、业已建立的保留地以及涵盖各方的集体治理，主要涉及澳大利亚政府、州政府、地方政府、土著民、私人农场主和非政府组织。目前，这种强有力的伙伴关系助推了国家保护体系的成功。'国家保护体系'的目的是发展和有效治理一个综合的、充足的、有代表性保护区的国家体系，以此维护澳大利亚生物多样性的长期手段"②。对新西兰而言，海洋保护区有助于确保其海洋环境的健康。新西兰的海洋环境覆盖了4.8亿公顷的海洋，专属经济区面积位居世界第四位。新西兰全方位的海洋栖息地和生态系统都需要保护。设立海洋保护区是实现此目标的主要手段，由新西兰渔业部和保护部门负责执行。在过去，海洋保护的路径一直比较分散。海洋保护区政策提供了一个包括区域磋商在内的整合进程，目的是建立一个海洋保护区网络。这种新的进程比较有包容性和透明度。③《海洋保护区政策与执行计划》（*Marine Protected Areas*：*Policy and Implementation Plan*）对海洋保护区的目标、定义等做了明确的界定："海洋保护区政策致力于通过使用各种海洋治理手段，发展一个综合的、有代表性的海洋保护区网络。为了更好地落实海洋保护区政策，新西兰对'海洋保护区'的概念做了界定：海洋保护区是一个海洋环境区域，特别是致力于通过足够的生物多样性的保护、维护或修复，处于一个健康的状态。"④ 新西兰政府已经意识到了建立海洋保护区的重要性和必要性："未来，新西兰政府希望新西兰的海洋治理体系能够在保护海洋环境和最大化发掘商业、娱乐、文化机会之间，实现合适的平衡。当重要的生态系统被保护、海洋资源被可持续治理时，政府相信会实现这种平衡。海洋保护区是保护海洋和沿岸环境的重要手段。它们保护不同的海洋栖息地和生态系统，当形成有代表性和适应性的网络时候，是最有效的。除了保护海洋环境之外，一些海洋保护区还具有多种功能，比如为旅游业、娱乐和经济活

---

① 《关于印发〈中国生物多样性保护战略与行动计划〉（2011—2030年）的通知》，中华人民共和国生态环境部，2010年9月17日，http：//www.zhb.gov.cn.

② Australia Government Department of the Environment Energy, *Australia's Biodiversity Conservation Strategy*, 2010, p. 2.

③ *Marine Protected Areas*：*Policy and Implementation Plan*, Department of Conservation, https：//www.doc.govt.nz.

④ Department of Conservation and Ministry of Fisheries, *Marine Protected Areas*：*Policy and Implementation Plan*, December 2005, p. 9.

动提供场所。它们同样促进了更好地理解海洋环境。新西兰是世界上首批发展海洋保护立法的国家之一。它在 1971 年引进了《海洋自然保护区法案》（Marine Reserve Act）。海洋自然保护区在新西兰是一种最高层次的保护，主要是因为它们可以有效预防海洋栖息地和生物灭绝，为科学研究提供了有利环境。"①

二　推动南太平洋地区海洋环境保护，建立环境保护合作机制

当下，南太平洋地区面临着严峻的海洋污染问题。海洋污染被定义为人类直接或间接将物质或能源排放到海洋环境中，引起了对生物资源、人类健康的有害影响，阻碍海洋活动，包括捕鱼、降低海水的质量及减少便利设施。物质或能量涉及物质转换成能量或产品时产生的废弃物，这些废弃物在人类活动中是不可避免的。并不是所有的废物都是污染物，只有它们产生有害影响的时候，这样的污染物才是废弃物。20 世纪七八十年代，联合国环境规划署对南太平洋地区的海洋环境进行了一项调查。调查发现，除了近岸的一些太平洋岛屿之外，南太平洋受到人为污染相对较小。②污染是南太平洋地区可持续发展的主要威胁之一。

第一，石油泄漏。该地区没有石油和天然气的生产和开采，很少有原油运输经过这一地区。在过去 30 年，低密度的航行只引发了一起大型石油泄漏事件，但却有很多中等的石油泄漏事件，主要分布在澳大利亚沿岸。澳大利亚是南太平洋地区最大的石油进口国。很多小型石油泄漏源自捕鱼船的相撞。搁浅和相撞是该地区海上事故的主要原因。搁浅占了海上交通事故的 65%。整体来讲，南太平洋地区的海上交通事故占全球比例并不高。近年来，斐济、法属波利尼西亚、所罗门群岛、巴布亚新几内亚的航行密度比较大，海上交通事故有所增加，汤加、北马里亚纳群岛、瓦努阿图的海上事故规模相对较小。根据南太平洋区域环境署报道，经常出现石油泄漏的地方为关岛、帕皮提，相对较少的是努美阿、苏瓦等。虽然南太平洋地区货物和贸易交通产生的石油泄漏风险较小，但另外一种石油泄漏的来源却变得日益重要。第二次世界大战期间总载重量 300 万吨的军舰、沉船在海水中经过 50 多年的腐蚀，开始恶化环境。2001 年接近 100

①　New Zealand Government, *A New Marine Protected Area Act：Consultation Document*, Wellington：Ministry for the Environment, 2016, pp. 9 - 11.

②　UNEP, SPC, South Pacific Bureau for Economic Cooperation, Economic & Social Commission for Asia and Pacific, *South Pacific Regional Environment Programme*, New Caledonia：Noumea, 1981, pp. 2 - 3.

吨的燃油从 1938 年沉没在南太平洋海域的"密西西内瓦"号油轮上泄漏，未来可能会出现类似的航空油、燃油、船用柴油的泄漏。石油泄漏会对岛国的生态系统产生重要的影响。石油泄漏除了对珊瑚礁、红树林等有直接的影响之外，石油污染废弃物的清除同样重要。[1] 1998 年，太平洋共同体举行了第二次"捕鱼船在太平洋的航行安全"的工作坊。此次工作坊指出，捕鱼船引起的石油泄漏已经引起地区担忧。"我们地区最近的悲剧涉及沉没的捕鱼船，这突出了加强捕鱼船管理机制的需要。目前，国际海事组织公约并不包括捕鱼船，地区海事部门应该在现有关于捕鱼船管理机制的基础上，制定相应的规范。在许多太平洋岛国，国内海事部门同相关的渔业部门在管辖权方面存在竞争，因此它们对于捕鱼船的安全没有统一的标准。"[2]

第二，大国在该地区的活动。目前，很多的文献资料探讨了大国活动对南太平洋地区环境的影响。[3] 大国在南太平洋地区的活动主要有美国在马绍尔群岛的核试验、法国在穆鲁罗瓦环礁的核试验、日本在北太平洋倾倒核废弃物、美国在约翰逊环礁倾倒化学武器、远洋捕鱼国在南太平洋地区过度捕捞海洋资源、日本大规模流网捕鱼。起初，该地区的主要担忧是核试验活动对当地海洋栖息地和海洋资源的危害。随着其他损害环境行为开始出现，这些活动逐渐相互联系在一起。[4]

与其他地区不同，海洋污染被太平洋岛国视为对家园的破坏。"太平洋岛民把海洋视为家园，而其他地区的人则把海洋视为交通、航行、联系的通道或者财富的仓库。对太平洋岛民而言，海洋的意义更深远。海洋为他们提供了食物和生活社区，带来了生存、礼仪和传统，从本质上看，海洋为他们提供了一种生活方式。岛民的传说和神话体现了海洋与岛民之间深刻、强烈的关系。太平洋岛民与海洋环境有着密切的联系，视环境破坏为他们文化和生活方式的破坏。南太平洋生态系统非常脆弱，需要采取措施，保护海洋环境和海洋资源。太平洋共同体首先意识到了这个问题，并

---

① "South Pacific", ITOPF, http: //www.itopf.org.

② SPC, *Safety of Fishing Vessels Operation In Pacific Region*, Fiji: Suva, 1998, pp. 3 - 4.

③ James B. Branch, "The Waste Bin: Nuclear Waste Dumping and Storage", *AMBIO*, Vol. 13, No. 5/6, 1984, pp. 327 - 330.

④ Mere Pulea, "The Unfinished Agenda for the Pacific to Protect the Ocean Environment", in Jon M. Van Dyke, Durwood Zaelke, Grant Hewison, ed., *Freedom for the Seas in the 21st Century: Ocean Governance and Environmental Harmony*, Washington, D. C.: Island Press, 1993, pp. 104 - 105.

操作了一些环境项目和工程。其他区域组织也开始重视环境保护问题。"①
因此，蓝色经济通道沿线国家需要意识到太平洋岛国独特的海洋文化以及
他们对海洋持有的强烈观念，而不能从西方国家物质性的观念切入。推动
南太平洋区域环境保护，需要从对接太平洋岛国的海洋观念入手，站在太
平洋岛国的立场上，切实考虑他们的关切。保护南太平洋海洋环境需要沿
线国家通力合作，相互协调，建立一种合作机制。在了解了太平洋岛国的
海洋观念之后，沿线国家应该以条约的形式，履行保护海洋环境的责任。
有学者已经提出了这一点。《南太平洋地区自然资源和环境保护公约》
（Convention for the Protection of the Natural Resources and Environment of the
South Pacific Region）是全球努力保护、治理自然资源和环境的一部分。该
公约及其条款是建立阻止、减少和控制海洋污染的第一次区域层面上的努
力和尝试，覆盖的海域面积比较广，是保护海洋环境的有效手段。该公约
声称是保护、治理和发展南太平洋海洋和沿岸环境的综合性规范，但事实
上它主要关注污染问题。大型国家应该履行控制污染的主要责任和义务。
也就是说，大型国家不仅要对引起污染的原因负有责任，还要有能力承担
有意义的预防措施。这是目前该公约中存在的主要问题。允许任何国家加
入，大部分太平洋周边国家虽然对污染公约所涉及的海洋区域负有责任，
但是它们并未加入该公约。太平洋周边国家需要全面、有效地加入该公
约。对于接受控制海洋污染的责任，大国的行政迟缓和消极态度对太平洋
岛国而言是极不负责任的。大国应该像小岛国一样，采取积极的举措，保
护南太平洋地区的海洋环境。② 作为太平洋周边国家，中国、澳大利亚、
新西兰应主动承担保护南太平洋海洋环境的责任，全面加入《南太平洋地
区自然资源和环境保护公约》。正如该公约所言，"各方应该意识到为了子
孙后代保护自然遗产的责任，实现与国际、地区、次区域组织的充分合
作"③。

① Florian Gubon, "Steps Taken by South Pacific Island States to Preserve and Protect Ocean Resources for Future Generations", in Jon M. Van Dyke, Durwood Zaelke, Grant Hewison, *Freedom for the Seas in the 21st Century: Ocean Governance And Environmental Harmony*, Washington, D. C.: Island Press, 1993, p. 123.
② A. V. S. Va'ai, "The Convention for the Protection of the Natural Resources and Environment of South Pacific Region: Its Strengths and Weaknesses", in Jon M. Van Dyke, Durwood Zaelke, Grant Hewison, *Freedom for the Seas in the 21st Century: Ocean Governance And Environmental Harmony*, Washington, D. C.: Island Press, 1993, pp. 113 – 120.
③ SPREP, *The Convention for the Protection of the Natural Resources and Environment of South Pacific Region*, New Caledonia: Noumea, 1986, p. 1.

三　加强中国与太平洋岛国的蓝碳国际合作

2009 年，联合国发布相关报告，确认了海洋在全球气候变化和碳循环过程中的重要作用。蓝碳作为一个新名词，开始逐步得到重视。蓝碳在中国可定义为"利用海洋活动及海洋生物吸收大气中的二氧化碳，并将其固定在海洋中的过程、活动和机制"[①]。海草床、红树林、潮沼被认为是三个重要的海岸带蓝碳生态系统。[②] 海草床、红树林、潮沼的沿岸生态系统提供了很多服务和益处，这对于全球范围内减缓气候变化至关重要，包括防止海岸线侵蚀、调节沿岸水体质量、为具有商业价值的鱼类和濒危物种提供栖息地、确保食物安全。这些生态系统在减缓气候变化中扮演着重要角色。同时，沿岸蓝碳生态系统是地球上面临威胁最严重的生态系统之一，每年有大约 34 万—98 万公顷被破坏。据估计，全球红树林的 67%、潮沼的 35% 以及海草床的 29% 已经消失。如果这种趋势继续的话，未来 100 年内将有 30%—40% 的潮沼和海草床将会消失，未受保护的几乎所有的红树林也将会消失。当它们消失或恶化以后，这些生态系统将成为温室气体二氧化碳的重要来源。蓝碳生态系统转换和恶化的原因是多方面的，目前人类能探测到的蓝碳生态系统恶化在很大程度上是由于人类活动所引发的。通常的影响因素是水产养殖业、农业、红树林采伐、海洋资源污染、工业和沿岸城市发展。这些影响不仅会继续，而且会因为气候变化而加速。全球层面上，国际社会采取和执行了很多保护和恢复沿岸生态系统的政策、沿岸治理战略和手段。[③]

如前所述，南太平洋地区有着丰富的海草床、潮沼、红树林等海洋生态系统。这些海洋生物不仅可以发挥对气候变化的调节作用，而且可以帮助太平洋岛国提高经济收入。在全球蓝碳系统分布中，该地区占的比例比较大。"蓝碳生态系统对于重视气候变化、稳定社会、经济和环境收入至关重要。"[④] 中国在 2017 年的蓝碳国际论坛中指出，"自联合国《蓝碳》报告发布以来，海草床、红树林、潮沼等蓝碳生态系统在适应和减缓气候变化方面的作用已得到国际社会的认可"，大型藻类、贝类以及微型生物吸收和固定二氧化碳的机制逐步揭示，蓝碳的范畴不断拓展。发展蓝碳已

---

① 《2017 年蓝碳国际论坛专家报告摘要》，中国海洋在线，2017 年 11 月 9 日，http：//www. oceanol. com.

② "What's Blue Carbon"，The Blue Carbon Initiative，http：//thebluecarboninitiative. org.

③ "Blue Carbon"，The Blue Carbon Initiative，http：//thebluecarboninitiative. org.

④ "Blue Carbon"，Blue Carbon Partnership，https：//bluecarbonpartnership. org.

经成为实现《联合国气候变化公约》《拉姆萨尔公约》等多项国际公约宗旨和目标的重要途径。中国已向国际社会承诺，"到 2030 年二氧化碳排放达到峰值，单位国内生产总值二氧化碳排放比 2005 年下降 60%—65%。刚刚召开的中国共产党十九大再次确认中国将'积极参与全球环境治理，落实减排承诺'。中国政府重视蓝碳在适应和减缓气候变化方面的作用和潜力，并将蓝碳作为'一带一路'海上合作的重点领域。与此同时，中国在全国沿海划定海洋生态红线，建设海洋保护区网络，严格控制围填海，严格保护蓝碳生态系统；实施'南红北柳''蓝色海湾'等工程积极恢复滨海湿地和近海生态系统；鼓励蓝碳科学研究，建立蓝碳标准体系，促进蓝碳国际合作，提升中国蓝碳发展的能力和水平"[1]。联合国发布了《蓝碳倡议》（Blue Carbon Initiative），目的是实现 2025 年之前的目标：改变海洋和海岸栖息地恶化的目前趋势，并维持碳固定（carbon sequestration）的数量；基于有效生态系统的治理，大量增加蓝碳生态系统的区域；投入 4000 万美元，用于保护和修复海洋及沿岸栖息地，提高碳储存和碳固定的能力。《蓝碳倡议》致力于发展全球伙伴关系，以推动海洋和沿岸生态系统的治理，确保维持碳储存和碳固定，减少温室气体的排放。蓝碳的生态系统治理应该被纳入全球气候变化减缓的讨论和筹资中。[2]

澳大利亚意识到了蓝碳生态系统的重要性，并开始重视对于蓝碳生态系统保护的合作。在过去的五年，研究者、政策制定者及其他人员为了保护和恢复蓝碳生态型整合进全球解决气候变化体系的努力，已经建立了科学、政策、金融和沿岸治理路径的基础。然而，欲实现这一设想，国际社会需要协调努力。在 2015 年巴黎气候变化会议期间，澳大利亚发布了《蓝碳国际伙伴》（International Partnership for Blue Carbon）。它的目的是使政府、非营利组织、政府间组织、学术机构集合在一起，以推动保护海洋和沿岸蓝碳生态系统的行动。蓝碳生态系统被认为扮演着多重角色，包括减缓气候变化、保障生物多样性、保护食物安全、延续生存方式。比如，SDG14 致力于为了可持续发展，保护和可持续利用海洋和海洋资源。《蓝碳国际伙伴》包括三个重点：建构意识、交换知识、推动实际行动。[3]《蓝碳国际伙伴》并不是一个资助机构，而是致力于为蓝碳项目建立强有力的

---

① 《2017 蓝碳国际论坛厦门召开　林山青出席开幕式并致辞》，国家海洋局，2017 年 11 月 6 日，http：//www. soa. gov. cn/xw/hyyw_ 90/201711/t20171106_ 58814. html.
② "Blue Carbon Initiative"，Partnerships for the SDGs，https：//sustainabledevelopment. un. org.
③ Blue Carbon Partnership, *Strategic Plan*, October 2016, p. 4.

有利环境，以吸引资助和支持，并成功执行这些项目。① 蓝色经济通道沿线国家可以考虑加入《蓝碳国际伙伴》。在此框架内，沿线国家尝试建立保护南太平洋蓝碳生态系统的合作机制。目前，《蓝碳国际伙伴》的成员主要有澳大利亚、印度尼西亚、哥斯达黎加、蓝碳倡议（国际自然保护联盟、联合国教科文组织）、全球研究信息数据库、南太平洋区域环境署、太平洋岛国论坛、全球气候研究所。《蓝碳国际伙伴》的成员将制定"路线图"（roadmap），以指导它们的工作，并努力吸纳新的成员。②

当下，中国与太平洋岛国并没有双边关于保护蓝碳生态系统的合作，因此，加入《蓝碳国际伙伴》可以有效借助其举措、倡议等，发挥中国在保护蓝碳生态系统中的优势。对于如何推动国际合作，中国提出了三点建议。"一是深化认识，凝聚共识。期待中国在内的各国科学家、政策制定者共同努力，不断探讨和完善蓝碳的理论、方法和政策体系，为政策制定和实施提供强有力的支撑。二是交流互鉴，取长补短。世界各地的海洋生态系统丰富多彩，各国人民认识、利用海洋的方式不尽相同，蓝碳的发展也呈现出地域性、阶段性和多样性的特征，这为应对气候变化提供了更为丰富的思路和途径，中国希望与世界各国和国际组织一起，继续推进蓝碳领域国际交流。三是加强合作，共同推进。对于全球气候治理而言，蓝碳既是热点又是新生事物，需要加强各国政府、国际组织、科学家间的合作，共同阐释适应和减缓气候变化的机制，共同探索有效保护和增加蓝碳的手段和途径，以蓝碳为切入点推进海洋生态保护、海洋食物生产、海洋防灾减灾等不断走向深入。"③ 除了澳大利亚和新西兰之外，中国—大洋洲—南太平洋蓝色经济通道沿岸国家都是发展中国家，这些国家都面临着节能减排和海陆环境污染等问题。而推进沿线国家关于蓝碳的合作将把中国的科技优势，融入沿线国家，这将有助于太平洋岛国解决环境问题，克服自身存在的先天脆弱性。中国的蓝碳研究在世界上处于领先的地位。中国广阔的海域、丰富的生物多样性、雄厚的产业基础和扎实的科研条件，为发展蓝碳奠定了坚实的基础。

同时，沿线国家应该加强共同开展海洋和海岸带蓝碳生态系统监测、

① "International Partnership for Blue Carbon Foundational Document", Blue Carbon Partnershi, September 2016, https：//bluecarbonpartnership. org.
② "Ausralia Establishes International Partnership for Blue Carbon", Department of Environment, December 2015, http：//pandora. nla. gov. au.
③ 《2017 蓝碳国际论坛厦门召开　林山青出席开幕式并致辞》，国家海洋局，2017 年 11 月 6 日，http：//www.soa. gov. cn.

标准规范与碳汇研究，联合发布 21 世纪南太平洋海上丝绸之路蓝碳报告。中国已经尝试开展蓝碳的联合研究。2017 年，蓝碳国际论坛在中国召开。此次召开的 2017 蓝碳国际论坛是迄今为止我国举办的规模最大的蓝碳学术活动。以"蓝碳发展：科技与责任"为主题，来自中国、美国、澳大利亚、加拿大、西班牙、沙特阿拉伯、印度尼西亚、菲律宾等国家的蓝碳和气候变化领域专家进行了多场学术报告，涵盖了蓝碳生态系统、渔业碳汇、微型生物碳汇等领域，内容涉及基础科学、增汇措施、蓝碳政策、国际事件和碳市场等多个领域。①

四　强化中国与太平洋岛国在海洋领域应对气候变化的合作

"太平洋岛屿地区的环境、经济和社会条件特别脆弱。其中一个环境条件包括气候多样性、气候变化和海平面上升。"② 澳大利亚国防部的格里格·麦克弗森（Greg MacPherson）探讨了南太平洋气候变化的区域安全影响。"气候变化是许多太平洋岛国生存和生活的一个现存威胁。2100 年之前，海平面上升将会淹没一些地势低洼的环礁国家。在太平洋地区，气候变化正在影响环境，并增加自然灾害的影响。几个世纪以来，太平洋岛民社区一直在适应极端、变化的环境条件。然而，气候变化是一个'压力倍增器'，加剧了当下的脆弱性和不稳定性。"气候变化还会影响生物安全、水短缺、自然灾害频率、海平面上升和能源安全。太平洋地区加剧的气候变化影响出现了自然的气候模式，影响了太平洋的风和气候温度。澳大利亚《2016 年防务白皮书》把气候变化强调为南太平洋地区国家不稳定的一个主要诱因。南太平洋地区整体上比较脆弱，这体现在了《联合国人类发展指数》中的后半区绝大部分是太平洋岛国。气候变化通过削弱政府维护安全的能力，可以影响南太平洋地区的安全。大部分太平洋岛国需要国际援助来应对自然灾害。随着自然灾害的日益频繁，太平洋岛国对援助的依赖也相应增加。③

2017 年 10 月，瑙鲁总统巴伦·迪瓦韦西·瓦卡（Baron Divavesi Waqa）指出，"作为一个区域，我们通过集体行动和国际舞台上的一种声

---

① 《治理蓝碳垃圾　加强蓝碳建设》，人民网，2017 年 11 月 6 日，http：//env. people. com. cn.

② SPC, FFA, PIFS, SOPAC, USP, SPREP, *Pacific Islands Regional Ocean Policy and Framework for Integrated Strategic Action*, 2005, p. 4.

③ Greg MacPherson, "Regional Security Implications of Climate Change and Natural Disasters in South Pacific", Indo – Pacific Strategic Digest, 2017, http：//www. defence. gov. au.

音，团结一致。我们处于气候变化影响的最前沿。近年来的飓风、海啸、地震的毁灭性影响导致了小岛屿经济的重大损失，这需要几十年的时间来建设。然而，气候变化的影响不止于此。日益上涨的海平面使土地减少，水体盐分的增加影响了食物安全，土地的消失威胁着国家主权[①]。第 41届太平洋岛国论坛峰会把气候变化作为一个重要的议题。"气候变化是太平洋人民生存、生活和幸福的最大威胁。……短期内，气候变化对传统的工业增长或政治任期的影响很难描述，但长期内，气候变化对世界的经济和社会可持续性有着重要的影响。论坛成员国正在国家、区域、国际层面上采取持续、集中的举措，以解决气候变化对太平洋社区和人民的影响。论坛领导人意识到了在各个层面上采取气候变化减缓举措的重要性，特别是国家层面。"[②] 第 44 届太平洋岛国论坛峰会指出，"气候变化在领导人论坛峰会期间被广泛讨论，包括小岛屿国家领导人峰会。领导人意识到了需要强化国家体系，以规划获取、发送、监测气候变化的投资。它们呼吁援助者和发展伙伴对气候变化的融资进行报道。气候变化已经到来。它是太平洋人民生活、生存和幸福的最大威胁，也是整个世界面临的最大挑战之一"[③]。第 46 届太平洋岛国论坛峰会对于气候变化的担忧比较强烈。"论坛领导人十分担忧气候变化，认为这将是太平洋人民生活、生存和幸福的唯一重大威胁。他们呼吁在第 21 届巴黎气候变化会议上制定有法律意义的规范。在全球平均温度增加了 0.85℃ 的情况下，太平洋岛国正面临气候变化的恶劣影响。"[④] 第 47 届太平洋岛国论坛峰会同样指出，"考虑到该地区在面对气候变化时的脆弱性，论坛领导人强调了它们在国际舞台上以一个声音说话的重要性。气候变化加剧了自然灾害的影响和规模。它威胁到了太平洋岛国的生存……气候变化和自然灾害危机增加了太平洋人民的脆弱性，极大地破坏了太平洋地区的可持续发展"[⑤]。太平洋共同体指出，"未来几十年内，气候变化对经济和社区具有重要及毁坏性的影响。一些预测指出，由于营养不良、疟疾、腹泻、高温胁迫，全球将有 25 万人死亡并

---

① "Climate Change and Disaster Risk Management", Pacific Islands Forum Secretariat, http://www.forumsec.org.

② Pacific Islands Forum Secretariat, *Forum Communique*, Vanuatu: Villa, August 2010, p. 2.

③ Pacific Islands Forum Secretariat, *Forum Communique*, Marshall Island: Majuro, September 2013, p. 2.

④ Pacific Islands Forum Secretariat, *Forum Communique*, Papua New Guinea: Port Moresby, September 2015, pp. 3 - 7.

⑤ Pacific Islands Forum Secretariat, *Forum Communique*, Micronesia: Pohnpei, September 2016, pp. 3 - 7.

造成 2 万多亿美元的损失。"气候变化和环境适应性项目"（Climate Change and Environmental Sustainability）支持强化科技援助和战略协作，目的是在南太平洋地区与主要成员国和援助者一道执行气候变化适应和减缓工程"①。

《"一带一路"建设海上合作设想》确定了中国与蓝色通道沿线国家加强海洋领域应对气候变化合作的重点内容。"推动开展海洋领域的循环低碳发展应用示范。中国政府支持沿线小岛屿国家应对全球气候变化，愿意在应对海洋灾害、海平面上升、海岸侵蚀、海洋生态系统退化等方面提供技术援助，支持沿线国家开展海岛、海岸状况调查与评估。"②

第一，推动蓝色经济通道沿线国家在应对南太平洋气候变化方面上的合作。

沿线国家都对关于气候变化的国际合作发布了相关的文件。太平洋岛国虽然受气候变化的影响比较明显，但它们在全球气候治理方面处于领先地位。《针对太平洋地区气候弹性发展的框架》（*Framework for Resilient Development in the Pacific*）是南太平洋地区的区域战略，倡导低碳发展和气候变化与灾害风险危机治理的联合路径。该框架是一个自发的非政治框架，在与南太平洋地区气候变化灾害危机治理相关议题中，支持协作与行动。它的目的是在地区、国家、国际层面上推进联合、协作的路径。同时，它同样与国际层面上的气候规范高度匹配，比如《巴黎协定》《小岛屿国家快速行动模式》（Small Islands Developing States Accelerated Modalities of Action Pathway）、《2030 年可持续发展议程》《针对灾害危机减缓的仙台框架》。③ 2015 年，国务院发布了《"十三五"控制温室气体排放工作方案》，对于推进中国与国际社会的合作，提出了一些具体举措。"一是深度参与全球气候治理。积极参与落实《巴黎协定》相关谈判，继续参与各种渠道气候变化对话磋商，坚持'共同但有区别的责任'原则、公平原则和各自能力原则，推动《联合国气候变化公约》的全面、有效、持续实施，推动建立广泛参与、各尽所能、务实有效、合作共赢的全球气候治理体系，推动落实联合国《2030 年可持续发展议程》，为我国低碳转型创造良

---

① "Climate Change and Environmental Sustainability", Pacific Community, https：//www. spc. int/cces.

② 《"一带一路"建设海上合作设想》，新华网，2017 年 6 月 20 日，http：//www. xinhuanet. com.

③ "Climate Change and Disaster Risk Management", Pacific Islands Forum Secretariat, http：//www. forumsec. org.

好的国际环境。二是推动务实合作。加强气候变化领域国际对话交流，深化与各国的合作，广泛开展与国际组织的合作。深入务实推进应对气候变化南南合作，设立并用好中国气候变化南南合作基金，支持发展中国家提高应对气候变化和防灾减灾能力。三是加强履约工作。做好《巴黎协定》国内履约准备。按时编制和提交国家信息通报和两年更新报，参与《联合国气候变化公约》下的国际磋商和分析进程。"[①] 中国在太平洋岛国的气候适应性项目主要集中在斐济、萨摩亚和巴布亚新几内亚。太平洋地区战胜气候变化需要同包括中国在内的国际伙伴进行合作，主要是因为该地区的气候适应性项目严重依赖来自国际社会的投资。南南合作的需求非常大。虽然中国目前没有一个协调的针对太平洋地区的气候变化适应性项目，但它每年都对南太平洋区域环境署进行支持气候适应性的援助。[②] 同时，中国为南太平洋地区的政府官员进行关于自然灾害方面的培训。[③]

中国、澳大利亚、新西兰及太平洋岛国可以考虑在"太平洋弹性伙伴关系"（Pacific Resilience Partnership）的基础上，建构新的弹性伙伴关系。"太平洋弹性伙伴关系"把《针对太平洋地区气候弹性发展的框架》中的政策，落地为行动。该伙伴关系把与气候变化、灾害危机治理及可持续发展有关的利益相关群体和社区聚合在一起，分享经验和教训，相互协作，目的是实现太平洋地区建构气候和灾害弹性的集体目标。[④]

第二，对太平洋岛国在海洋灾害、海平面上升、海岸侵蚀、海洋生态系统退化等方面提供技术援助。目前，澳大利亚通过"太平洋地区项目"（Pacific Regional Program）对太平洋岛国提供整体性的援助，而不是局限于某一个国家。据估计，澳大利亚在2018—2019年通过"太平洋地区项目"向太平洋地区提供了2.613亿美元的援助。作为太平洋双边项目的补充，"太平洋地区项目"支持一个稳定、和谐、繁荣的太平洋。该项目采取解决一系列区域发展和经济增长挑战的地区路径。太平洋地区对自然灾害和气候变化的影响特别脆弱。气候变化与海洋密切联系在一起。海洋酸化、海平面上升和极端气象事件直接影响着鱼类资源、珊瑚礁、红树林，

---

① 《国务院关于印发"十三五"控制温室气体排放工作方案的通知》，中华人民共和国中央人民政府，2016年10月27日，http://www.gov.cn。

② 2012—2014年，中国每年对 SPREP 项目的援助为15万美元。

③ UNDP, *China's South – South Cooperation with Pacific Island Countries in the Context of the* 2030 *Agenda for Sustainable Development*, Series Report：Climate Change Adaptation, 2017, p. 11.

④ "Climate Change and Disaster Risk management", Pacific Islands Forum Secretariat, http://www.forumsec.org.

并对旅游业、海洋边界、安全、生存有着潜在的影响。澳大利亚对太平洋地区提供技术和资金支持,有助于推动气候弹性和防灾预案。比如,澳大利亚气象局为14个太平洋岛国的国家气象服务局(National Meteorological Services)提供气象、海平面监测及早期预警服务。澳大利亚帮助太平洋岛国在《巴黎协定》的框架内实现"国家自主贡献"(Nationally Determined Contributions)及执行《针对灾害危机减缓的仙台框架》中的承诺。① "国家自主贡献"是各方根据自身情况确定的应对气候变化行动目标。中国在《平潭宣言》中表达了对太平洋岛国防灾减灾的支持。"加强中国与小岛屿国家开展应对海平面上升、海啸、风暴潮、海岸侵蚀、海洋酸化等方面的合作研究和调查。合作开展全球气候变化背景下海平面变化趋势监测与研究。"② 新西兰特别关注国内以及邻近的太平洋岛国的气候变化,并致力于为发展中国家提供应对气候变化的举措。2015—2019年,新西兰为发展中国家提供了与气候相关的2亿美元的援助。援助的途径主要是:双边发展援助、重视气候变化的太平洋区域组织、重视气候变化的多边组织和项目(包括《联合国气候变化公约》、世界银行、亚洲开发银行、联合国开发计划署)。2019—2022年,新西兰将大幅提高对太平洋岛国的官方发展援助。此援助将主要聚焦于帮助太平洋国家减少气候变化影响的脆弱性、建构气候弹性、实现减排目标。新西兰与气候相关的援助集中在支持太平洋小岛屿发展中国家的活动。该地区对气候援助的需求最大,而且新西兰同该地区有着联系,可以发挥实际的作用。新西兰大部分气候援助通过"新西兰援助项目"(New Zealand Aid Programme)来实现,是其双边援助的一部分。③

　　中国、澳大利亚、新西兰及太平洋岛国应该共同协作,通力合作,共同应对气候变化的影响。正如澳大利亚所言,"单独一个国家不可能解决太平洋岛国面临的许多挑战。地区路径是最有效、效率最高的路径"④。"太平洋地区项目"是蓝色经济通道沿线国家共同应对气候变化影响的合适载体或平台。"'太平洋地区项目'是由《太平洋区域主义框架》形成

---

① "Development Assistance in the Pacific", Australia Government Department of Foreign Affairs and Trade, https://dfat.gov.au.

② 《中国—小岛屿国家海洋部长圆桌会议举行,发布〈平潭宣言〉》,新华网,2017年9月21日,http://www.fj.xinhuanet.com.

③ "At Home and in the Pacific", New Zealand Foreign Affairs & Trade, https://www.mfat.govt.nz.

④ "Development Assistance in the Pacific", Australia Government Department of Foreign Affairs and Trade, https://dfat.gov.au.

的。该框架是太平洋岛国论坛领导人追求区域主义深度规范的一个承诺，目的是解决太平洋岛国面临的共同挑战、利用集体力量、为所有太平洋人民带来益处。"太平洋地区项目"足够灵活，以满足太平洋岛国的新需求"①。

第二节　共创依海繁荣之路

促进发展、消除贫困是蓝色经济通道沿线国家人民的共同愿望。沿线国家应发挥各国的比较优势，科学开发利用海洋资源，实现互联互通，促进蓝色经济发展。南太平洋拥有丰富的海洋资源、深海资源，并处于日渐繁忙的海上交通线及能源运输通道上，因此是沿线各国实现共同繁荣的一条大道。太平洋共同体在《2016—2020 年战略计划》中确定了自身的发展目标和理念："太平洋共同体同意太平洋岛国论坛领导人在《太平洋区域主义框架》中通过的理念——我们的太平洋愿景是追求一个和平、和谐、安全、繁荣的地区，太平洋人民可以过上幸福、健康的生活。"② 海洋是人类的共有财产，共创依海繁荣之路就是沿线国家合理、可持续利用人类的共有财产。"意识到海洋是人类的共同财产有助于科学分配海洋资源。这些海洋资源应该被共享。邻近沿海地区的居民应该是分配海洋资源的主要基础，正如 200 海里 EEZ 所确定的原则。邻近每个海洋区域的人口都有利用这些海洋资源的权利。"③ 同时，海洋资源作为一种国际公共产品，沿线国家应该合理分配这种公共产品，做到共同繁荣，共同维护公共产品的安全。共创依海繁荣之路，不是过度开发海洋资源，而是在保护海洋资源的基础上，可持续地利用海洋资源。"不加节制地开发海洋资源，以满足工业化的需要，应当被禁止。有必要珍惜和充实海洋财富，以便我们的子孙后代有一个富饶的海洋环境。"④

---

① Australia Government Department of Foreign Affairs and Trade, *Aid Investment Plan*, 2015, p. 6.

② SPC, *Pacific Community Strategic Plan 2016 - 2020*, New Caledonia：Noumea, 2015, p. 2.

③ Jon M. Van Dyke, Durwood Zaelke, Grant Hewison, *Freedom for the Seas in the 21ˢᵗ Century*：Ocean Governance and Environmental Harmony, Washington, D. C.：Island Press, 1993, p. 19.

④ Jon M. Van Dyke, Durwood Zaelke, Grant Hewison, *Freedom for the Seas in the 21ˢᵗ Century*：Ocean Governance and Environmental Harmony, Washington, D. C.：Island Press, 1993, p. 4.

一 加强海洋资源的开发利用合作

陆地发现的矿产，在海洋里几乎都有蕴藏，目前能够显示海洋矿产重要地位的是海底石油天然气、锰结核和各类热液矿产、滨海与浅海砂矿、海底煤矿以及海水中的矿物。其藏量之大，前景之广阔，已不容置疑。在海洋矿产资源里，有的是现代技术手段可以开采的资源，有的是潜在资源。在已开发的矿产中有海底石油天然气、砂矿、海底煤矿等，海滨与浅海砂矿是当下投入开发的第二大矿种。海洋砂矿品种繁多。海洋矿产资源中，更大量的是潜在资源，比如被称为 21 世纪矿产的大洋锰结核、海底热液矿产、富钴结核等。大洋锰结核，富含锰、铜、钴、镍四种金属，储量巨大，估计在 3 万亿吨左右，太平洋底最为富集。此项资源对世界未来发展的矿物需求关系极大。海洋里的矿产资源不仅种类多，而且数量大，只要技术和社会经济能力具备，海洋可以成为社会物质生产的原材料基地。[1] 阿黛尔伯特·瓦勒格把海洋视为一个资源储蓄池："海洋是一个巨大的资源蓄水池。来自渔业和水产业的生物资源在供养大部分人口方面扮演着关键角色，特别是对于发展中国家而言。自 20 世纪 60 年代深海采矿以来，近海石油和天然气资源的勘探一直在进行。海底石油和天然气比陆地资源更能满足世界能源和石油化工的需求。深海矿产，包括铁、铜、锌及其他许多金属，相比较陆地的矿产，储量更大。在 20 世纪 70 年代期间，对于海洋资源在供养子孙后代方面关键角色的认知，国际社会已经达成共识。此期间的工业化开始下降，后工业化组织开始取而代之。两个重大发现引发了这种认知。第一，在遥感技术的支持下，深海海底的开采在 4000—6000 米的深度发现了锰结核；第二，生物知识和生物工程技术的完善开始为养殖业注入强劲动力。自此，海洋开采的新边疆一直被定向为开采生物及非生物资源，对社会和经济组织产生了前所未有的影响。"[2] 南太平洋地区有着丰富的渔业资源、深海资源等。可持续利用这些海洋资源将有助于实现沿线国家的共创依海繁荣之路。

国际深海区域是人类尚未充分认识和利用的最大潜在战略资源基地。进入 21 世纪之后，国际深海区域的战略重要性日益凸显。海洋高科技的迅猛发展，引发了海洋开发的新热潮，推动了现代海洋产业的发展。4000

---

[1] 鹿守本：《海洋管理通论》，海洋出版社 1997 年版，第 10—11 页。

[2] Adalberto Vallega, *Sustainable Ocean Governance：A Geographical Perspective*, London：Routledge, 2001, pp. 82 - 83.

米左右深度的"深海洋盆"占据了海洋面积的绝大多数，而绝大多数"深海洋盆"是国际公共海底，能否开采主要取决于海洋科技水平和装备水平。海洋科考离不开深海作业技术，发展深海作业技术已经成为未来发展的新动向。南太平洋蕴藏着丰富的深海资源，是海洋科考的新领地。截至目前，在太平洋岛国管辖的海域内，已知探明的深海矿床类型主要有三种，主要是海底热液矿床、多金属锰结核和钴结核。海底热液矿床主要是海底活跃以及不活跃的火山口沉积出的矿物质，包括铜、铁、锌、银等，这也被称为海底大型硫化矿。大多数热液硫化物矿床规模较小，但是也有的矿床规模较大。太平洋岛国拥有大型硫化矿的有斐济、巴布亚新几内亚、所罗门群岛、汤加和瓦努阿图。其中，巴布亚新几内亚比斯马克海域曼纳斯与新爱尔兰海盆具有金属品位相当高的热液硫化物矿床，矿床品位远远高出陆地矿床和多金属结核的品位。太平洋是多金属锰结核分布最广、经济价值最高的地区。多金属锰结核多出现在4000—6000米的深海，这些锰结核包含钴、铜、铁、铅、锰、镍和锌的混合体。它们大多出现在库克群岛和基里巴斯附近的海域，少量出现在纽埃和图瓦卢附近的海域。钴结核含有贵重金属和稀土元素。钴结核是深海中一种重要的矿产资源。1980年，德国与英国第一次使用"索纳"（Sonne）号科考船进行海洋调查时，在太平洋发现了钴结核，并指出了其中巨大潜在的经济价值。它们通常出现在400—4000米的海域，大多集中在基里巴斯、马绍尔群岛、密克罗尼西亚、纽埃、帕劳、萨摩亚和图瓦卢。[1] 20世纪早期，多金属结核在太平洋海底被大量首次发现，它们被看作巨大财富的来源。特别是发展中国家把矿床视为消除贫困的潜在收入来源，并通过缩小南北差距来建立国际经济新秩序。据推测，深海海床采矿通过提供资金和其他所有国家都均等分配的经济收益，助推全球可持续发展。[2]

　　海洋资源对南太平洋地区人民食物的重要来源、政府收入的重要支柱。[3]"近几十年来，该地区旅游业、渔业资源、珊瑚礁捕捞及陆地资源的开采大幅增加。尽管大部分区域是广阔的海洋，但其岛屿和群岛从东亚、东南亚、澳大利亚、新西兰延伸至美洲，进入了融入世界贸易的阶段。该地区在全球化进程中扮演着关键角色。在如此广阔群岛水域、专属渔业区

① The World Bank, *Precautionary Management of Deep Sea Mining Potential in Pacific Island Countries*, 2016, p. 15.
② Rakhyun E. Kim, "Should Deep Seabed Mning Be Allowed?", *Marine Policy*, Vol. 82, 2017, pp. 134 – 135.
③ SPC, *Eighteenth Regional Technical Meeting on Fisheries*, New Caledonia: Noumea, 1986, p. 1.

域和专属经济区内试验的治理模式被认为是深海治理后现代路径的序幕。"① 然而，太平洋岛国的许多自然资源属于公有，界线并没有清晰界定或正式划定，使其在现代世界自然资源治理和使用中面临着特殊的挑战。② 太平洋共同体确定一个发展目标是太平洋人民可以从可持续发展中受益。一个重要举措要强化对自然资源的可持续利用和治理，主要的资源包括渔业、森林、矿产、水等。③ 梅格·泰勒在世界海洋日的时候发表了关于"了解我们海洋"的评论，强调了海洋对于太平洋岛国的重要性。"我们共享一个海洋。我们无限地从海洋中受益，从饭桌上的食物到论坛成员国的经济。海洋对我们子孙后代及人类的未来至关重要。"④《太平洋岛国区域海洋政策与针对联合战略行动的框架》确定的第二项原则为可持续发展和治理对海洋资源的利用。"太平洋岛屿社区严重依赖各种海洋资源和海洋提供的社会、文化、经济安全服务。这不仅包括对生物资源及非生物资源采掘性地利用（extractive use），而且包括非采掘性地利用，比如交通和联系、废弃物处理、娱乐和旅游业、文化活动。新研究、技术和市场正在创造获取、利用海洋及其资源的机会。为了保护太平洋岛屿地区的海洋及长久维护海洋的健康，我们采取预防性治理举措是必要的，目的是确保可持续利用海洋及其资源。"⑤

对蓝色经济通道沿线国家而言，拓展蓝色空间的一个重要路径是加强在南太平洋的海洋资源开发利用与合作。近年来，中国与澳大利亚、新西兰、太平洋岛国的战略合作伙伴关系得到了很大的提升，双方在深海资源开发、远洋渔业等方面的合作正稳步推进。自20世纪90年代以来，中国已经在东太平洋海盆进行了多次海底矿产勘查，经联合国国际海底管理局批准，获得了7.5万平方千米海底矿区的优先采矿权。在中国大洋矿产资源中长期勘查规划中，除做好2020年前后多金属结核的商业性开采的技术储备之外，2008—2015年，主要是进行东太平洋麦哲伦海山区多金属结核资源的调查评价，向国际海底管理局申请矿区和三大洋中脊两侧热液活动区的多金属硫化物矿床的调查评价，并开展与太平洋岛国海底矿产资源

① Adalberto Vallega, *Sustainable Ocean Governance*: *A Geographical Perspective*, London: Routledge, 2001, p. 113.

② Vina Ram – Bidesi, Padma Narsey Lal, Nicholas Conner, *Economics of Coastal Zone Management in the Pacific*, New Caledonia: Noumea, March 2011, pp. 10 – 11.

③ SPC, *Pacific Community Strategic Plan 2016 – 2020*, New Caledonia: Noumea, 2015, p. 5.

④ "Know Our Ocean", Pacific Islands Forum Secretariat, https://www.forumsec.org.

⑤ SPC, FFA, PIFS, SOPAC, USP, SPREP, *Pacific Islands Regional Ocean Policy and Framework for Integrated Strategic Action*, 2005, p. 6.

的双边、多边合作勘查。① "海洋六号"科考船 2017 年首次在南太平洋开展地质调查，发现新的富集稀土的深海沉积物，开辟了深海地质调查新区域，并拓展了中国在国际海底区域的资源战略空间。② 澳大利亚和新西兰对南太平洋地区海洋资源开发的参与有着很长的历史。"20 世纪 80 年代，苏联和利比亚尝试建立海底矿床勘探基地。苏联一直拉拢太平洋岛国。作为回应，苏联向太平洋岛国提供在南太平洋海底矿床勘探，美国、澳大利亚、新西兰成立了一个三方机构，目的是向太平洋岛国提供类似的援助。在南太平洋近岸矿产联合勘探协调委员会（Committee for the Co - ordination of Joint Prospecting for Mineral Resources in South Pacific，CCOP/SOPAC）的支持下，它们的目的得以实现。这个三方机构主要关注南太平洋海洋矿产和油气资源的绘图和开采。"③ 中国、澳大利亚、新西兰可以对接《太平洋岛国区域海洋政策与针对联合战略行动的框架》中的原则、倡议，结合区域海洋治理的规范，共同推进南太平洋海洋资源的开发利用合作，建立合作伙伴关系。该框架"倡议建立关于海洋问题的高层次领导，并承诺有效治理海洋资源。具体而言，一是制定一个包括融资在内的建议，建立区域监察专员（Ombudsman），主要调查与海洋相关的发展，依据一致性原则，并向论坛成员国报告；二是推动关于海洋问题的高层次领导，并承诺有效治理海洋资源；三是把海洋问题融入国家和区域章程；四是为领导者、高层决策及政策制定者，建立关于海洋问题的专业发展项目"④。

　　蓝色经济通道沿线国家可以尝试以南太平洋地区的海床采矿为样板，探索建立全球资源的可持续治理。"全球资源治理真空需要被填补。目前，没有任何国际组织为了子孙后代，被授权规划、监督对地质稀缺资源的保护和可持续利用。只有一些国际机构扮演着有限咨询的角色，比如国际资源小组（International Resource Panel），关于采矿、金属和可持续发展的政府间论坛（Intergovernmental Forum on Mining，Minerals，Metals and Sustainable Development）。国际海底管理局应当与新成立的国际组织合作，并协调采矿活动的国际条例。采取新的关于采矿的国际协议、减少非可持续的

---

① 莫杰、刘守全：《开展南太平洋岛国合作勘查开发深海矿产资源》，《中国矿业》2009 年第 6 期。

② 《我国极地科考新模式收获丰硕成果》，新华网，2017 年 4 月 14 日，http：//www.xinhuanet.com.

③ Biliana Cicin - Sain，Robert W. Knecht，"The Emergence of a Regional Ocean Regime in the South Pacific"，*Ecology Law Quarterly*，Vol. 16，Issue 1，1989，p. 181.

④ SPC，*Pacific Community Strategic Plan 2016 - 2020*，New Caledonia：Noumea，2015，p. 10.

开采活动是有必要的。"① 因此，中国、澳大利亚、新西兰可以强化与国际海底管理局的合作，探索以南太平洋地区为支点，建立全球海洋资源治理机制，这也是全球海洋治理的迫切需要。沿线国家还需加强与太平洋共同体地球科学部（SPC Geoscience Division，SPC-GSD）的合作。太平洋共同体地球科学部于 2011 年 1 月开始运营，其目标是应用科技提高太平洋社区的生活水平。② 太平洋共同体地球科学部下属的"针对发展项目的地球科学"（Geoscience for Development Programme）为太平洋共同体成员国提供应用的海洋、岛屿和沿岸地球科学服务。这些技术服务主要是应对成员国在发展、治理和监测自然资源及特殊的岛屿环境体系和进程中的技术要求。地球科学部帮助成员国治理和发展自然资源、增强对自然灾害的适应性、获取基于数据的适应性路径。地球科学部在南太平洋地区具有独特性。它通过灵活、整合型的路径，维持、提供专业技术、工具和服务，致力于满足太平洋岛屿社区和环境的需求。地球科学部提供的服务主要有海洋和沿岸资源的特殊性描述、资源利用方案和监测，为了海洋和沿岸资源政策的战略联系和咨询规定，在技术、研究和发展援助方面与区域和国际伙伴战略联盟等。③ 由于澳大利亚和新西兰都是太平洋共同体的成员国，因此它们可以获得太平洋共同体地球科学部的援助。未来，中国应该主动发展与太平洋共同体地球科学部的关系，充分利用其所具备的专业优势。中国可以考虑对太平洋共同体地球科学部进行资金支持，来建构与其的良好关系。目前，太平洋共同体地球科学部主要由成员国及以下援助者提供资金支持：澳大利亚、斐济、加拿大、法国、爱尔兰、日本、新西兰、美国国际开发署、英国、欧盟及一些联合国机构。④ 中国在《2016—2020 年全国矿产资源规划》中体现了积极参与国际海底矿产资源开采合作的思想："落实海洋强国战略，维护国家海洋权益，大力加强海洋基础地质调查，加快研发深海资源勘查技术，积极推进海域油气勘探开发。积极参与国际海底矿产资源综合调查，加快推进大洋矿产资源勘查开发。"⑤ 中国企业已经在巴布亚新几内亚、斐济、新喀里多尼亚和所罗门群岛投资了 7 个

① Rakhyun E. Kim, "Should Deep Seabed Mining Be Allowed?", *Marine Policy*, Vol. 82, 2017, p. 136.

② "SPC GeoScience Overview", SPC – GSD, March 29, 2010, http：//gsd. spc. int.

③ "GeoScience for Development Programme", SPC – GSD, March 30, 2010, http：//gsd. spc. int.

④ "SPC GeoScience Overview", SPC – GSD, March 29, 2010, http：//gsd. spc. int.

⑤ 自然资源部：《2016—2020 年全国矿产资源规划》，2015 年，第 22 页。

陆地开采项目。2017 年 5 月，中国五矿集团与国际海底管理局签署了一项为期为 15 年的合同，获准在太平洋克拉里昂—克利珀顿断裂带 72745 平方千米的地区搜寻多金属结核。

作为南太平洋地区最具影响力的国家，澳大利亚在海洋资源开发利用中扮演着重要的角色。因此，澳大利亚在推动沿线国家加强海洋资源开发利用合作中的驱动作用不容忽视。在海洋环境的治理、保护与可持续利用方面，澳大利亚是一个世界的领导者。它积极参与国际海洋论坛的各种活动，通过确保国际和地区层面上的有效的、补充性的路径，来推动澳大利亚的利益。大洋洲地区在东帝汶、阿拉弗拉海、珊瑚海、印度洋国家、东南亚国家、太平洋岛国有共同的海洋边界。澳大利亚与邻国共享许多海洋资源，并意识到了只有通过区域层面上的合作，才能可持续利用海洋资源、保护海洋生物多样性。在亚太地区，澳大利亚积极参与许多环境组织或协议。

深海海床采矿正处于试验阶段，对海洋的影响仍不得而知，而海洋是地球生命保障系统的重要组成部分。新近出现的风险是假定日益增加的金属需求有助于发达国家、发展中国家及子孙后代。从全人类的角度出发，是否迫切需要对深海资源进行商业化开发，仍存有疑问。现在仍不确定深海采矿能否推动世界各国及人民的福利。面对深海采矿对海洋生态系统的不确定性，科学家已经提出要谨慎对待深海采矿。深海采矿对环境的潜在不利影响将超过任何来自金属需求的潜在收益。[1] 基于这种考量，中国、澳大利亚、新西兰及太平洋岛国应该依据国际法的预防性原则，严禁大规模进行深海采矿，在加强海洋资源开发利用合作的同时，注意保护海洋资源。《南太平洋地区自然资源和环境保护公约》明确强调了这一点。"各方应该意识到为了当代及子孙后代保护自然遗产的责任。同时，寻求确保资源发展与地区环境质量及持续的资源治理发展原则相一致。第八条规定指出：'各方应该采取合适的措施，阻止、减少、控制由开采海床资源所直接或间接引起的污染'。"[2] 欧盟对于海床资源开发也提及了这一点："海底矿产资源的储量非常大。海床采矿要注意确保供应安全。"[3]

---

[1]　Rakhyun E. Kim, "Should Deep Seabed Mining Be Allowed?", *Marine Policy*, Vol. 82, 2017, p. 136.

[2]　SPREP, *The Convention for the Protection of the Natural Resources and Environment of South Pacific Region*, New Caledonia: Noumea, 1986, pp. 1 - 8.

[3]　"Seabed Mining", EU, https://ec.europa.eu.

二　提升海洋产业合作水平

近几十年来，海洋经济显著增长，对世界经济的影响与作用大幅度提高。海洋开发利用所产生的经济与社会效果，已不能与往昔同日而语。在海洋开发行业中，有的已可左右世界某些经济部门的运行，有的能够严重影响某些经济领域发展的形势，甚至冲击生产和市场等。比如，海洋交通运输业，在现代世界经济发展中，国家间经贸迅速增长，贸易是发展、繁荣经济的主要动力。① 如前所述，南太平洋拥有丰富的海洋资源，蕴藏着巨大的财富。然而，目前，该地区的小岛屿国家仍非常脆弱，并限制了海洋产业的发展。太平洋岛国面临的经济方面的脆弱性主要包括陆地面积有限、淡水资源短缺、市场规模小、严重依赖进口、商品世界价格的不断变动、相互之间处于孤立的状态、远离重要的国际市场等。② 提升蓝色经济通道沿线国家的海洋产业合作水平虽然面临着诸如此类的限制，但仍然具有很大的空间和美好的前景，这也契合了《小岛屿国家快速行动模式》。"基于小岛屿发展中国家完善自然资源治理的强烈愿望，《小岛屿国家快速行动模式》探讨了海洋经济的概念，并把其视为实现可持续发展和减缓贫困的手段。海洋和海洋经济受到了很大的关注。海洋经济或蓝色经济源于绿色经济的概念，近年来备受关注。小岛屿发展中国家领导人已经意识到了健康的海洋生态系统、森林、生物多样性资源对可持续发展至关重要。"③ 未来，太平洋可以成为中国、澳大利亚、新西兰及太平洋岛国推进海洋产业合作的平台和载体。2010 年，国际自然保护联盟发布了关于《太平洋对太平洋岛国与属地的经济价值》的报告，其中指出了太平洋的重要经济价值。"太平洋拥有复杂的生态系统，提供许多直接或间接的产品和服务，支持 54 个太平洋周边国家和岛屿国家多样的经济活动，涉及的范围包括生存资料、商业性的近岸渔业资源、工业性的离岸渔业资源、海洋旅游业、运输业、采矿业等海洋产业。"④ 中国在《全国海洋经济发展"十三五"规划》中指出，"海洋是我国经济社会发展的重要战略空间，

---

① 鹿守本：《海洋管理通论》，海洋出版社 1997 年版，第 6 页。
② SPC, FFA, PIFS, SOPAC, USP, SPREP, *Pacific Islands Regional Ocean Policy and Framework for Integrated Strategic Action*, 2005, p. 4.
③ Commonwealth Foundation, *The SAMOA Pathway: Recommendations from Commonwealth Civil Society*, 2015, p. 4.
④ IUCN, *Economic Value of the Pacific Ocean to the Pacific Island Countries and Territories*, Switzerland: Glat, 2010, p. 10.

是孕育新产业、引领新增长的重要领域，在国家经济社会发展全局中的地位和作用日益突出。壮大海洋经济、拓展蓝色发展空间，对于实现'两个一百年'奋斗目标、实现中华民族伟大复兴的中国梦具有重大意义。中国应树立海洋经济全球布局观，主动适应并引领海洋经济发展新常态，着力优化海洋经济区域布局，提升海洋产业结构和层次，扩大海洋经济领域开放合作"①。

澳大利亚对海洋产业尤其是蓝色经济也给予了充分的重视，其在题为《2025年海洋国家：支持澳大利亚经济的海洋科学》的报告指出："海洋每年对澳大利亚经济的贡献大约为440亿美元。大部分有价值商品的贸易是通过海洋贸易来完成。2025年之前，澳大利亚海洋产业总价值及生态系统服务预计为每年1000亿美元。为了支持澳大利亚迅速增长的蓝色经济，确保海洋财产的经济、生态系统和文化资源符合澳大利亚的国家利益。世界正面临经济可持续发展的重大挑战，澳大利亚也不例外。克服这些全球挑战的出路在于可持续治理和利用海洋环境，即发展蓝色经济。在蓝色经济的框架下，澳大利亚的海洋生态系统能够带来有效的、平等的、可持续的经济和社会价值。重要的是，澳大利亚的海洋资源可以为子孙后代带来财富、食物、能源和可持续的生活方式。"② 除了澳大利亚之外，海洋产业在新西兰经济中同样扮演着重要的角色。"新西兰的领海复杂且多元。海洋产业是国家经济的主要支柱。作为一个远离国际市场的岛国，新西兰经济几乎全部依赖有效的国际海上运输。"③ 为了提升我国海洋产业合作水平，应做到以下几点。

第一，继续推动中国同澳大利亚的自贸区建设，对接蓝色经济发展战略。中澳自贸区建设有助于提升双方在海洋产业方面的合作。中澳两国应结合自身优势，共同开展包括海洋在内的领域开展产能合作，培育新领域合作亮点。④ 中澳自贸协定谈判于2005年4月启动，历时十年。经过双方共同努力，中澳自贸协定正式签署，为两国分别履行各自国内批准程序、使协定尽快生效奠定了基础。中澳自贸协定实现了"全面、高质量和利益

① 国家海洋局、国家发展改革委：《全国海洋经济发展"十三五"规划》，2017年5月，第1—5页。

② Australia Government Ocean Policy Science Advisory Group, *Marine Nation 2025: Marine Science to Support Australia's Blue Economy*, March 2013, pp. 5 - 9.

③ "Maritime NZ", Minister of Transport, October, 2017, https: //www. beehive. govt. nz.

④ 《中澳总理一致同意尽快生效中澳协定》，国务院，2015年11月21日，http://www. gov. cn.

平衡"目标，是我国与其他国家迄今商签的贸易投资自由化整体水平最高的自贸协定之一。澳大利亚是经济总量比较大的主要发达经济体，是全球农产品和矿产品主要出口国，有着成熟的市场经济体制和与之相匹配的法律制度及治理模式。中澳自贸协定签署，是我国正在加快形成面向全球的高标准自由贸易区网络进程中迈出的重要而坚实的一步，对我国在"新常态"下全面深化改革，构建开放型经济新体制将起到重要的促进作用。这对于推动区域全面经济伙伴关系（RCEP）和亚太自由贸易区（FTAAP）进程以及加快亚太地区经济一体化进程、实现区域共同发展和繁荣具有十分重要的意义。① 2017 年 3 月，中澳同意继续实施好中澳自贸协定，努力打造两国合作"自贸繁荣"新时代。双方将继续深入推进中方"一带一路"倡议与澳"北部大开发"计划以及两国创新战略对接合作，积极拓展能源资源、基础设施、农牧业和科技创新等领域合作。双方签署了《中澳两国政府关于审议中澳自贸协定有关内容的意向声明》。澳大利亚也强调了自贸协定对其带来的益处："中澳自贸协定为澳大利亚进入同中国下一个阶段的经济关系奠定了基础，为澳大利亚开创了在中国的新机会。"②

第二，推动中国与新西兰的自贸区建设。2008 年 4 月，中国与新西兰签署自由贸易协定。同年 10 月，中新自由贸易协定正式实施。2009 年 8 月，中新自贸区联委会第一次会议在惠灵顿举行。2016 年 11 月，中国与新西兰宣布启动自贸协定升级谈判。按照两国领导人共识，2015 年 3 月，双方建立了中新自贸协定升级谈判联合评估机制。在联合评估机制下，双方不断克服分歧，加快磋商进程，于 2016 年提出了《联合评估工作组关于中国—新西兰自由贸易协定升级的建议》。中新自贸协定的升级将进一步推动中新经贸关系发展，提升双边经贸合作水平，更好地造福两国人民，进一步巩固中新全面战略伙伴关系。③ 中新在包括海洋产业在内的各领域合作日益密切，努力打造利益交融新格局。

第三，蓝色经济通道沿线国家推进可持续旅游业。南太平洋地区的热带异域风情、文化和生活方式吸引着世界上成千上万的游客，但绝大部分

① 《中国与澳大利亚正式签署自由贸易协定》，新华网，2015 年 6 月 17 日，http://www.xinhuanet.com.

② "China – Australia Free Trade Agreement"，Australia Government Department of Foreign Affairs and Trade，https://dfat.gov.au.

③ 《中国与新西兰宣布启动自贸区升级谈判》，中华人民共和国商务部，2016 年 11 月 21 日，http://www.mofcom.gov.cn.

的游客主要是被海洋和沿岸的美丽风景所吸引。划船、钓鱼、潜水等是海洋旅游业能够成功的一个重要因素。因此，旅游业收入被用作太平洋对小岛国提供商品和服务的代表。旅游业是南太平洋地区最大的经济部门。它同样是外汇收入的重要来源。20世纪90年代中期，斐济、法属波利尼西亚和新喀里多尼亚控制着南太平洋地区的旅游业。然而，目前，旅游业在该地区已经非常普遍，对一些岛国的就业和经济发展至关重要，比如萨摩亚、帕劳、库克群岛、瓦努阿图。其他岛国也在发展旅游业，尽管规模相对较小，比如纽埃自2018年以来旅客的人数从1000人增加到了4750人。尽管南太平洋地区旅游业的前景比较广阔，但对外部的冲击比较敏感，近年来遭受了金融危机、国际燃料价格上涨，特别是北太平洋的北马里亚纳群岛、关岛和夏威夷。海洋生态旅游业在该地区日益流行，并在提供可替代生存选择（alternative livelihood options）中，扮演着关键角色。在斐济的威踏布（Waitabu）海洋保护区，一个村办浮潜装置可以在6年内为该社区的20个家庭提供40000美元的收入。虽然海洋生态旅游业日益流行，但在旅游业中的比重仍然很小。旅游业是劳动密集型产业，带动就业的人数从36000人增加到213000人。由于旅游业具有国际竞争力，因此它在增加就业人数方面拥有很多的潜力。[①]

对太平洋岛国来说，其自然和田园环境本身就是旅游产品，还是吸引游客来太平洋海岸的最大看点之一。南太平洋岛国可持续旅游业主要包括以下几个方面：一是保护自然环境，使其继续成为吸引游客的看点，这样可以确保旅游景点作为旅游产品的可持续性；二是保护作为旅游产品的太平洋文化和遗产；三是维护和维持陆地和海洋财富；四是通过经济发展、增加就业率以及发展基础设施来使当地社区受益。在意识到可持续旅游业的重要性之后，南太平洋旅游局在2015年开始扩大其角色的基础工作，不仅执行区域旅游市场项目，而且聚焦于可持续旅游业发展，这契合了《小岛屿国家快速行动模式》和联合国"可持续消费和生产10年框架项目"（10 - Year Framework Programme for Sustainable Consumption and Production，10YFP）规定的重点。特别是南太平洋旅游局将执行可持续旅游计划作为战略转向的一部分，它加入了多方利益相关者咨询委员会（Multi - stakeholder Advisory Committee，MAC）。南太平洋旅游局的CEO柯克尔（Cocker）先生赞扬了太平洋地区的国家政府在推进可持续旅游章程方面

---

① IUCN, *Economic Value of the Pacific Ocean to the Pacific Island Countries and Territories*, Switzerland: Glat, 2010, pp. 24 - 30.

的努力。"太平洋政府在其国家规划战略中拥有主流的可持续旅游政策。援助者和发展伙伴同样支持太平洋岛国的可持续旅游项目和工程,并将其作为宣传可持续旅游业重要性的手段。同样地,公共和私营机构接受了可持续旅游业,发布了可持续旅游业的举措和计划。"①

由此可见,可持续旅游业更符合蓝色经济的要求,注重可持续发展。中国、澳大利亚、新西兰及太平洋岛国应将发展南太平洋地区可持续旅游业作为提升海洋产业水平的一项重要规划。2013年11月,中国在第二届中国—太平洋岛国经济发展合作论坛开幕式上指出,支持岛国开拓中国旅游市场。协助岛国来华举行旅游推介活动,鼓励更多中国公民赴岛国旅游。适时商签双边航空运输协定,鼓励航空企业开辟直航路线。中国在《全国海洋经济发展"十三五"规划》中明确指出了促进海洋产业有效对接的内容,其中涉及海洋旅游业的对接。"开展国际邮轮旅游,与周边国家建立海洋旅游合作网络,促进海洋旅游便利化。"② 新西兰支持太平洋国家利用旅游发展经济,其投资主要集中在波利尼西亚地区,体现了双方潜在的密切关系。新西兰将援助重点放在萨摩亚和汤加从海洋旅游业获得的经济发展机会和就业机会。总体来看,新西兰在太平洋地区对旅游业的援助目的是从旅游业中增加经济收益,主要包括两个方面:一是通过投资旅游目的地市场、完善基础设施建设,来增加市场需求;二是通过强化技术与能力、把本地市场与旅游业联系起来,来增加本地价值。③ 新西兰致力于帮助太平洋岛国实现经济可持续增长。它通过有效利用商业和贸易机会,特别是在海洋旅游领域的发展机会,寻求包容性、环境可持续性的经济增长。④ 未来,中国、澳大利亚、新西兰及太平洋岛国可以以南太平洋旅游局为依托平台,共同推进南太平洋地区的可持续旅游业发展。南太平洋旅游局成立于1983年,是南太平洋地区授权的旅游组织。中国是南太平洋旅游局的成员国。南太平洋旅游局在区域旅游部分整合过程中,将继续扮演关键角色。它致力于实现旅游部门的可持续增长。为了太平洋地区人民的利益,它将继续与政府、私营部门以及援助共同体一道,推进地区

---

① "Sustainable Tourism Development Initiatives in the Pacific Region", SIDS Action Plaform, http://www.sids2014.org.
② 国家海洋局、国家发展改革委:《全国海洋经济发展"十三五"规划》,2017年5月,第31页。
③ New Zealand Foreign Affairs & Trade Aid Programme, *New Zealand Aid Programme Strategic Plan 2015 - 2019*, 2015, p. 12.
④ Office of the Minister of Foreign Affairs, *New Zealand in the Pacific*, 2018, p. 4.

规划的实现。[①] 2013 年 11 月，第二届中国—太平洋岛国经济发展合作论坛旅游合作研讨会对中国与太平洋岛国的旅游合作潜力给予了充分肯定，并提及了南太平洋旅游局。"中国与太平洋岛国旅游合作存在广阔的空间，要充分利用南太平洋旅游局这一良好平台，深化地区旅游合作；要开通更多航线，为旅游双向人员往来增长做好准备；鼓励中国企业在岛国进行旅游投资与业务合作，推动中方企业在岛国旅游开发领域发挥建设性作用。"[②]

　　第四，支持太平洋岛国发展海水养殖。同渔业资源相比，海水养殖的商业价值较小，其中最有价值的黑珍珠养殖仅局限在波利尼西亚东部地区。在太平洋的其他地区，海水养殖只有经过大力发展，才能具有可持续的经济价值。据估计，太平洋岛国和属地的海水养殖年产值大约为 1 亿美元，主要养殖珍珠和虾。海水养殖在南太平洋地区的历史是一个反复试验的过程。许多项目被寄予厚望，但最终在几年之内被迫停止或放弃。很多海洋养殖项目之所以失败，是因为它们未能很好规划。[③] 相对来说，海水养殖在南太平洋地区的发展刚起步。除了在一些特殊的地方，南太平洋地区没有养殖鱼、虾的传统技术和知识，只能捕捞。尽管海洋养殖在经济中的比重较小、国际社会对海洋养殖的兴趣不高，但一些太平洋岛国的政府接受了这个挑战。它们意识到需要大量投资海水养殖。太平洋岛民不可能脱离海洋。海洋是他们所拥有的最宝贵资源。为了保证经济的发展，太平洋岛国政府必须充分利用海洋资源。在太平洋岛国论坛渔业署和太平洋共同体的共同努力下，岛国通过在专属经济区内捕捞金枪鱼或出售捕鱼权，推动了经济的发展。然而，过度捕捞问题日益严峻，破坏性的捕鱼方式恶化了这一问题。太平洋岛国意识到了海水养殖是从近岸渔业资源获益的长久、可持续的方式。[④]

　　《为了可持续太平洋渔业资源的地区路线图》（A Regional Roadmap for Sustainable Pacific Fisheries）指出，"自太平洋岛屿首次被定居以来，近岸渔业资源一直维持着沿海社区的生存。它们对食物安全和生活至关重要，但正处在人口增长、气候变化的威胁之下。许多地方的有鳍鱼（Finfish）

---

① "About SPTO", SPTO, https：//corporate. southpacificislands. travel.

② 《中国与太平洋岛国旅游合作空间广阔》，中华人民共和国中央人民政府，2013 年 11 月 11 日，http：//www. gov. cn

③ SPC, *Opportunities for the Development of the Pacific Islands Mariculture Sector*, 2012, p. 20.

④ Tim Adams, Johann Bell, Pierre Labrosse, "Current Status of Aquaculture in the Pacific Islnds", *SPC Review*, 2016, p. 4.

资源被过度捕捞，而不能满足本地需求。出口价值较高的品种几乎灭绝。传统的自上而下的治理方式已失去功效，需要允许沿岸社区可持续治理和利用渔业资源。虽然海水养殖潜力很大，但目前太平洋岛国论坛渔业署成员国对渔业生产的贡献仍然很小"①。1997 年，太平洋共同体举办了"第二届渔业治理工作坊"（2nd SPC Fisheries Management Workshop），提出了海水养殖是经济可持续发展的重要组成部分。"区域渔业管理者聚焦于建立维持近岸渔业的机制。作为一项选择性的活动，海水养殖在绝大多数太平洋岛国仍处于准备阶段，但未来具有重要的地位。"② 太平洋岛国发展海水养殖具有很多优势。一是与珊瑚礁相关的多样物种需求比较高，主要是亚洲的水产和海鲜市场、海洋水族馆贸易、医药行业；二是太平洋岛国距离亚洲主要的水产和海鲜市场比较近，飞行时间比较短，这样可以确保很多品种可以保鲜地运往亚洲；三是相较于发达国家，太平洋岛国的劳动力比较便宜，劳动力对财务回报的期望比较低；四是利用海洋资源的传统与很多物种的基础生物学关系比较密切。③

然而，太平洋岛国发展海水养殖也面临着一些困境。海水养殖特别依赖较高的水质量、稳定的温度以及高质量的饲料。没有这些条件，海水养殖将面临增速缓慢、疾病或死亡。疾病在水生环境中传播更容易、更迅速。许多海水养殖体系对于周期性的疾风、海浪或潮汐特别脆弱。虽然海洋养殖所有的风险都可以大大降低，但这客观上增加了不确定性。④ 因此，中国、澳大利亚和新西兰应特别重视太平洋岛国海洋养殖面临的这些困境，并提供技术和资源援助。自 2004 年开始，中国就在"南南合作"的框架下，对太平洋岛国提供海洋养殖方面的援助。2004 年 7 月，中国、联合国粮农组织及七个太平洋岛国签署了"粮食安全特别计划"框架下的《"南南合作"三方协议》。2004 年 12 月至 2007 年 12 月，中国农业部先后选派 28 名农业专家和技术员赴这些岛国执行任务，为当地海洋养殖提供技术援助。⑤

① FFA, SPC, *A Regional Roadmap for Sustainable Pacific*, 2018, p. 4.

② "SPC and FFA Workshop on the Management of South Pacific Inshore Fisheries", SPC, 1997, http://coastfish.spc.int/Reports/ICFMAP/IFMW2.pdf.

③ Tim Adams, Johann Bell, Pierre Labrosse, "Current Status of Aquaculture in the Pacific Islands", *SPC Review*, 2016, p. 8.

④ SPC, *Opportunities for the Development of the Pacific Islands' Mariculture Sector*, New Caledonia: Noumea, November 2011, p. 6.

⑤ 《中国—南太平洋岛国"南南合作"》，中华人民共和国常驻联合国粮农机构代表处，2013 年 5 月 9 日，http://www.cnafun.moa.gov.cn.

表 4 - 2 太平洋岛国和属地海水养殖

物种	主要国家
蛤蜊	斐济、帕劳、萨摩亚、密克罗尼西亚
蚌	斐济、法属波利尼西亚
牡蛎	巴布亚新几内亚、新喀里多尼亚
珍珠贝	法属波利尼西亚、库克群岛、斐济、巴布亚新几内亚
巨蚌	帕劳、萨摩亚、汤加、库克群岛、所罗门群岛
澳洲肺鱼	法属波利尼西亚、巴布亚新几内亚
遮目鱼	关岛、基里巴斯、密克罗尼西亚、帕劳、图瓦卢
鲻鱼	斐济、关岛
刺足鱼	斐济
海虾	法属波利尼西亚、新喀里多尼亚、瓦努阿图、斐济、库克群岛、所罗门群岛、关岛、巴布亚新几内亚
海草	汤加、斐济、所罗门群岛、基里巴斯、密克罗尼西亚

资料来源：SPC, *Opportunities for the Development of the Pacific Islands' Mariculture Sector*, New Caledonia: Noumea, November 2011, p. 2.

三 推进海上互联互通

交通，是经济发展的骨架与血脉。推进 21 世纪海上丝绸之路建设，实现互联互通是基础和重点。推动海上互联互通是确保中国—大洋洲—南太平洋蓝色经济通道安全与畅通的关键。

第一，加强国际海运合作，完善沿线国家之间的航运服务网络，共建国际和区域性航运中心。中国母港出发的航线主要集中通向日韩地区，通往南太平洋方向的航线较少。目前有三条航线经过南太平洋地区。未来，随着中国—大洋洲—南太平洋蓝色经济通道不断开放，其对海上运输的需求也将会加大。因此当下的这三条航线远不能满足蓝色经济通道未来的需求。中国、澳大利亚及新西兰应该帮助太平洋岛国提升海运服务，使该蓝色经济通道成为国际和地区航运中心。《太平洋对太平洋岛国与属地的经济价值》强调了海运对太平洋岛国的重要性。"虽然海洋是太平洋的生命线，但与其相关的经济价值却被低估。海运部门可以进一步分解为旅客运输、海上旅游、军事运输、贸易货运。虽然现在绝大部分的外国游客坐飞机到达岛国，但当地岛屿之间的旅客交通或去更远的地方，都是选择海运。除了北太平洋地区之外，军舰的运输总体上体量较小，但对当地的经济和就业却很重要。"① 作为未来国际和地区航运中心，提升太平洋岛国的海运服务是基础。2011 年，太平洋共同体发布了《为了关于海运服务行动的框架》（Framework for Action on Transport Service），"该框架通过支持太平洋岛国，努力确保太平洋人民随时可以拥有可靠、安全、高效的海运服务，来提升太平洋人民的经济和生活条件。该框架包括七个指导原则，其中之一为'许多合作伙伴，一个团队'。该原则承认许多利益相关者有助于完善南太平洋地区的海运服务，并被视为平等的合作伙伴"②。太平洋岛国可以视中国、澳大利亚、新西兰为合作伙伴，依据"许多合作伙伴，一个团队"的原则，充分利用它们的资金、技术和人才，来推进该地区的互联互通。

与此同时，中国、澳大利亚、新西兰应加强同南太平洋地区海事机构的合作。该地区重要的海事机构主要包括区域海洋署（Regional Maritime Programme，RMP）、太平洋岛屿海洋联盟（Pacific Islands Maritime Association，PIMA）、海洋联盟中的太平洋妇女（Pacific Women in Maritime Association，PacWIMA）、太平洋国际海洋法联盟（Pacific International Maritime Law Association，PIMLA）、太平洋岛国论坛、太平洋计划（The Pacific Plan）、太平洋论坛航线（Pacific Forum Line，PFL）。③ 2013 年的《强化太平洋岛屿地区的岛屿间航运》（Strengthening Inter – Island Shipping in Pacific Island Countries and Territories）也指出了完善区域航运服务的举措。"区域航运委员会在完善太平洋航运服务方面扮演着重要的角色。太平洋岛国成立区域航运组织，目的是国家贸易和商业可以接触国际市场。"④

第二，通过缔结友好港或姊妹港协议、组建港口联盟等形式加强沿线港口合作，支持中国企业以多种形式参与沿线港口的建设和运营。作为蓝色经济通道的重要节点，港口在蓝色经济通道构建中具有举足轻重的作用，扮演着"先行官"角色。在国内港口快速发展、港口贸易的支撑下，中国企业不断完善港口标准化体系，提升全产业链服务能力，积累港口建设、投资、经营实力，积极投入到"一带一路"建设中。中国港口工程建设企业、勘察规划设计企业、港口机械制造企业等在"一带一路"沿线国

① IUCN, *Economic Value of the Pacific Ocean to the Pacific Island Countries and Territories*, Switzerland: Glat, 2010, p. 44.
② SPC, *Framework for Action on Transport Service*, New Caledonia: Noumea, 2011, p. 3.
③ Asian Development Bank, *Oceanic Voyages: Shipping in the Pacific*, 2007, p. 5.
④ SPC, ESCAP, *Strengthening Inter – Island Shipping in Pacific Island Countries and Territories*, July 2013, p. 8.

家港口建设中均占有一席之地。据统计，中国企业已经参与了"一带一路"沿线 13 个国家、20 个港口的经营，港口合作项目不断落地生根。①

中国、澳大利亚及新西兰应该在太平洋岛国国内改革及地区发展趋势的基础上，帮助它们维护港口的基础设施，并对其进行升级。中国、澳大利亚及新西兰可以进行三方的港口合作，可以通过太平洋港口联盟进行合作。太平洋港口联盟成立于 1978 年。它的宗旨是通过知识的交流和信息的分享来推动港口成员国与港口使用者之间的区域合作、理解与友谊。港口成员包括来自美属萨摩亚、库克群岛、斐济、新喀里多尼亚、图瓦卢、塔希提、汤加等国家和地区的港口组织。联盟成员向更多的群体开放，包括太平洋地区涉及港口相关活动的所有港口使用者、港口组织或实体等。太平洋港口联盟致力于为其成员发展培训项目，获得了来自国际组织和发展伙伴的资金援助，主要的发展伙伴包括澳大利亚、新西兰和法国。②

第三，推动共同规划建设海底光缆项目，提高南太平洋通信互联互通水平。早在 1972 年，太平洋共同体就在《南太平洋区域之内的通信》（Communications within South Pacific Region）中探讨了在南太平洋地区扩大海底光缆以提高太平洋岛国通信能力的可能性。"有三种信息传播系统是可行的，未来应在通信网络的研究中重点考虑，其中就包括深海光缆系统。"③ 联合国的《太平洋岛国的宽带连通性》（Broadband Connectivity in Pacific Island Countries）指出，虽然一些太平洋岛国在通信领域取得显著的进步，但南太平洋地区仍然缺乏互联互通水平。据统计，2016 年，只有大约 150 万太平洋岛民享有移动宽带服务，20 万人享有固定宽带服务。法属波利尼西亚、新喀里多尼亚和巴布亚新几内亚拥有太平洋岛国 74% 的固定宽带服务。至于移动宽带，大部分太平洋岛国的服务集中在巴布亚新几内亚（46%）、斐济（31%）、法属波利尼西亚（5%）。历史上，关岛和美属萨摩亚拥有便利的海底光缆，这主要是因为它们同美国有着密切的合作关系。2013 年，汤加部署了来自斐济的第一条国际海底光缆，如今该海底光缆正扩展到其他两个主要的岛群，这两个岛群占了汤加总人口的 90%。法国的国营企业主要提供了新喀里多尼亚和法属波利尼西亚的通信服务。2010 年，法国企业在法属波利尼西亚部署了一条海底光缆，这有效提高了通信能力。太平洋次区域带宽连通性的发展情况是不同的。法属波利尼西

---

① 《"一带一路"带来港口发展新机遇》，新华网，2017 年 8 月 8 日，http://www.xinhuanet.com.

② Asian Development Bank, *Oceanic Voyages: Shipping in the Pacific*, 2007, p.8.

③ SPC, *Communications within South Pacific*, Canberra, 1972, p.2.

亚、新喀里多尼亚、斐济和汤加在通信方面经历了快速的增长，而其他太平洋岛国还非常落后。与其他通信方式相比，海底光缆具有很多优势。据估计，海底光缆可以运载99%的国际数据。同卫星通信相比，海底光缆更可靠、成本更低、运载能力更高。海底光缆的稳定性对确保信息互联互通至关重要。然而，太平洋地区经常出现海底光缆运输中断引起的干扰（见表4－3）。[①]

表4－3   太平洋地区近年来的海底光缆毁坏情况

国家	时间	事件	事件描述
澳大利亚	2013	飓风	飓风引起的洪涝毁坏了昆士兰岛附近的海底光缆
澳大利亚	2016	原因不详	澳大利亚和关岛之间的太平洋光缆破裂
法属波利尼西亚	2014	山崩	霍诺图阿（Honotua）光缆附近出现了山崩
马绍尔群岛	2016—2017	原因不详	马绍尔群岛和关岛之间的海底光缆被破坏
新西兰	2016	地震	7.5级地震切断了海底光缆
北马里亚纳群岛	2015	台风	北马里亚纳群岛和其他地区之间的海底光纤断裂
巴布亚新几内亚	2017	地震	5.5级地震切断了巴布亚新几内亚同关岛和澳大利亚之间的太平洋光缆

资料来源：ESCAP, Submarine Cable Map, http://www.submarinecablemap.com/.

影响太平洋岛国网络稳定性的因素很多。大部分太平洋岛国依赖数量有限的海底光缆进行通信。比如，法属波利尼西亚、密克罗尼西亚联邦、新喀里多尼亚、汤加和瓦努阿图通过一条单独的海底光缆来与世界互联互通。如果这些国家所依赖的海底光缆被破坏，这些国家的通信将面临很大的危机。这表明南太平洋地区需要提高信息互联互通的水平和能力。还有一个问题影响着海底光缆稳定性的是其使用寿命。太平洋岛国部署的海底光缆比较经济，需要合理规划以确保旧的海底光缆的更新。连接美属萨摩亚和亚太地区的海底光缆之——南十字路口光缆网络（Southern Cross Cable Network）正在规划连接美属萨摩亚、澳大利亚与新西兰之间的第三条海底光缆。斐济、托克劳、基里巴斯、萨摩亚都显示出了浓厚的兴趣。据估计，这条海底光缆花费大约3.5亿美元，已在2019年投入运营。作为保护海底光缆的政府举措，澳大利亚建立了三个"保护区"，限制破坏

---

① ESCAP, *Broadband Connectivity in Pacific Island Countries*, 2018, pp. 13–45.

澳大利亚海底光缆的行为。澳大利亚政府同样密切关注管理部署新海底光缆的工程。区域层面上，亚太经社会一致通过 2016 年 5 月至 2018 年 4 月的工程项目，来强化太平洋岛国应对极端天气引发的自然灾害的早期预警能力。这些工程项目有三个目标：一是强化太平洋岛国的多种危害评估能力和早期预警能力，包括空间技术和地理空间信息系统使用的能力；二是支持太平洋区域关于共享数据平台的合作；三是助推全球发展议程，比如可持续发展目标、《巴黎协定》《针对灾害危机减缓的仙台框架》等。①

由此看来，海底光缆对于提高南太平洋地区的互联互通程度和能力至关重要。然而，中国、澳大利亚在南太平洋海底光缆方面的合作遇到了很大的障碍。虽然海底光缆对于全球通信至关重要，并承载着 97% 的全球互联网流量，但澳大利亚对中国近年来在南太平洋铺设海底光缆表现出了很强的抵触心理。美国网络司令部表示，"海底光缆系统的所有权及对其安装与维护的掌控能力，为中国送上了巨大的战略机遇。对海底光缆的控制可能让中国能够触及全球几乎所有通信，这可能让中国能够随时中断通信"。澳大利亚战略政策研究所执行董事彼得·詹宁斯表示，"中国电信企业与中国政府存在关联，这带来了渗透、侵占知识产权的风险，并可能赋予中国在爆发危机时关闭澳大利亚国内网络的能力"。2016 年，所罗门群岛在没有经过适当程序的情况下，突然转向与华为的一家子公司合作。该公司因安全问题，被澳大利亚情报部门禁止竞标某些合同。② 长远来看，南太平洋地区的海底光缆建设需要采用整体路径，相关国家应该求同存异，合作共赢。正如《太平洋岛国的宽带连通性》所提到的，"推动太平洋岛国的宽带互联互通性，重视整体主义路径，多方利益相关者共同参与"③。

中国、澳大利亚及新西兰可以考虑通过太平洋共同体来执行关于海底光缆的合作项目，而不是三方直接的合作，这样可能有助于淡化相互之间的猜疑。太平洋共同体负责任地执行了《太平洋数字战略》（Pacific Digital Strategy）中的三个倡议，取得了明显的进步。太平洋共同体推动了感兴趣的国家同"南太平洋信息网络"之间的讨论，《太平洋数字战略》包括致力于发展合作伙伴，并推动同发展伙伴的讨论。④ 目前，在信息通信技术

①　ESCAP, *Broadband Connectivity in Pacific Island Countries*, 2018, pp. 47-50.

②　《澳大利亚欲揽黄华为所罗门群岛海底光缆项目》，观察者网，2017 年 12 月 30 日，https：//www.guancha.cn.

③　ESCAP, *Broadband Connectivity in Pacific Island Countries*, 2018, p. 63.

④　SPC, *ICT - report：Pacific Digital Strategy*, Tonga：Nuku' alofa, 2009, p. 2

领域，太平洋共同体是主要的协调机构。它主要是依靠"太平洋信息通信技术延伸项目"。从 2009—2010 年，太平洋共同体、太平洋岛国论坛及其他区域组织来执行以前的数字战略。①

第三节　共筑安全保障之路

如前所述，安全是蓝色经济通道的最基本内涵。维护海上安全是发展蓝色经济的重要保障。与其他两条蓝色经济通道不同，中国—大洋洲—南太平洋蓝色经济通道经过的海峡比较多，跨度大，大部分沿线国家是小岛屿发展中国家，海洋问题多元且复杂，因此这条蓝色经济通道的安全面临着很大的挑战。应倡导互利共赢的海洋安全观，加强海洋公共服务、海事管理、海上搜救、海洋防灾减灾、海上执法等领域的合作。蓝色经济通道沿线国家应共同维护海上安全。

一　开展海上航行安全合作

"海上航行安全"这个术语有着很强的历史属性。1800 年之后，"公海自由"这个概念一直是西方国家对海洋的观点。这个概念源于格劳秀斯早期的著作中。格劳秀斯是 17 世纪的一位外交家和学者。然而，公海自由理念并没有体现出其真实内涵。当时的海洋强国是荷兰和英国。它们拥有保护商业船只去往不受限制海域的军事力量。按照格劳秀斯的看法，普通船只对海上通道的使用并不会破坏其他船只对通道的使用。② 历史上，美国总统直到 20 世纪早期才开始使用"航行自由"这个术语。1918 年，美国总统威尔逊在"十四点计划"演讲中首次使用了这个术语。威尔逊在给议会的演讲中谈了一战中美国的 14 个利益之一，即领海之外的公海航行自由。十个月之后，威尔逊在战后德国的停战协定中再次强调了海上航行自由。自威尔逊使用这个术语之后，美国总统在接下来 50 年的时间里再也没有使用过这个术语。约翰逊总统在 20 世纪 60 年代末再次使用了这个术语。自此，海上航行自由术语被美国总统以连续的方式使用，包括尼

---

① SPC, *SPC and the Pacific Plan*, 2010, New Caledonia, p. 41.

② Jon M. Van Dyke, "International Governance and Stewardship of the High Seas and its Resources", in Jon M. Van Dyke, Durwood Zaelke, Grant Hewison, *Freedom for the Seas in the 21ˢᵗ Century: Ocean Governance and Environmental Harmony*, Washington, D. C.: Island Press, 1993, pp. 113 – 120.

克松、福特、卡特、里根。里根总统在 1982 年制定了保护海上自由措施。当下，很多海洋国家的官员在公开场合使用了"海上航行自由"这个术语。这包括来自澳大利亚、中国、法国、印度、日本、俄罗斯和英国的领导人。① 自 911 事件之后，海洋安全协定得到特别重视。美国在受到恐怖主义的攻击之后，开始强化新的海洋协定，其中最著名的海洋协定是"24小时清单规则"（24 hour manifest rule），这需要所有的远洋承运人都要在货物装载前至少 24 小时通知美国当局驶向美国港口的集装箱。国际社会通过构建海洋安全机制来应对恐怖主义威胁，其中主要的海洋安全机制为"国际船舶和港口设施安全代码"。"国际船舶和港口设施安全代码"将适用于国际航行中的船只及港口基础设施，包括四个目标：一是建立包括各国政府、政府机构、地方机构及海洋运输和港口工业之间的国际合作框架；二是在国家和国际层面上，界定各方在确保海洋安全领域的角色和责任；三是建立确保信息高效交换和搜集的手段；四是提供安全评估的方法。②

南太平洋地区面临着严重的海洋安全威胁，主要包括来自国家行为体的传统威胁和包括海盗、跨国犯罪在内的非传统安全威胁。由于穿梭于南太平洋地区的船只来自世界各地，世界各国的贸易紧密地结合在一起。这使得各国的经济利益相互依存度较高。③《太平洋区域航行倡议》指出，"通过太平洋海域安全、可靠的通道对保护脆弱的海洋环境和助力太平洋岛国经济的发展至关重要。它包括三个方面的内容：一是风险评估成分；二是能力支持成分；三是缓和成分"④。澳大利亚东部和北部的"太平洋弧"（Pacific Arc）一直被认为是"不稳定之弧"和"机会之弧"。该地区很容易给澳大利亚带来威胁。稳定、安全的"太平洋弧"会给澳大利亚及与其有着共同利益的国家带来机会。⑤ 在南太平洋地区的域外国家中，美国不仅具有绝对的军事力量，而且非常重视对海上战略通道的控制。美国已经取得了史无前例的海洋霸权，历史上从来没有任何时期像今天这样由

---

① Jonathan G. Odom, "Navigating between Treaties and Tweets: How to Ensure Discourse about Maritime Freedom Is Meaningful", *Ocean Development & International Law*, Vol. 49, No. 1, 2018, pp. 6 – 7.

② PIF, *Pacific Regional Transport Study*, June 2004, pp. 41 – 42.

③ 梁甲瑞：《中美南太平洋地区合作：基于维护海上战略通道安全的视角》，中国社会科学出版社 2018 年版，第 174 页。

④ "Pacific Regional Navigation Initiative", UN, https: //sustainabledevelopment. un. org.

⑤ Sam Bateman, Quentin Hanich, "Maritime Security Issues in an Arc of Instability and Opportunity", *Security and Chanllenges*, Vol. 4, No. 9, 2013, p. 87.

一个单一国家主宰海洋达到这个程度，持续如此长的时间。美国的海上优势对南太平洋地区的域外国家具有一定的威慑作用。一旦美国与域外国家在南太平洋地区出现军事冲突或摩擦，它可以封锁该地区的海上战略通道，阻碍域外国家从拉美运送能源。随着美国改变以往对太平洋岛国"善意忽略"的态度，其不断加大对南太平洋地区直接介入力度，这增加了域外国家与美国在南太平洋地区发生摩擦的可能性。① 一个由美国国务院、美国国防部、美国海岸警卫队和美国国际发展署高级官员组成的高级别政府代表团于 2018 年 9 月 4 日出席了在瑙鲁举行的第 30 届太平洋岛国论坛伙伴领导人会议。此次会议强调美国与太平洋岛国在促进可持续增长与繁荣、确保区域稳定以及应对全球关切方面的密切伙伴关系。太平洋岛屿地区是美国一个长久的外交政策优先事项。美国通过 17 个部门和机构，在 2016 财年承诺投入超过 3.5 亿美元，用于美国与太平洋岛国的交往。②

　　蓝色经济通道沿线国家对南太平洋的航行安全都表示了重视。中国一直提倡维护海洋航行安全。"亚太地区海上形势总体保持稳定，维护海上和平安全和航行自由是各方共同利益和共识。但非传统海上安全威胁呈上升之势，不少海域的生态环境遭到破坏，海洋灾害频发，溢油、危险化学品泄漏事故时有发生，海盗、偷渡、贩毒等活动频发。部分国家在传统安全领域存在误解，互信不足，也给海上安全带来风险。中国一贯倡导平等、务实、共赢的海上安全合作，坚持以《联合国宪章》的宗旨和原则，公认的国际法和现代海洋法，坚持合作应对海上传统安全威胁和非传统安全威胁。维护海上和平安全是地区国家的共同责任，符合各方的共同利益。中国致力于与各方加强合作，共同应对挑战，维护海上和平稳定。"③ 中国将同各国一道，推动区域全面经济伙伴关系协定谈判如期完成，加快推进丝绸之路经济带和 21 世纪海上丝绸之路建设。

　　澳大利亚特殊的地缘优势使其成为对海上战略通道有重要影响的国家。因此，域外国家十分重视同澳大利亚的关系。进入 21 世纪以来，随着海上战略通道价值的日益重要，其所面临的安全威胁被世界各国所重点关注。在这种情况下，澳大利亚为了应对海上安全问题，采取了多种措

---

① 梁甲瑞：《中美南太平洋地区合作：基于维护海上战略通道安全的视角》，中国社会科学出版社 2018 年版，第 175 页。

② "U. S. Delegation Attends the 30ᵗʰ Pacific Islands Forum", U. S. Department of State, August 20, 2018, https://www.state.gov.

③ 《〈中国亚太安全合作政策〉白皮书》，中华人民共和国国务院新闻办公室，2017 年 1 月 11 日，http://www.scio.gov.cn.

施。比如，在从澳大利亚海岸向外延伸 1000 海里的海域内，建立实行三级递进式管理制度的新海事识别区，并于 2006 年成立海洋战略管理委员会，负责宏观调控国内民用海洋安全政策。为了维护本国各个海区、港口、海湾和海上交通线的安全，澳大利亚制定了《21 世纪的澳大利亚海军》，该规划要求澳大利亚海军增强快速反应能力、加强登录作战能力和区域防空能力。① 澳大利亚在《2016 年防务白皮书》中明确表达了对南太平洋海上战略通道安全的重视，"我们最基本的战略防务利益是保证一个安全、有适应性的澳大利亚，这意味着澳大利亚北部和附近的海上战略通道需要安全。我们要保持一个稳定的印度洋—太平洋地区和基于规则的国际秩序，这将维护澳大利亚的国家利益。印度洋—太平洋地区有大量的海上战略通道，这有助于澳大利亚的贸易。未来二三十年，海军现代化将成为澳大利亚重要的防务重点，这有助于保护海上战略通道的安全"②。新西兰 90% 以上的贸易要经过海洋，拥有世界第四大专属经济区，是名副其实的海洋国家。基于这种背景，维护海上航行安全是其国家战略的题中应有之义。中国、澳大利亚、新西兰及太平洋岛国应在以下三个方面着力合作。

第一，共同打击海上犯罪。近年来，南太平洋地区的跨国海上犯罪日益增多。太平洋岛国论坛指出了南太平洋地区环境安全的严峻性："太平洋地区的安全环境正变得日益复杂和多元。所有的太平洋社区对包括跨国犯罪在内的安全威胁都有潜在的脆弱性。与全球趋势相一致，在过去的十多年中，跨国犯罪活动日益猖獗。日益增加的全球化经济及国际贸易的飞速增长，人口和服务较强的流动性，以及信息技术的进步使得跨国犯罪活动逐渐影响到南太平洋地区。"③ 当下，南太平洋地区有关各方意识到了联合打击海上犯罪的必要性。"大洋洲安全倡议"是关于安全领域的一个规范，参与的主要国家为美国、法国、澳大利亚和新西兰。"大洋洲安全倡议"致力于打击太平洋岛国公海的跨国犯罪活动，并与伙伴国一起增强区域安全和互通性。美国海军和警卫队将在"大洋洲安全倡议"的框架下，打击非法的跨国犯罪活动。同时，美国将与澳大利亚、新西兰、法国以及太平洋岛国一起推动大洋洲地区的经济和环境的稳定。④ 除了"大洋洲安

① 李双建：《主要沿海国家的海洋战略研究》，海洋出版社 2014 年版，第 200—201 页。
② Australia Government Department of Defence, *2016 Defense White Paper*, 2016, pp. 68 – 71.
③ "Security", Pacific Islands Forum Secretariat, https://www.forumsec.org.
④ 梁甲瑞：《中美南太平洋地区合作：基于维护海上战略通道安全的视角》，中国社会科学出版社 2018 年版，第 224 页。

全倡议"之外,南太平洋防务部长会议同样致力于打击海上犯罪,加强防务合作。参与的国家有巴布亚新几内亚、澳大利亚、新西兰、汤加等。2013 年 5 月,南太平洋防务部长会议在汤加举行,并发表了联合声明。"我们进一步注意到以解决安全挑战的区域合作路径所取得的成功,主要的区域合作包括海洋安全合作及区域安全行动。南太平洋防务部长会议是区域安全合作的重要平台。"① 2015 年 5 月,南太平洋防务部长会议在巴布亚新几内亚的莫尔兹比港召开,并达成了一些共识。"我们强调了太平洋安全的持久重要性。这关系到区域稳定与繁荣。我们意识到了太平洋地区稳定与繁荣所面临的挑战,包括国家内以及国家之间的冲突、跨国犯罪。"② 2017 年 4 月,南太平洋防务部长会议在新西兰举行。斐济成为新的成员国。新西兰防务部长格里·布朗利称南太平洋防务部长会议将汇集南太平洋地区最高级别的防务领导,以解决共同的安全挑战,提高在区域防务问题上的协调与合作。③

　　未来,中国应积极介入南太平洋地区打击海上犯罪的力度,主动与澳大利亚、新西兰等国家合作。这契合太平洋岛国对于打击跨国犯罪的理念。联合国毒品与犯罪办公室同太平洋岛国论坛联合推出的一项评估报告表明强调了区域联合打击海上犯罪,"在太平洋地区寻求合作路径有助于增强太平洋岛国应对跨国犯罪威胁的能力。区域层面上,太平洋岛国之间的合作应与《太平洋岛国论坛打击有组织跨国犯罪的国家指南》(PIF National Guide to Combat Transnational Organized Crime) 保持一致。该指南在国家和区域层面上支持太平洋岛国提高预防、监测和应对有组织跨国犯罪的进程。这可以减少太平洋岛国对域外合作伙伴的依赖,以识别和应对跨国犯罪"④。自 2002 年起,"太平洋跨国犯罪网络"一直通力合作,以在环太平洋地区打击跨国犯罪。"太平洋跨国犯罪网络"的角色是通过区域路径来提供前瞻性的犯罪监测和调查能力。从结构上来说,"太平洋跨国犯罪网络"包括太平洋跨国犯罪协作中心和 13 个太平洋岛国的 18 个跨国犯

---

① "Communique: South Pacific Defence Minister's Meeting Concludes in Nuku'alofa", Ministry of Information & Communications, May 2013, http://www.mic.gov.to.

② "South Pacific Dfence Minister's Meeting", PNG Embassy, May 2015, https://png.embassy.gov.au.

③ "South Pacific Defence Ministers in NZ for Summit", NZ National Party, April 2017, https://www.national.org.nz/south_pacific_defence_ministers_in_nz_for_summit.

④ UNODC, PIFS, *Transnational Organized Crime in the Pacific: A Threat Assessment*, September 2016, p. 77.

罪治理单位。[①]

　　第二，增加政治互信。在海洋强国战略的指引下，中国加速发展海军力量。中国海军的活动范围逐渐从近海走向远海。近年来，中国海军多次访问太平洋岛国，出现在南太平洋海域内。这不免引起了南太平洋地区传统强国澳大利亚以及域外国家的猜疑与不信任。对澳大利亚而言，海洋安全是澳大利亚国家安全的基础。澳大利亚把南太平洋地区视为"后院"，中国在该地区影响力的增强使澳大利亚日益担忧。"影响澳大利亚安全环境的第二个外部因素就是全球经济和战略重心向亚太地区的转移，尤其是中国的崛起。澳大利亚认为，随着亚太地区经济力量的增长，权力结构的相应变化将带来新的安全压力。这种压力主要是基于中国经济、政治和军事上的崛起及其军事现代化的能力。"[②] 澳大利亚在南太平洋地区推进海洋安全合作中，并没有把中国视为合作伙伴。这一点在其《2016 年防务白皮书》中明确体现出来："海洋安全合作是澳大利亚环绕南太平洋地区防务参与的核心。澳大利亚致力于保护太平洋岛国的安全和资源。我们将同新西兰、法国、美国和日本调整我们的努力，特别是在与海洋安全和自然灾害减缓有关的方面。"[③] 在区域安全上，澳大利亚扮演了领头羊角色，"为了支持我们的国家利益，澳大利亚必须在我们临近的地区扮演领头羊角色。临近的地区跨越了巴布亚新几内亚、东帝汶和太平洋岛国"[④]。面对中国崛起及日益复杂的亚太地区形势，澳大利亚对中国战略表现出较为明显的"对冲"特征，一方面继续加强对中国政治、经济关系；另一方面则深化与美国的安全同盟，并注意加强与日本、印度等地区大国的经济和安全关系以及地区制度建设，提升澳大利亚的外交战略空间，确保澳大利亚的经济繁荣与国家安全。[⑤] 澳大利亚倾向于同法国和新西兰的安全防务合作。在自 1992 年生效的《澳新法协议》框架下，法国、新西兰、澳大利亚在防务、减灾和区域海洋监测方面保持着积极的合作关系。同时，澳大利亚、新西兰、美国和法国之间也有着海洋安全合作关系。

　　应当指出的是，在南太平洋地区的安全防务关系中，澳大利亚与新西兰的政治互信比较高。2018 年 3 月，澳大利亚与新西兰发布了《关于加强

---

①　"Pacific Transnational Crime Network"，Pacific Islands Chiefs of Police，https：//www.picp.co.nz.

②　刘新华：《澳大利亚海洋安全战略研究》，《国际安全研究》2015 年第 2 期。

③　Australia Government Department of Defence，*2016 Defence White Paper*，2016，p.126.

④　Australia Government Department of Defence，*2016 Defence White Paper*，2016，p.33.

⑤　韦宗友：《澳大利亚的对华"对冲"战略》，《国际问题研究》2015 年第 3 期。

防务关系的联合声明》，强调了双方密切的防务合作关系。"在南太平洋地区，澳大利亚与新西兰保持着最密切的战略合作伙伴关系，并继续具有全球意义。作为紧密的邻居和盟友，澳大利亚与新西兰相互承诺支持对方的安全，并在南太平洋地区协调双方的努力，共同聚焦于区域安全与稳定。"① 澳大利亚与新西兰的密切合作有着很深的历史渊源。1944 年 1 月 21 日，澳大利亚与新西兰签订了《澳新协定》。这是西南太平洋地区两个重要的英联邦国家之间签订的第一个合作协定。该协定强烈要求在太平洋安全安排中，澳新两国应该拥有发言权。他们还承诺在防务和外交方面共同协作，同时期望在规划和建立未来任何国际安全组织中密切合作。② 由此看来，就维护南太平洋地区海上航行安全而言，澳大利亚对中国的猜疑或不信任是一个障碍。与法国、美国、日本相比，中国是南太平洋地区的"后来者"。澳大利亚、新西兰、法国、美国、日本都在这些地区有着根本的战略利益，相互之间更容易协作。澳大利亚对中国的猜疑将会深刻影响中国—大洋洲—南太平洋蓝色经济通道的构建。

　　第三，构建海上航行与危机管控机制。海上危机是指发生于或涉及海洋空间领域，对一个国家的安全、稳定、秩序和利益形成重大威胁，需要以政府为主体的公共组织在外界压力和不确定性极高的情况下做出关键性决策的突发紧急事件。对海上危机的管控被称为海上危机管控，包括对危机的过程处理及危机管控体系的建构。海上危机是一个综合性的概念，影响因素包括自然和人为等方面。蓝色经济通道突发事件往往具有突发性、危险性的特点，一旦发生，则危及蓝色经济通道的安全，影响范围广泛。蓝色经济通道安全危机管控应包括三个环节：应急准备、应急处置与善后。所谓应急准备是指对蓝色经济通道危机事件产生的原因和可能造成的各种影响进行整理分析，预测海上突发事件未来的发展趋势，根据分析结果，采取相应的准备措施；所谓应急处置是根据蓝色经济通道危机起因和影响程度的分析，相关国家应该启动应急预案；所谓善后就是尽快消除海上危机所带来的负面影响，使蓝色经济通道尽快恢复正常状态和秩序。南太平洋地区面临着影响海上危机的自然和人为因素。这客观上要求蓝色经济通道沿线国家通力合作，共同管控海上危机，确保海上航行。

---

① Australia Government Department of Defence, "Australia – New Zealand Joint Statement on Closer Defence Relations", https://www.defence.govt.nz.

② 汪诗明：《1951 年〈澳新美同盟条约〉研究》，世界知识出版社 2008 年版，第 73 页。

二　开展海上联合搜救

近年来，海上公共危机事件频频发生，使得各国认识到许多危机是人类需要共同面对的，并逐渐开展了一些地区性、国际性的合作活动。海上联合搜救是一项复杂的系统工程，涉及政治学、经济学、管理学、法学、社会学、心理学等多个领域知识。①《联合国海洋搜救国际公约》（International Convention on Maritime Research and Rescue）生效于 1985 年，15 个国家签署该协约。该协约强调了签署国应该为海上遇险人员提供援助的重要性，沿岸国要提供海上搜救服务。同时，该协约通过国际海洋搜救计划，为海上交通中遇险的人员提供援助。② 目前，南太平洋海域海损事故较多，海上搜救责任重大、任务艰巨。2012 年 2 月 3 日，一艘载有大约350 名乘客的渡轮在巴布亚新几内亚近海沉没。澳大利亚总理吉拉德称，这是一场"大悲剧"。沉船地点距离莱城东部海岸 50 英里。澳大利亚外长陆克文表示，澳大利亚愿意向巴布亚新几内亚提供一切可能的帮助。③

2013 年，太平洋共同体发布了一项完善太平洋海上搜救努力的指导性政策。该政策基于太平洋岛国政府对于太平洋地区海上搜救机构面临挑战的敏感性，特别是在与大型搜救活动或海上搜救事故相关的领域。同时，该政策提出了鼓励太平洋地区海洋搜救协调、沟通、合作与规划的建议。"世界上没有任何一个海洋国家可以免于海上灾难。近年来，三艘客船发生了灾难，导致了重大人员伤亡。这三起海上灾难分别是 2009 年基里巴斯海上灾难、2009 年的汤加海上灾难以及 2012 年的巴布亚新几内亚海上灾难。到访太平洋岛国的邮轮在规模和频率上都一直在增加。海洋管理局和海上搜救机构必须为潜在的海上灾难的发生做好准备。当下，没有任何一个太平洋岛国有能力在太平洋处理海上灾难。绝大部分太平洋岛国或领地缺乏进行大规模海洋搜救的资源和资金，许多岛国依赖澳大利亚、法国、新西兰或美国来提供应对远距离海上搜救的资源。"④

蓝色经济通道沿线国家应加强合作，强化海上联合搜救机制。在全球化、信息化不断加深的大背景下，一国的公共危机已不再是本国的事情，需要国际社会的参与。在公共危机管理中进行国际合作符合政治的需要。重大的国际公共危机单独依靠某一个国家很难完成，国际社会必须加强政

---

① 蒙仁君：《海上联合搜救机制研究》，《广州航海学院学报》2015 年第 2 期。

② UN, International Convention on Maritime Search and Rescue, 1985, https: //treaties. un. org.

③ 《中国轮船南太平洋救人》，网易新闻，2012 年 2 月 3 日，http: //news. 163. com.

④ SPC, *Imroving Maritime Search and Rescue Efforts in the Pacific*, February 2013, p. 20.

府间的沟通与协作。建立海上联合搜救机制有助于共享信息、深化政治互信。在重大海上公共危机事件面前，一国的力量是单薄的，合作才是硬道理，各国应该重视海上联合搜救机制的建立。海上联合搜救机制包括预防、准备、阻止、应对、舒缓和善后等内容。① 作为处理公共危机的一种手段，海上联合搜救有助于提高政府应对危机的效率，减少危机的损失。由于太平洋岛国的海上搜救能力比较脆弱，中国、澳大利亚及新西兰三方能否确立海上联合搜救机制对于维护蓝色经济通道的安全至关重要。目前，三方意识到了海上联合搜救的重要性。2007 年 2 月，"哈尔滨"号导弹驱逐舰和"洪泽湖"号综合补给舰出访澳大利亚和新西兰。出访期间，中国、澳大利亚、新西兰三国在南太平洋塔斯曼海域举行了由中国首次倡导的三边海上联合搜救演习。此次演习，中方派出"哈尔滨"号、"洪泽湖"号及一架搜救直升机。澳方派出"肯尼布朗"号两栖指挥舰和一架直升机，新西兰则派出了"坎特布利"号多功能舰，总投入演习兵员达到1000 人。

对澳大利亚而言，建立海上联合搜救机制有助于更好地在广阔区域内完成海上搜救任务。"澳大利亚拥有庞大的搜救区域，主要包括澳大利亚大陆及周围海域的广阔区域。周围海域涉及印度洋、太平洋、南海及澳大利亚南极洲领地。澳大利亚的海洋搜救区域面积大约有 5300 万平方千米。"② 南太平洋地区层面上，澳大利亚通过与邻国合作，来维护区域安全。澳大利亚通过毗邻国家合作，对提高区域搜救能力做出了巨大的贡献。其中，澳大利亚与西南太平洋岛国确立了合作项目。这些项目有助于提高搜救服务的能力，以满足国际公约框架下的搜救需求。澳大利亚通过太平洋共同体和国际海事组织同太平洋岛国和领地合作，目的是提高南太平洋地区的海上搜救合作与协调能力。《南太平洋区域海上搜救协定》于2014 年 4 月签订。它的目的是完善太平洋岛国之间的海上搜救技术合作，支持太平洋地区的国际救援。2015 年 4 月，澳大利亚参加了一年两次的"太平洋海上搜救工作坊"（Pacific SAR Workshop）。所有太平洋岛国都参加了此次工作坊，推动了南太平洋地区的海上搜救能力的发展与合作。③

---

① 马慧敏、杨青：《突发公共危机应急管理国际合作机制研究》，《武汉理工大学学报》2008年第 6 期。

② "Australia's Search and Rescue Region"，Australia Maritime Safety Authority，https：//www. amsa. gov. au.

③ "Regional Search and Rescue"，Australia Maritime Safety Authority，https：//www. amsa. gov. au.

国际层面上，澳大利亚在执行海上搜救活动时，遵循国际公约的指导。国际海事组织和国际民航组织支持全球海上搜救计划，分配海上搜救区域。澳大利亚依据这些国际公约，制定自身的国家政策和程序，以保证为在其海上搜救区域内的所有遇险人群提供有效的海上搜救服务。① 澳大利亚的海上搜救服务框架依据国家的联邦特性，以合作性的、协调的协定来把联邦、州和领地的优势整合在一起。澳大利亚已经建立了合作性的海上搜救服务安排。国家搜救委员会是澳大利亚海上搜救应对安排的国家协调机构。②

　　对新西兰而言，90%的海上搜救人员是志愿者，是世界上志愿者参与海上搜救比重最高的国家之一。在新西兰，大约有15000人直接参与国家范围内的海上搜救。《1994年海洋交通安全法》是新西兰与海洋安全有关的应用法律条例。新西兰的海洋搜救同样与国际公约保持一致。它的海洋搜救区域非常广阔，覆盖范围从赤道以南一直延伸到南极，从澳大利亚与新西兰的半程延伸到新西兰与南美之间的半程。新西兰有两个政府机构直接负责的协调南太平洋海洋搜救行动。这两个机构分别是"新西兰警察"和"海洋新西兰"。"新西兰警察"负责近海的海上灾难，而"海洋新西兰"则兼及近海和远海的海上灾难。奥克兰和惠灵顿都有警用救援舰艇。③新西兰支持南太平洋地区的海洋安全倡议。"新西兰对'太平洋海洋安全项目'投入了950万美元。在过去三年中，该项目在库克群岛、基里巴斯、纽埃、托克劳、汤加采取了海洋安全举措。2018年，萨摩亚被纳入该项目中。其中一个安全举措为制订海洋搜救计划。"④《引入的交通部简报》（*Briefing to the Incoming Minister of Transport*）指出，"'海洋新西兰'的使命是代表新西兰岛民支持海洋社区（marine community），确保我们的海洋安全、和谐和干净。我们负责一个安全、和谐、干净的海洋环境，对海上灾难做出快速反应，协调主要的海上搜救任务。通过复杂、常规的工作，'海洋新西兰'致力于在出现恶性结果之前，解决公海的危机。我们应对重视突然出现的海洋灾难。'海洋新西兰'代表政府在履行国际海洋及海洋环境保护法律法规框架下的国际义务方面至关重要。这主要体现在

---

① "International Search and Rescue Conventions", Australia Maritime Safety Authority, https://www.amsa.gov.au.

② "Search and Rescue Arrangement in Australia", Australia Maritime Safety Authority, https://www.amsa.gov.au.

③ Coastguard New Zealand, *New Zealand Search and Rescue*, 2014, p. 20.

④ "Regional Initiatives" New Zealand Foreign Affairs & Trade, https://www.mfat.govt.nz.

以下两个方面：一是我们在国际海事组织中代表着新西兰的利益。'海洋新西兰'同样支持、鼓励和要求相关方履行义务；二是我们积极参与国际规则制定。考虑到新西兰对安全、有效全球海运的依赖，相关公约的制定和执行对新西兰至关重要"①。

当前，南太平洋地区的海洋搜救机制初步形成。中国的参与将进一步强化该地区的海洋搜救机制。太平洋搜救委员会是太平洋地区的一个联合搜救组织，包括五个主要的国家，分别是澳大利亚、斐济、法国、新西兰，以及美国②。太平洋搜救委员会主要负责中东南太平洋地区公海区域的搜救。每个国家致力于在所负责区域内或邻近的区域，同太平洋岛国或领地一道提升海上搜救应对能力。太平洋搜救委员会在太平洋地区共同构建海上搜救能力与合作机制，以救助遇险人员。太平洋共同体及其 26 个成员国支持太平洋搜救委员会。太平洋搜救委员会所倡导的合作理念有助于中国更好地参与南太平洋地区海洋搜救机制的构建，更好地帮助太平洋岛国克服其所面临的挑战。正如《2017—2021 年太平洋搜救委员会战略计划》（PACSAR Strategic Plan 2017 - 2021）的前言所说，"当涉及海上搜救，太平洋地区面临着一系列的挑战。小岛屿国家人口较少，分布在广阔的海域上，这使得海上搜救变得更困难。我们可以通过合作，在太平洋地区增加成功的可能性以及救助更多的生命。《2017—2021 年太平洋搜救委员会战略计划》制定了一个路线图，目的是帮助所有的成员国，特别是组成太平洋搜救委员会的国家提升搜救能力。太平洋搜救委员会主要在四个层面建构海洋搜救能力，这四个层面分别是治理、协调、应对及预防。我们通过这四个层面可以确保所有太平洋岛国和领地具备参与海上搜救的坚实基础以及必要能力。所有工作的核心基石是'关系'。随着我们在太平洋地区围绕海上搜救组织建构理解与信任，我们将从相互学习中，做得更好"③。另外，举办学术工作坊也是深化海上搜救机制的一个重要内容。自2001 年开始，太平洋共同体已经举办了八次研讨会和学术工作坊，目的是支持太平洋岛国提高在太平洋地区内的海上搜救应对能力。这些努力包括

---

① Marine New Zealand, *Briefing to the Incoming Minister of Transport*, October 2017, pp. 5 - 23.

② 其余的成员国分别是库克群岛、密克罗尼西亚联邦、基里巴斯、马绍尔群岛、瑙鲁、纽埃、北马里亚纳群岛、帕劳、巴布亚新几内亚、皮特凯恩群岛、萨摩亚、所罗门群岛、托克劳、汤加、图瓦卢、瓦努阿图。

③ Fiji Navy, Australian Maritime Safety Authority, U. S. Coast Guard Search and Rescue, JRCC NZ, SPC, *The Pacific Search and Rescue Steering Committee Strategic Plan 2017 - 2021*, 2017, p. 15, 26.

位于澳大利亚、法属波利尼西亚、新喀里多尼亚、新西兰以及夏威夷搜救中心的参与。前三次研讨会分别于 2001 年、2002 年以及 2005 年在斐济的苏瓦举行，聚焦在针对船舶跟踪系统、船舶监测系统、远程身份跟踪系统的国际合规性要求（international compliance requirements）。这些会议取得的结果包括全球海上灾难安全系统发展计划、海洋广播通信、船舶安全治理代码。自 2007 年，太平洋共同体开始举办两年一次的海上搜救工作坊。2007 年、2009 年的学术工作坊分别在火奴鲁鲁和夏威夷举办。2011 年的学术工作坊在澳大利亚举办。此次工作坊定位于海上搜救政策制定者、管理者及操作者，重视海上搜救的每个层面，包括海上搜救灾难的评估、计划和治理。每次学术工作坊都从太平洋地区搜集海上搜救数据和资料。2013 年的学术工作坊在斐济苏瓦举办，聚焦于国家海上搜救计划、增加区域海洋及航空海上搜救部门和服务机构的沟通。①

　　然而，构建南太平洋地区的海上联合搜救机制仍然面临着很大的障碍。海上搜救区域划定的不确定性加重了南太平洋地区海上搜救机制面临困难的复杂性。即便对于太平洋地区现存的海上搜救协定来说，这些海洋边界并不是一成不变的。②《第四十九届太平洋岛国论坛公报》指出："论坛领导人承认维护海洋边界安全的重要性和紧迫性，这是南太平洋地区发展和安全的一个关键问题。领导人推荐太平洋共同体、太平洋岛国论坛渔业署、太平洋岛国论坛及其他相关机构对海洋划界提供法律和技术的支持与援助。"③ 近年来，太平洋岛国在海洋划界方面取得了一些进展。国家利益以及区域重视海洋划界的努力一直在缓慢地推进。

三　参与南太平洋地区海洋划界

　　相邻国家海洋划界是国际社会中的一个焦点议题，涉及了包括政治、法律、科技、地理等多维度的层面，也是一个困扰很多国家的难题。如何有效解决相邻国家海洋划界问题，不仅是一个海洋治理问题，同样关系到国家和地区稳定。自 1973 年起，南太平洋地区解决了 73% 的相邻国家海洋划界问题，积累了丰富的相关经验。因此，该地区在确定相邻国家海洋边界方面，扮演着全球引领性的角色。④ 对于南太平洋地区相邻国家海洋

---

① SPC, *Imroving Maritime Search and Rescue Efforts In The Pacific*, 2013, p. 4.

② SPC, *Imroving Maritime Search and Rescue Efforts In The Pacific*, 2013, p. 3.

③ PIF, *Forty - Ninth Pacific Islands Forum Communique*, Nauru：Yaren, September 2018, p. 5.

④ "Pacific Hailed Global Leader in Determining Shared Marine Boundaries", Pacific Community, July 2019, https：//www. spc. int/updates.

划界，学术界的研究大约在 20 世纪 90 年代就开始了，但此类相关研究还是较为匮乏。道格拉斯·约翰逊（Douglas M. Johnston）、马克·瓦伦西亚（Mark J. Valencia）从海洋边界外交的角度，系统探讨了太平洋地区的海洋划界问题，并从区域和次区域的角度，分析了海洋边界产生的原因。[①] 目前，南太平洋地区相邻国家的海洋划界工作仍在有序进行。作为海洋大型发展中国家，太平洋岛国在区域组织的协调之下，依据联合国《海洋法公约》，主动去解决相邻国家的海洋划界问题。有的研究仍认为南太平洋地区相邻国家海洋划界进展缓慢，大部分海洋划界工作尚未解决。比如，克莱夫·斯科菲尔德（Clive H. Schofield）从国际法角度上阐释了太平洋岛国海洋划界的缘起，认为太平洋岛国海洋划界进展缓慢，政治意志是阻碍它们海洋划界的主要因素。[②] 罗宾·弗罗斯特（Robyn Frost）、保罗·希伯德（Paul Hibberd）等人探讨了太平洋海洋边界工程的效果，并确认了其成功的因素及未来所面临的挑战。[③]

（一）海洋划界问题

依据联合国《海洋法公约》，太平洋岛国有很多共同的需求，特别是确定它们的海域，并将这些信息在联合国备案。海洋区域的测量依据领海基线，在某些情况下也会依据群岛基线。太平洋群岛的基线通常以在最低天文潮汐（LAT）时围绕岛屿或岛屿群（对于那些具有群岛基线的国家）的礁石外缘周围绘制的线来表征。从这些基线确定了以下五种海区。第一，内部水域——覆盖基线内陆的所有水域和水道；第二，领海——基线向外测量到 12 海里的海域；第三，毗连区域——位于领海之外 12 海里或距基线向海 24 海里；第四，专属经济区——距领海 200 海里（从基线向海方向）超出领海，并可能与任何邻国划定界限；第五，大陆架——领海以外的海床和底土区域（不是水柱）。大陆架的外部界限更为复杂，距基线至少 200 海里。[④] 联合国《海洋法公约》阐明了沿海国家对其邻近水域的权利和责任，并使得沿海国家可以具有在领海以内至离岸 12 海里和群岛水域的主张权，以及向外延伸 24 海里邻近水域内的特定权，并拥有 200

① Douglas M. Johnston, Mark J. Valencia, *Pacific Ocean Boudary Problems Status and Solutions*, Netherlands: Kluwer Academic Publishers, 1991, pp. 1 – 219.

② Clive H. Schofield, "*The Delimitation of Maritime Boundaries of the Pacific Island States*", *Faculty of Law*, *Humanities and the Arts of Wollongong University Papers*, 2010, pp. 156 – 169.

③ Robyn Frost, Paul Hibberd, Masio Nidung, Emily Artac, Marie Bourrel, "Redrawing the Map of the Pacific", *Marine Policy*, Vol. 95, 2018, pp. 302 – 310.

④ SPC GeoScience Division, *Status of Marine Boundaries in Pacific Island Countries*, New Caledonia: Noumea, 2015, p. 12.

海里专属经济区和大陆架区域的主权。在某些情况下，沿海国可能会定义各种直线类型的基线，尤其是直线基线，河流和海湾的封闭线以及港口和路基的封闭线。全球共有 19 个国家宣布为群岛国，其中 14 个划定了群岛基线，涉及的太平洋岛国有斐济、巴布亚新几内亚、所罗门群岛、图瓦卢、瓦努阿图。巴布亚新几内亚和所罗门群岛分别在 1978 年和 1979 年宣布了多个群岛的群岛基线。一向对违反基线规则警觉并抗议的美国对这种复合划界并没有提出抗议。① 这是对群岛国可以围绕所有群岛划定群岛基线解释的非常有力的支持。有趣的是，斐济在其主要岛群周围划定了群岛基线，而在罗图马岛（Island of Rotuma）及其附属岛屿划定的却是直线基线。②

由于太平洋岛国不断向外拓展海洋区域，导致许多海域管辖权的重叠，并在太平洋岛国之间以及太平洋岛国与相邻国家之间划定了许多"新"海洋边界。在没有海洋划界的情况下，很多太平洋岛国的海洋司法权力发生了重叠。这主要是体现在太平洋岛国外大陆架的重叠。如果沿海国处于广阔的大陆边缘，它们就可以对超过 200 海里专属经济区限制的大陆架上那些区域主张权利。这是其自然延伸的一部分。这些超过 200 海里限制的大陆架区域通常称为"外部"或"扩展"大陆架。一些太平洋岛国向大陆架界限委员会提交了关于外大陆架的原始信息。显然，由于一些邻国位于共同的大陆边缘，因此，许多申请存在相互重叠。比如，澳大利亚、法国、新西兰、斐济和汤加提交的外大陆架申请区域存在多处重叠。此外，法国和瓦努阿图对马修和亨特群岛的主权提出异议。瓦努阿图抗议法国提交的与这些岛屿有关的部分内容。法国代表新喀里多尼亚提交的文件不仅与澳大利亚北部大陆架申请重叠，而且还越过了澳大利亚和新西兰于 2004 年商定的国际海洋边界。密克罗尼西亚和巴布亚新几内亚外大陆架之间也存在潜在的重叠。库克群岛代表托克劳就新西兰以北的马尼希基（Manihiki）高原地区的外大陆架地区提出了意见。法国也表示将代表瓦利斯与富图纳向该地区提交意见。西边的法国与库克群岛之间，东边的法国与英国（代表皮特凯恩群岛）之间存在重叠的外大陆架。当所罗门群岛与瓦努阿图基于本国领土主张 200 海里的 EEZ 时，两个主张发生重叠。如果基于所有相关岛屿因素来划定等距离线，会涉及所罗门群岛所属的 7 个岛

① United States Department of State, "United States Responses To Excessive National Maritime Claims", *Limits in the Seas*, No. 12, 1972, pp. 45–47.
② Fiji Royal Gazette Supplement, *Marine Spaces Act (Chapter 158A)*, No. 41, November 1981, p. 82.

屿和瓦努阿图所属的 6 个岛屿。基里巴斯所提出扩大海域的主张与瑙鲁的主张发生重叠。等距离线将在瑙鲁和基里巴斯的海岛之间划定。密克罗尼西亚所主张的海域和巴布亚新几内亚的主张是重叠的。两国均为群岛国家，但巴布亚新几内亚拥有一些非常大的岛屿，从而使得它得以划定群岛基线。密克罗尼西亚则由星罗棋布的很多小岛组成，其自身情况不允许其划定直线基线（除非在很小的范围内）。帕劳和密克罗尼西亚有相互重叠的海洋主张区域。这两国之间的等距离线是基于密克罗尼西亚最西面的岛屿——恩古卢环礁、雅浦岛和巴拜尔多阿博岛，以及隶属于帕劳的卡杨埃尔岛。[①] 应当指出的是，大陆架界限委员会是一个科学而非技术机构，它无权考虑遭受主权争端或重叠海事请求的地区。委员会的建议不损害海洋边界的划定。沿海国将自己解决任何重叠的海上争端，并划定新的外大陆架边界。

对诸如渔业、海床矿产等资源的利用和治理、海洋空间规划以及海洋交通而言，海洋边界至关重要。[②] 南太平洋地区总共有 48 个重叠或共享的海洋边界。截至 2020 年 7 月，这些边界中的 35 个已经确定，还有 13 个悬而未决的双边边界以及 5 个公海边界有待宣布。[③] 未确定的 13 个海洋边界正处于各种层面的技术、法律的讨论与协商之中。这 13 个海洋划界涉及了 8 个太平洋岛国，分别是斐济、纽埃、帕劳、马绍尔群岛、萨摩亚、汤加、瓦努阿图、所罗门群岛。斐济有待与汤加、所罗门群岛和瓦努阿图进行海洋划界谈判。汤加其余未完成共享海洋边界谈判主要是同其邻国进行，包括纽埃、萨摩亚和美属萨摩亚。萨摩亚正处于同美属萨摩亚、汤加、托克劳、瓦利斯与富图纳的共享海洋边界谈判的不同阶段。在北太平洋，帕劳与菲律宾、印度尼西亚之间以及马绍尔群岛与美国之间还未进行谈判。近年来，国家利益以及解决海洋划界问题的区域努力一直进展缓慢。2002—2010 年，南太平洋地区总共签署了两个海洋划界协定。但在2011—2014 年，该地区总共签署了 14 个海洋划界协定。2011 年，只有帕劳、斐济和瑙鲁依据联合国《海洋法公约》，宣布了关于基线、群岛基线

---

① 〔澳〕维克托·普雷斯科特、克莱夫·斯科菲尔德：《世界海洋政治边界》，吴继陆、张海文译，海洋出版社 2014 年版，第 60 页。

② SPC, *Contribution of the Secretariat of the Pacific Community to the First Part of the United Nations' Secretary – General's Report on "Oceans and Law of the Sea" to the Sixteenth Meeting of the Informal Consultative Process*, 2014, p. 1.

③ "The Status of Pacific Regional Maritime Boundaries as of July 2020", SPC, 9 September 2020, https://www.spc.int

或专属经济区外部界限的信息。自此，图瓦卢、纽埃、库克群岛同样宣布了基线和专属经济区的信息，而巴布亚新几内亚、所罗门群岛只宣布了群岛基线的信息。对于海洋划界以及解决海洋边界争端而言，联合国《海洋法公约》提供的指导很有限。它为海洋划界提供了一个法律框架。然而，调整划界的有关原则和法律规则还远未明确。事实上，该公约规定，在领海之外，沿海国仅仅有义务达成一个"公平的解决方案"，但并没有提出倾向性的划界方法或者相关情况。因此，这就为在个案中对于哪些是适当的划界因素和方法做出根本上不同的解释留下了充足的空间。同时，这为海洋划界谈判中出现争端和僵局留下了隐患，① 客观上延缓了太平洋岛国海洋划界的步伐。

（二）中国参与南太平洋地区海洋划界的方略

随着中国同太平洋岛国关系的日益密切，中国逐步完善了在南太平洋地区的政策框架。参与南太平洋地区海洋划界是中国南太平洋地区政策的题中应有之义，也是建设海洋命运共同体的外在要求。同时，参与南太平洋地区海洋划界有助于为中国处理海洋边界争端提供借鉴。

第一，重视同欧盟及其成员国的合作，推动中国、欧盟以及太平洋岛国的三方海洋划界合作。一直以来，欧盟同南太平洋地区在海洋治理领域的合作较为密切，并取得了显著的成效。为了提升欧盟在全球治理中的话语权、践行其海洋战略，欧盟已经把南太平洋地区视为其全球海洋治理的优先区域。同时，作为欧盟的成员国，法国在南太平洋地区拥有三个海外领地，分别是新喀里多尼亚、法属波利尼西亚、瓦利斯与富图纳。这些海外领地一方面使法国获得了广阔的海洋专属经济区，另一方面赋予了法国保护这些海外领地海洋环境、海洋资源的责任。目前，中欧以及中法在海洋治理领域的合作框架比较清晰，为双方在南太平洋地区的合作奠定了坚实的基础。自 2003 年 10 月中国政府发表首份对欧盟政策文件以来，中欧全面战略伙伴关系获得了飞速发展。海洋治理是双方全面战略伙伴关系的一个焦点合作议题。2010 年，中华人民共和国和欧盟委员会签署关于海洋综合管理方面建立高层对话机制的《谅解备忘录》。自此，双方海洋合作不断深化，并在 2017 年成功举办了"中欧蓝色年"。中欧蓝色伙伴关系的确立对双方改善海洋治理框架、提升海洋研究水平、促进海洋可持续发展

---

① 〔澳〕维克托·普雷斯科特、克莱夫·斯科菲尔德：《世界海洋政治边界》，吴继陆、张海文译，海洋出版社 2014 年版，第 167 页。

等至关重要。① 2019 年 9 月，首届中欧蓝色伙伴关系论坛的举办体现了双方在全球海洋治理中的责任与担当。欧盟在其官方海洋治理文件中表达了同中国合作的意愿和内容。欧盟委员会将同包括中国在内的主要海洋行为体进行关于海洋事务的双边对话，并计划在未来五年内逐步将其升级为"海洋合作伙伴关系"。这将强化海洋治理领域的关键合作，比如与海洋有关的可持续发展、海洋研究、能力建设等。

第二，推动国内相关高校加强南太平洋地区海洋划界方面的研究。国内不少高校建立了关于太平洋岛国的研究中心，分别是聊城大学太平洋岛国研究中心、广东外语外贸大学太平洋岛国战略研究中心、福建农林大学南太平洋岛国研究中心、北京外国语大学太平洋研究中心、中山大学大洋洲研究中心、安徽大学大洋洲文学研究所，涉及了民族、历史、人类学、农学、文学、国际关系学等研究层面，掀起了太平洋岛国研究的一股热潮。然而，国内太平洋岛国研究繁荣的背后，仍有很大的研究短板。既有研究缺乏关于太平洋岛国的海洋治理，难以有效服务于中国在南太平洋地区的海洋战略，也无法深入对接南太平洋地区的"蓝色太平洋"倡议。如果不能有效强化同太平洋岛国的海洋治理合作，"一带一路"倡议难以真正实现在南太平洋地区的民心相通。海洋治理是一个复杂的系统工程，包含了很多维度，比如海洋生物多样性保护、维护海上航行安全、治理海洋环境污染、海洋划界等。因此，国内相关高校在保持现有研究特色的同时，应重视关于太平洋岛国海洋治理的研究，运用包括国际法学、海洋学、地理学等在内的多学科，形成基于交叉学科的太平洋岛国海洋治理研究。在高校智库导向不断升温的大背景下，扎实的学术研究不应被忽略。相反，作为智库研究的基础，学术研究应被置于核心的位置。没有可靠的学术研究做保障，包括资政建言、政策报告在内的研究成果也很难经得起推敲。

四　共同提升海洋防灾减灾能力

近年来，随着南太平洋地区经济的发展，各种海洋污染日益增多，海上事故频发。受气候变化的影响，发生重大海洋灾害的风险日益突出，这给太平洋岛国的海洋防灾减灾工作提出了很大的挑战。国际层面上，域外国家不断加强对南太平洋地区的参与力度，这客观上增加了地缘政治竞争

---

① 《首届中欧蓝色伙伴关系论坛在布鲁塞尔举行》，新华网，2019 年 9 月 6 日，http: // www.xinhuanet.com.

的风险，使得南太平洋地区的海洋环境日趋恶化。受制于先天的脆弱性，太平洋岛国在海洋防灾减灾方面的能力明显不足。"南太平洋地区是世界上受自然灾害影响最严重的区域之一。《2015 年世界危机报告》（The World Risk Report）把太平洋视为具有世界上十种自然灾害的四种，包括世界上最严重的两种自然灾害。……基于联合国环境规划署的《环境脆弱性指数》，绝大部分太平洋岛国被归类为'脆弱'或'极度脆弱'。"①《针对太平洋地区气候弹性发展的框架》指出，"灾难危机增加了太平洋岛国人民的脆弱性，阻碍了太平洋岛国实现可持续发展的目标"②。太平洋共同体在 2016 年的年度报告指出，"太平洋共同体成员国拥有多样化的特点和文化，但面临着同样的挑战。它们对外部的地缘政治、经济变化以及自然灾害相当脆弱。太平洋岛国、国际和区域组织以及发展伙伴之间的合作对于延续它们的可持续发展具有重要意义"③。基于此，中国、澳大利亚及新西兰应该共同帮助太平洋岛国提升海洋防灾减灾能力。合作的重点可以参考《针对太平洋地区气候弹性发展的框架》所倡议的，"早期预警系统、紧急准备、综合危机评估与治理"④。

随着技术进步和装备水平的提高，中国海洋探测能力不断提高，逐步走向深海、远海，取得了显著的成绩。这为中国开展海洋防灾减灾提供了有力支撑。海洋防灾减灾是中国海洋事业发展的重要基础性工作，也是国家综合减灾体系的重要组成部分。全面做好海洋防灾减灾工作，对于支撑海洋强国建设、保障沿海地区经济社会可持续发展具有重大意义。⑤ 对于开展海洋防灾减灾的国际合作，中国表达了明确的态度："深化防灾减灾国际交流合作。服务国家外交工作大局，积极宣传我国在防灾减灾领域的宝贵经验和先进做法，学习借鉴国际先进的减灾理念和关键科技成果……注重对我国周边国家、毗邻地区、'一带一路'沿线国家和地区等发生重特大自然灾害时提供必要支持与帮助。通过对外人道主义紧急援助部际工作机制，统筹资源，加强协调，提升我国政府应对严重人道主义灾难的能

---

① "Climate Change and Risk Management", Pacific Islands Forum Secretariat, https：//www. forumsec. org.

② SPC, PIF, UNDP, USP, UNISDR, *Framework for Resilient Development in the Pacific*, 2016, p. 12.

③ SPC, *Pacific Community 2016 Results Report*, New Caledonia：Noumea, 2017, p. 5.

④ SPC, PIF, UNDP, USP, UNISDR, *Framework for Resilient Development in the Pacific*, 2016, p. 3.

⑤ 《全面推进海洋防灾减灾体制改革》，国家海洋局，2017 年 7 月 21 日，http：//www. soa. gov. cn.

力和作用。"① 中国与太平洋岛国在海洋防灾减灾领域的合作已经展开。2014 年 8 月，中国向瓦努阿图介绍了国家海洋局在海洋科技、环保和海洋防灾减灾等方面的职责，与瓦方如何开展海洋灾害预警和海洋预报服务等问题进行了探讨，达成了多项共识。②

澳大利亚也是一个容易受海洋灾害影响的国家。它对于海洋灾害的治理、准备、危害辨认以及技术创新都具备很强的专业性。它同样通过援助项目，来为印太地区的伙伴国提供支持，目的是保护最脆弱的群体和构建强化气候适应性的平台。2015 年，澳大利亚批准了《针对灾难危机减缓的仙台框架》。海洋灾害破坏了生存和基础设施，阻碍了发展。印太地区海洋灾害的影响阻碍了成百上千万人口的脱贫。这种影响是与一系列复杂、相互影响的因素相关的脆弱性的直接结果。这些相互影响的因素包括贫困、性别不平等、环境恶化、不稳定等。澳大利亚对海洋减灾的贡献是通过援助项目来实现，已经超过了占官方开发援助（Official Development Assistante，ODA）比重为 1% 的目标。澳大利亚通过长期的"太平洋灾害弹性项目"来提供对四个太平洋岛国的海洋防灾援助。这四个岛国是斐济、所罗门群岛、汤加和瓦努阿图。这四个国家由于每年的海洋灾害，经济损失严重。③

新西兰外交部批准了一个"应对灾害的伙伴关系"资金项目。要求新西兰和非政府组织在海洋灾害发生之后，及时给予援助。④ 新西兰援助项目对太平洋岛国提供"地方政府技术援助设施"，同时，新西兰地方政府对地方政府技术援助设施补充。地方政府技术援助设施成立于 2012 年，目的是支持太平洋岛国在地方政府层面发展提供服务的解决方案。⑤ 就援助而言，新西兰大约 60% 的援助针对太平洋岛国。"新西兰援助项目主要针对太平洋邻国。新西兰人民与太平洋人民在寻求区域繁荣与稳定方面，具有共同利益。新西兰援助太平洋岛国的一个目的是强化弹性。即一是提

---

① 《中共中央国务院关于推进防灾减灾救灾体制机制改革的意见》，中华人民共和国中央人民政府，2017 年 1 月 10 日，http：//www.gov.cn.

② 《拓展与南太平洋岛国海洋领域的合作取得进展》，中国海洋在线，2014 年 8 月 19 日，http：//www.oceanol.com.

③ "Disaster Risk Reduction and Resilience"，Australian Government Department of Foreign Affairs and Trade，https：//dfat.gov.au.

④ "NZ Disaster Response Partnership"，New Zealand Foreign Affairs & Trade，https：//www.mfat.govt.nz.

⑤ "PacificTA：Programme for Technical Assistance to Pacific Island Countries"，New Zealand Foreign Affairs & Trade，https：//www.mfat.govt.nz.

高太平洋岛国恢复及自然灾害的治理能力；二是投资海洋灾害减缓的目标。"①

中国、澳大利亚及新西兰可以依托南太平洋地区现有的海洋防灾减灾体系，推进同太平洋共同体地球科学部的合作。太平洋共同体地球科学部的任务是帮助太平洋岛民有效应对它们所面临的挑战。这包括地球表面或地球内部的地质、化学、物理和生物进程。它包括地球科学部所使用的评估资源利用是否有效、自然灾害及其对岛国的影响。在过去的十几年，太平洋共同体地球科学部的工作涉及水、废水、环境卫生、能源及灾害治理。海洋减灾是其中的一个技术部门。任何太平洋岛国都可以从太平洋共同体地球科学部中要求援助。目前，澳大利亚与新西兰都对它进行资助。②海洋减灾项目（Disaster Reduction Programme）为太平洋岛国提供技术和政策建议，并强化它们的海洋灾害减缓治理。③ 区域治理是太平洋岛国进行海洋防灾减灾的最好路径。亚洲开发银行对这一点也认同。"太平洋领导人采取了解决自然灾害和气候变化恶劣影响的区域战略框架。这些区域战略框架包括《关于气候变化行动的太平洋岛屿框架》（Pacific Islands Framework for Action on Climate Change）、《太平洋灾害减缓和治理框架的行动》（Pacific Disaster Risk Reduction and Disaster Management Framework for Action）。"④ 因此，中国、澳大利亚及新西兰未来在南太平洋地区的海洋防灾减灾合作拥有很大的潜力。正如新西兰在《2015—2019 年援助项目战略计划》中所言，"未来四年，新西兰将太平洋国家及其他发展伙伴在太平洋地区提高援助的协调性"⑤。中国与太平洋共同体地球科学部的合作拥有巨大的潜力。2014 年 11 月，中国向太平洋共同体表示，南太平洋小岛屿国家与中国在海洋环境保护、应对气候变化、防灾减灾等方面有着巨大的合作潜力，优势互补明显。中国与澳大利亚、新西兰、瓦努阿图等国家签署的海洋与极地合作协议将为中国与南太平洋地区国家开展合作发挥良好的示范作用。对于同太平洋共同体地球科学部的合作与运行机制等问题，国家海洋局将进行研究，并就此与太平洋共同体地球科学部保持联系

---

① "New Zealand Aid Programme Strategic Plan 2015 – 2019", New Zealand Foreign Affairs & Trade Aid Programme, https：//www. mfat. govt. nz.

② "SPC Geoscience Overview", SPC – GSD, http：//gsd. spc. int.

③ "Disaster Reduction Programme", SPC – GSD, http：//gsd. spc. int.

④ "Disaster Risk Reduction and Management in the Pacific", ADB, https：//www. adb. org.

⑤ "New Zealand Aid Programme Strategic Plan 2015 – 2019", New Zealand Foreign Affairs & Trade Aid Programme, https：//www. mfat. govt. nz.

与沟通。

第四节　共建智慧创新之路

创新是引领海洋可持续发展的强劲驱动力。深化中国—大洋洲—南太平洋蓝色经济通道沿线国家在海洋科学研究、教育培训、文化交流等领域合作，增进海洋认知，促进科技成果应用，这将有助于更好地推动这条蓝色经济通道的健康、可持续运行。《太平洋岛国区域海洋政策与针对联合战略行动的框架》中的一项海洋治理原则为提高对海洋的认知，具体的一个倡议为对太平洋岛国提供技术支持，目的是促进决策中科技信息的整合。[①]

一　深化海洋科学研究与技术合作

21世纪海洋可持续发展面临着很多重大挑战，主要的挑战包括海洋多尺度能量与物质循环、海洋和气候变化、极地海洋、海洋资源的开发利用、海洋的生态健康、海洋的观测与预测。就这些挑战而言，单独依靠一个国家和地区很难充分应对，而海洋科技可以有效汇集全球力量，战胜这些挑战。由于独特的地理位置以及受气候变化的影响比较明显，南太平洋的可持续发展面临的挑战更加严峻。该地区的区域组织意识到了海洋科技对太平洋岛国发展的意义或重要性。太平洋共同体在介绍其任务时就强调了科学知识的重要性："我们通过创新及有效科学知识的应用，造福于太平洋人民。对太平洋共同体而言，我们基于自身的科学和技术专业知识以及在如何针对成员国具体需求的专业知识应用而被认可。太平洋共同体的一个战略组织目标是强化科技专业知识。"[②] 太平洋共同体在《2016—2020年战略计划》中将强化科技专业知识的战略组织目标具体化："太平洋共同体提供专业技术的区域资源，以强化或补充区域和国家能力。太平洋共同体承诺在与成员国发展重点相关的领域构建科技力量。太平洋共同体将在创建卓越学科领域方面，发挥主动作用。这建立在我们拥有比较优势的领域中，主要基于我们的技术、专业、经验以及太平洋地区的发展重

[①]　SPC, FFA, PIFS, SOPAC, USP, SPREP, *Pacific Islands Regional Ocean Policy and Framework for Integrated Strategic Action*, Fiji: Suva, 2005, p. 13.

[②]　"Our Work", SPC, https://www.spc.int.

点。"① 深化海洋科学研究与技术合作是太平洋岛国海洋治理、实现可持续发展不可忽略的手段。一方面，太平洋岛国经济体量较小，依靠自身进行海洋治理及实现可持续发展并不现实；另一方面，海洋科学研究和技术合作是太平洋岛国克服自身脆弱性的有效手段。

第一，建立海洋科技伙伴关系。中国、澳大利亚、新西兰在海洋科技方面都拥有各自的独特优势。它们的这些优势可以有效增强太平洋岛国的国家海洋实力。同时，南太平洋广阔的海域也为这些国家践行、完善海洋科技提供了很好的试验场。2011 年，中国发布了《国家"十一五"海洋科学和技术发展规划纲要》，指出了面临的形势以及发展重点。"21 世纪是海洋的世纪。世界各沿海国家、国际社会对海洋事务高度重视，国际海洋科技围绕全球重大环境问题、经济社会发展和海洋安全的重大战略需求，发展迅速，呈现新的趋势。一是重大综合性海洋科学研究计划的实施，催生着一些新的海洋科学研究领域，带动着海洋高技术领域的重大突破；二是以海洋生物技术和深海技术为核心的海洋高技术领域快速发展；三是海洋监测和探测向高分辨率、大尺度、实时化、立体化发展，建设海洋环境业务化监测系统成为许多国家的重要举措；四是大量的海洋科技成果转化为现实生产力，支撑和引领海洋产业向高技术化发展，海洋经济成为世界经济的重要组成部分。我国是一个海洋大国，但不是海洋强国。贯彻落实'实施海洋开发'的战略部署，实现建设海洋强国的战略目标，迫切需要加速发展海洋科学技术。"同时，该纲要强调了开展海洋科技合作的重要性。"积极参与国际海洋领域重大科学规划，与世界高水平的大学、研究所，探索建立长效的、高水平的合作与交流机制。落实政府间海洋科技合作协定，拓展工作渠道，形成政府搭台，研发机构、大学、企业等主体作用充分发挥的国际海洋科技合作局面。"② 2014 年，国家海洋局在海洋工作的主要任务中指出，开拓与太平洋岛国及拉美国家的合作，发展与斐济、汤加、瓦努阿图等太平洋岛国在应对气候变化、海岛保护、海洋资源的开发合作，推动与澳大利亚、智利、阿根廷等在海洋科研领域的合作。③

20 世纪 90 年代以来，为了推进海洋科学的研究，澳大利亚政府于

---

① SPC, *Pacific Community Strategic Plan 2016 – 2020*, New Caledonia：Noumea, 2015, p. 7.

② 《国家"十一五"海洋科学和技术发展规划纲要》，国家海洋局，2011 年 7 月 1 日，http：//www.soa.gov.cn.

③ 《统筹处理维权与维稳的关系，坚决维护国家海洋权益》，国家海洋局，2014 年 1 月 15 日，http：//www.soa.cn.

1998 年发布了为期 10—15 年的《澳大利亚海洋科技计划》，对澳大利亚海洋政策产生了很大的影响。该计划的理念是强有力的海洋科技有助于国家海洋政策和决策，也有助于国家的健康和财富。同时，该计划为整合的、创新的科技提供了一个战略，目的是在维护澳大利亚国家利益的前提下，指导管辖区内海洋资源的可持续治理、认知和预测气候多样性和变化、指导可持续海洋产业的发展。如果把 EEZ 计算在内，澳大利亚海洋管辖区总面积为 1610 万平方千米。该计划主要着眼于促进对海洋管辖区性质的理解，主要包括理解海床的结构和形式、理解海洋的热量特征和化学结构及在气候变化中的角色、理解海洋物种和生态系统、援助海洋环境保护、支持海洋环境和资源的可持续长期规划和治理。① 《澳大利亚海洋政策》把《澳大利亚海洋科技计划》列为海洋保护与海洋资源治理的关键组成部分。② 未来，中国、澳大利亚及新西兰可以构建海洋科技伙伴关系，扩大海洋科技合作与交流。中国、澳大利亚及新西兰可以依托南太平洋大学海洋研究院来构建海洋科技伙伴关系。在南太平洋区域组织中，南太平洋大学不仅是一所高校，还是区域海洋治理组织，在南太平洋海洋治理中扮演着重要的角色。

南太平洋大学海洋研究院是一个跨学科的学院，整合了自然科学（海洋科学项目）与社会科学（海洋治理项目）。海洋研究院主要包括两门课程：海洋科学课和海洋治理课。它的一个主要任务是鼓励南太平洋大学机构、岛国、区域和国际组织之间针对海洋资源可持续发展的合作与协调。海洋研究院为南太平洋大学所有与海洋相关的活动提供支持和服务。③ 目前，中国的一些高校与南太平洋大学签署了合作协议。2006 年，中山大学与南太平洋大学签署了校际交流合作协议，这为我国高等院校与南太平洋大学建立校际交流关系和开展海洋交流奠定了良好的基础，也为我国与太平洋岛国的教育交流与合作打开了新的渠道。2015 年 8 月，聊城大学与南太平洋大学一致同意签署两校全面交流与合作备忘录。南太平洋大学校长拉杰什·山德拉（Rajesh Chandra）表示，作为南太平洋岛国共同兴办的区域性大学，南太平洋大学愿意与聊城大学太平洋岛国研究中心开展全面的交流与合作，通过高校之间的交流与合作，共同促进中国与太平洋岛国之间的交流与合作。

---

① Commonwealth of Australia, *Australia's Marine Science and Technology Plan*, 1999, pp. 3 – 6.

② Commonwealth of Australia, *Australia's Ocean Policy*, 1998, p. 33.

③ "School of Marine Studies", USP, https://www.usp.ac.fj. SPREP, *Pacific Region*, Apia：SPREP, 2003, p. 473.

第二，建设海洋科技合作园，共同提高海洋科技创新能力。随着科学技术的不断发展、资源的不断开发，海洋科技在经济发展中的重要性不断突出。20世纪以来，世界海洋经济发展在海洋资源勘探、海洋产品生产、海洋经济产业运营等方面都体现了海洋科技的价值。海洋科技能够直接作用于海洋产业及经济发展，增强海洋经济环境的可持续发展，对海洋生态环境的改善至关重要。基于海洋资源的特性，构建国际海洋科技合作机制是大势所趋。中国开展海洋科技合作的起步较晚。20世纪五六十年代，中国只是同苏联、越南等开展过一些小规模的联合海洋调查。直到70年代中后期，随着中美建交和我国实行对外开放的政策，中国才陆续扩大了同国外的海洋科技合作与交流。1979年5月8日，国家海洋局和美国国家海洋大气局签订了《海洋和渔业领域科学技术合作议定书》，该文件的签署标志着中国海洋领域大规模对外科技合作的开始。[1] 中国开展海洋科技合作的一个主要问题是双边合作较多，多边合作较少，总体上处于粗放式发展阶段，缺乏沟通协调，这不利于多边海洋科技合作机制的构建。

蓝色经济通道沿线国家目前还没有一个固定的海洋科技合作机制。既有的合作局限在双边领域，比如中国同新西兰在2012年签署了《中国—新西兰科学技术合作五年路线图协议》，确定在此后五年双方将共同出资5000万元人民币支持在食品安全与食品保障、非传染性疾病、水资源三个优先领域开展联合研究和科学家交流等活动。[2] 2016年，中国全额援建了萨摩亚国立大学海洋培训学院。该学院主要为现在及将来的水手提供航行技术、航海科学和海洋工程方面的课程培训，重点是海洋安全。[3] 由于中国同澳大利亚、新西兰、太平洋岛国在海洋科技管理体制、部门归属、语言文化等方面的差异，通道沿线国家之间的海洋科技合作在实际操作中存在很大的困难。基于此，有必要建立海洋科技合作园，共同增强海洋创新意识。

二　开展海洋教育与文化交流

太平洋岛国作为海洋大型发展中国家，与其他地区的国家相比，海洋对其意义是独特的。生活在大陆地区的捕猎者和采集者以及随后的农耕者

---

① 卢秀容、陈伟：《中国国际海洋科技合作的重点领域及平台建设》，《海洋开发与管理》2014年第3期。

② 《第三届中国—新西兰科技合作联委会在杭州召开》，中华人民共和国科学技术部，2012年5月8日，http://www.most.gov.cn。

③ "School of Maritime Training"，NUS，https://www.nus.edu.ws。

通常会维护土地和森林，目的是子孙后代可以继续以此为生。生活在沿海或岛屿上的居民以海洋为生，但意识到了海洋资源会枯竭。土著民在精神价值、图腾以及宗教方面体现了与他们所处环境和谐的欲求。在夏威夷土著民的赞美诗中，海洋被描述为不只是环境或资源，而是有生命的存在以及其他生物的家园。这种与海洋亲属关系的观点明显不同于西方国家视海洋为海上通道、利用资源或食物来源的观点。新西兰的毛利人发展自己的海洋法，这主要是基于植根于毛利文化观念中的四项基本规则。[1] 土著民的传统观念对于区域海洋治理有着重要的指导作用。20 世纪 70 年代初期和中期，当第三次联合国海洋法会议召开时，密克罗尼西亚议会发布了一项名为《密克罗尼西亚航行、岛屿帝国与海洋所有权的概念》的研究报告，部分目的是诠释密克罗尼西亚人对周围海域利用的历史及对海洋治理问题的重视。该报告指出海洋是岛民生活的一部分，并检验了密克罗尼西亚人海洋治理的传统。[2] 对通道沿线国家而言，各方共享太平洋，太平洋是这样国家沟通与交往的桥梁。因此，开展海洋教育与文化交流具有先天的基础。

第一，扩大向太平洋岛国提供中国政府的海洋奖学金计划，扩大通道沿线国家来华人员的研修与培训规模。中国政府海洋奖学金是落实国务院批准的《2011—2015 年南海及其周边海洋合作框架计划》的一项重要举措，由国家海洋局与教育部联合设立，旨在帮助广大发展中国家培养海洋领域优秀人才，促进区域乃至全球海洋合作。海洋奖学金的评选对象之一为南海、印度洋、太平洋周边及岛屿国家以及其他发展中国家的非中国籍公民。[3] 2017 年，国家海洋局国际合作司有关负责人表示，中国政府奖学金项目实施 5 年来进展顺利，已在国际海洋合作领域形成了一定的影响力，受到相关国家和国际组织的高度评价。下一步，国家海洋局将按照参与全球海洋治理方面的总体规划，进一步做好留学生招生和评选工作，促进中国政府海洋奖学金项目与双边、多边的有效结合，并在加强学生的管理与培养、加大宣传力度等方面做好工作。目前，中国已经表达了对太平

① Jon M. Van Dyke, "The Role of Indigenous People in Ocean Governance", in Peter Bautista Payoyo, *Ocean Governance: Sustainable Development of the Seas*, Tokyo: United Nations University Press, 1994, p. 58.

② Congress of Micronesia, *Micronesia Navigation, Island Empires and Traditional Concepts of Ownership of the Sea*, Mariana Island: Saipan, January 14, 1974, pp. 1 - 108.

③ 《中国政府海洋奖学金评选办法》，国家海洋局，2013 年 6 月 27 日，http://www.soa. gov.cn.

洋岛国提供政府海洋奖学金的意愿。"我们将继续为岛国举办海洋资源和环境管理培训班，并通过'中国政府海洋奖学金'、在华设立的亚太组织海洋可持续发展中心等，帮助岛国加强海洋开发与保护能力建设。"就太平洋岛国的海洋治理而言，为了更好地提高对海洋的认知，《太平洋岛国区域海洋政策与针对联合战略行动的框架》确定了五个战略行动，其中之一为推动针对岛国当地人民在海洋科学和海洋事务学科（marine affairs discipline）中的正式教育。同时，该框架提出了推动岛国当地人民在海洋科学方面的正式和非正式教育、培训和能力建构的倡议。确保太平洋居民接受与海洋和沿岸治理相关的教育和培训是能力建构的一个重要方面。太平洋岛国需要为了协调和整合与其他地区倡议的教育、培训、能力建构倡议而寻求机会。① 由此可见，中国政府的海洋奖学金计划契合了这一点，为太平洋岛民接受教育和培训提供了重要的机遇。

第二，加强对太平洋岛国海洋文化遗产的保护。"海洋连接了太平洋岛国社区，超过了其他一切。海洋不仅作为交通的载体，而且作为食物、传统和文化的来源，支持太平洋岛国社区世代的人民。自从第一批人定居之后，我们的海洋、沿岸和岛屿生态系统包含了高度的生物多样性，维持着太平洋岛屿社区人民的生存。我们的海洋拥有世界上最丰富的珊瑚礁、全球重要的渔业资源、重要的海床资源和许多濒危的海洋物种和成千上万的岛礁。"② 海洋是太平洋岛国最重要的文化遗产。太平洋地区大约覆盖了全球表面面积的1/3，拥有非凡的文化和生物多样性。③ 在《2010—2020年区域文化战略》中指出，"文化是发展和发展背景的驱动力。文化提供了问题解决方案及确保交换体系。这些成为维持社区生存和收入的重要来源。《2030年可持续发展议程》承认了世界文化和自然多样性，并强调文化是可持续发展的关键促成者。太平洋社区与海洋有着强烈的历史、精神和祖传的联系。他们一直是陆地生态系统的监管人，保护海洋生物文化多样性和海洋财富。他们同样是海洋和海洋资源的监管人，与海洋生物有着特殊的联系。太平洋海洋文化的传统知识有助于调节当地和全球气候变化。显然，海洋文化在国际层面、地区层面、国家层面以及本地层面上是

---

① SPC, FFA, PIFS, SOPAC, USP, SPREP, *Pacific Islands Regional Ocean Policy and Framework for Integrated Strategic Action*, 2005, p. 5, 13.

② SPC, FFA, PIFS, SOPAC, USP, SPREP, *Pacific Islands Regional Ocean Policy and Framework for Integrated Strategic Action*, 2005, p. 3.

③ "Pacific World Heritage Programme", UNRSCO OFFICE IN APIA, http://www.unesco.org.

发展章程的一部分"①。

　　尽管太平洋地区拥有丰富的生物和文化多样性，但它在《世界遗产名录》上是数量不足的一个区域。为了纠正这种失衡，世界遗产全球战略会议分别于 1997 年 7 月在斐济、1999 年 8 月在瓦努阿图举行。2003 年，亚太地区第一阶段的定期报告指出，太平洋地区仍然存在着失衡。在这种情况下，"2009 年太平洋项目"应运而生。该项目有五个目的。一是确保在太平洋地区《世界遗产公约》的完全会员资格，强化一个集体执行的次区域路径；二是提高关于《世界遗产公约》的意识；三是建构针对"临时名单"（Tentative List）准备的能力；四是确保太平洋文化和自然遗产在《世界遗产名录》的代表性数量；五是建构政府组织、非政府组织、多边组织及援助伙伴之间的伙伴关系。② 2009 年 10 月，太平洋岛屿世界遗产工作坊在法属波利尼西亚举行。该地区的每一个国家都对在执行《世界遗产公约》方面所取得的进步做了展示。在此次工作坊上，太平洋岛国签订了《太平洋世界遗产行动计划》（Pacific World Heritage Action Plan）。该计划确定了在太平洋岛屿地区执行《世界遗产公约》的主要行动，以一种考虑太平洋人民传统、信仰、机会和挑战方式，增强对于保护独特的太平洋文化和自然遗产的本地、区域和全球意识。该计划还重视太平洋人民之间的文化联系。③ 2008 年 10 月，在"2009 年太平洋项目"的政策框架下，经过世界遗产委员会的批准，太平洋岛屿世界遗产工作坊在澳大利亚凯恩斯举行。澳大利亚和世界遗产基金对此次工作坊进行了财政支持。来自 14 个太平洋岛国的 80 多人参与了工作坊。此次工作坊共有三个目的：一是在发展针对文化和自然遗产的治理体系和计划方面，建构能力技巧，并分享治理实践；二是审阅"2009 年太平洋项目"的执行情况；三是讨论太平洋世界遗产基金未来建立的情况。同时，参会人员还讨论了太平洋的海洋文化遗产所面临的挑战，比如气候变化对文化和自然遗产的影响，全球化的影响，太平洋岛国自身的脆弱性。④

　　第三，共同举办海洋文化节、海洋艺术节。太平洋文化节久负盛名。

---

① SPC, *Regional Culture Strategy: Investing in Pacific Cultures 2010 - 2020*, Fiji: Suva, 2018, p. 9.

② "World Heritage - Pacific 2009 Programme", UNSECO, http://whc.unesco.org.

③ "Pacific Islands World Heritage Workshop 2009", UNESCO, November 2009, http://whc.unesco.org.

④ "Pacific Islands World Heritage Workshop Regarding Capacity - building for Heritage Site Management", UNESCO, October 2008, http://whc.unesco.org.

人们可以在太平洋文化节中纵览太平洋岛国的文化。太平洋文化节具有40多年的历史，由当初的一个普通想法变成一种机制。第一届太平洋文化节由来自20多个国家的1000余人参加。区域文化艺术节的概念源于1965年的斐济艺术委员会。当时，许多太平洋岛国开始推崇他们的文化传统，把其作为国家身份的象征。他们担心年青一代由于西方科技和娱乐业的引进，可能远离自己的文化传统。文化节可以保护和发展不同的本地文化，也可以为太平洋岛民提供分享、庆祝其文化传统的机会。他们把文化节想象成为由太平洋岛民举办、展示太平洋岛民的节日，并把文化传统知识传承下去。基于这种理念，南太平洋委员会（现在的太平洋共同体）和斐济艺术委员会共同举办了第一届太平洋文化节。该地区当时的考量是传统文化形式正在丢失，组织委员会开始重视这些对太平洋社区很重要的文化价值。文化艺术节看上去是一个很合适的方式。第一届太平洋文化节有着对文化的组织原则：南太平洋文化是一种生动的文化。它的表现载体是舞蹈、音乐、手工艺品、建筑结构、游戏和语言。我们希望文化节不仅保护太平洋岛屿文化，而且有助于重塑处于丢失状态的文化。第一届太平洋文化节的重点是传统舞蹈、民俗村的建立和帆船航行。航行实践主要是驾驶传统帆船从基里巴斯、图瓦卢、纽埃航行到斐济。随着第一届太平洋文化节的成功举办，南太平洋委员会建立了固定的机制，每四年举办一次，每次的地点在不同的岛国。太平洋文化节深深植根于太平洋的历史，是确保未来太平洋身份和文化的最好方式。文化节的概念与文化身份密切相关。在南太平洋地区建立一个文化身份的重要性日益增加。太平洋岛国领导人利用他们的文化遗产，建立了国家象征和本地象征。文化节同样为参与者提供了展示他们优秀文化遗产的机会。最重要的是，包括舞蹈、音乐、手工艺品、建筑结构、航行技术和语言在内的太平洋文化遗产依然是当代文化具有重要价值的组成部分。①

由此，中国、澳大利亚、新西兰可以利用太平洋文化节这个载体，同太平洋岛国共同举办海洋文化节。中国、澳大利亚和新西兰可以利用太平洋共同体这个平台来推进参与太平洋文化节，"太平洋文化节是大洋洲文化的最大'集会'，有助于文化活力和创新。作为文化节的'管理人'，太平洋共同体向组织文化节的国家和参与国提供技术层面的跨部门支持，并扮演着太平洋艺术和文化委员会秘书处的角色。同时，太平洋共同体负责监督文化节，并定期审查文化节的目标和活动。太平洋共同体利用体系

---

① SPC, *The Festival of Pacific Arts Celebrating 40 Years*, Fiji: Suva, 2012, pp. 1－9.

建构的路径，确保文化节举办国可以长期获益"①。太平洋文化部部长呼吁区域文化部门提供持续的支持，同时也呼吁更大的合作、经验分享和创造性路径的使用，目的是对文化节提供资金支持。② 中国、澳大利亚和新西兰可以利用太平洋共同体向太平洋文化节提供资金支持，这符合《2010—2020 年区域文化战略》的发展方向。"区域文化战略未来三年的重点目标是为了文化发展，增加资金支持和扩大伙伴关系。"澳大利亚和新西兰与太平洋文化节保持着密切的互动。澳大利亚自第一届太平洋文化节开始就是参与国，并在 1988 年举办了太平洋文化节。③ 2016 年，澳大利亚与新西兰共同参加了第十二届太平洋文化节。④ 这契合了澳大利亚文化外交赠款项目。该项目支持高水平的公共外交倡议，这将把澳大利亚的经济、文化和艺术财富展现给世界观众。这些倡议强化了澳大利亚作为一个有创造力国家的声誉，推动了全球人文交流。该项目聚焦于有助于推动澳大利亚外交和贸易政策的活动及增强四个区域对澳大利亚的认知，其中之一是南太平洋地区。⑤

近年来，太平洋岛国意识到了寻找与中国海洋文化基因联系的重要性。6 名南岛语族后人驾驶独木舟，从塔希提出发，反向沿着先祖从中国东南沿海迁徙至太平洋诸岛屿的路线，在漂流近四个月后，于 2010 年 11月 17 日到达中国福建。人类学、考古学、语言学等学术界的研究成果显示，南岛语系是世界上唯一的主要分布在岛屿上的一个大语系，其分布地区东到太平洋东部的复活节岛，西到印度洋的马达加斯加岛，北到夏威夷和中国台湾，南到新西兰。此次"寻根之路"证实了中国与太平洋岛国共同的海洋文化基因，为共同举办海洋文化节打下了基础。

三　共同推进涉海文化传播

人类在开发、利用海洋以及不断调整与海洋关系过程中形成的海洋文化是人类文化不可忽略的组成部分。人类根据海洋创造出来的文化，其本

① SPC, *Regional Culture Strategy*: *Investing in Pacific Cultures 2010 - 2020*, Fiji: Suva, 2018, p. 13.

② "Culture among Pacific Region's Most Valuable Resources", SPC, 26 May 2016, https://www.spc.int.

③ "11th Festival of Pacific Arts", Australia Government Department of Foreign Affairs and Trade, https://dfat.gov.au.

④ "The 12th Festival of Pacific Arts", UNESCO, https://en.unesco.org.

⑤ "Australian Cultural Diplomacy Grants Program", Australia Government Department of Foreign Affairs and Trade, https://dfat.gov.au.

质特征就是涉海性。自然属性和文化属性是涉海性的两个方面。自然属性是基础，而文化属性是在人类开发、利用海洋的过程中所形成的有关海洋的认知。中国、澳大利亚、新西兰及太平洋岛国共享太平洋，因此"蓝色太平洋"可以成为这些国家海洋文化的共性，而传播"蓝色太平洋"可以成为传播涉海文化的具体表现。

中国非常重视传播涉海文化，在"十三五规划"中作了详细的介绍："加强海外宣传工作，打造海外宣传平台，讲好中国海洋故事，宣传中国海洋观，推介中国海洋特色文化产品和服务。以 21 世纪海上丝绸之路沿线国家为首要，以西方大国为关键，积极组织中央外宣媒体开展富有海洋特色的对外报道，助推我国积极参与国际海洋事务。"①

第一，加强媒体合作，开展跨境采访活动，共建蓝色经济通道媒体朋友圈。随着太平洋岛国逐渐成为国际社会的焦点，它们的受关注度日益提高。2018 年 APEC 峰会于 11 月在巴布亚新几内亚举行。中国参加了此次峰会。中国中央电视台推出了中国与太平洋岛国的"周边外交"节目。央视于 2018 年 9 月下旬赴太平洋岛国进行了相关的采访。这是中国电视台首次对太平洋岛国进行全面细致的深入报道。采访的太平洋岛国主要有瓦努阿图、斐济、萨摩亚、汤加，涉及的采访对象有政府人员、中国支教老师、岛国当地民众等，增进了中国观众对太平洋岛国的了解。以"一带一路"为主题的中国—太平洋岛国媒体座谈会于 2015 年 11 月 30 日在北京召开。来自瓦努阿图、萨摩亚、库克群岛、巴布亚新几内亚、汤加、斐济等国的媒体记者与中国媒体代表深入探讨了中国与太平洋岛国的民间交流与合作。② 此举有助于帮助太平洋岛国完善新闻媒体的基础设施建设。"太平洋地区的目标观众规模小，地理上比较分散，这意味着在许多情况下太平洋岛国无力维持一个完整的新闻基础设施。虽然科技的进步对这个问题提供了解决方案，但在太平洋地区，新闻和信息专家很少有机会接触新技术。这主要是因为市场太小而不能满足技术公司的投资需求。除此之外，很少有技术机构为太平洋岛国进行媒体制作、传播或设备维护和维修。"③

第二，携手开展涉海文艺创作，共同制作展现沿线各国风土人情、友好往来的文艺作品，夯实民意基础。目前，通道沿线国家还没有共同

---

① 《提升海洋强国软实力——全民海洋意识宣传教育和文化建设"十三五规划"》，国家海洋局，2017 年 9 月 5 日，http：//www.soa.gov.cn。

② 《中国—太平洋岛国媒体座谈会举行》，人民网，2015 年 12 月 1 日，http：//world.people.com.cn。

③ SPC/CRGA, *Regional Media Center Draft Strategic Plan 2008 - 2011*, 2008, pp.1 - 2.

开展涉海文艺创作，这不利于涉海文化的传播。南太平洋独特的海洋文化一旦有了传播渠道，很容易取得积极反响。比如，英国广播公司（BBC）在 2009 年拍摄了纪录片《南太平洋》。该片为观众介绍了南太平洋独有的文化历史，展示南太平洋完整的生态系统，从自然地理到人类社会。该片包括六集，分别是海洋岛屿、漂流者、蔚蓝大海、海洋火山、奇异的岛屿、脆弱的天堂。2018 年 10 月，聊城大学太平洋岛国研究中心团队配合中央电视台录制《命运与共——中国与太平洋岛国》纪录片，为纪录片稿本、资料等方面提供学术支撑，该片于同年 11 月在中央电视台新闻频道全部播出，这是国内媒体首次对于中国建交的太平洋岛国进行全面深入的报道。

第五节　共谋合作治理之路

建立合作伙伴关系是推动海上合作的有效渠道。区域合作是南太平洋地区海洋治理的最主要特点。随着全球海洋问题日益多元化、复杂化，海洋治理成为国际社会面临的一项重要课题，与人类的共同安全息息相关。伴随全球化的深入，国际社会日益依赖海洋所提供的公共产品。如何有效地治理海洋与人们的生活密切相关。国际社会对海洋治理予以充分重视。

一　建立海洋高层对话机制

1975 年，约翰·杰拉德·鲁杰（John Gerard Ruggie）提出了国际机制这一概念。他认为"国际机制"（international regime）是被一些国家所接受的一系列相互预期、规则和法规、计划、组织实体和财政承诺。① 高层会晤是域内外大国与太平洋岛国交往的重要手段。

整体而言，域内外大国与太平洋岛国的高层会晤已经机制化。当下，很多域外国家都与太平洋岛国建立了海洋高层对话机制，代表性的国家为日本和法国。

为了进一步加强同太平洋岛国的合作，自 1997 年起，日本每三年举行与太平洋岛国之间的首脑级会议——太平洋岛国领导人峰会，举办地点在日本各个城市。太平洋岛国领导人峰会的参加国有 17 个，分别是日本、

---

① John Gerard Ruggie, "International Response to Technology: Concepts and Trends", *International Organization*, Vol. 29, No. 3, 1975, p. 570.

澳大利亚、库克群岛、密克罗尼西亚、斐济、基里巴斯、马绍尔群岛、瑙鲁、新西兰、纽埃、帕劳、巴布亚新几内亚、萨摩亚、所罗门群岛、汤加、图瓦卢、瓦努阿图。2018 年法属波利尼西亚和新喀里多尼亚首次参加了第 8 届太平洋岛国领导人峰会。通过太平洋岛国领导人峰会，日本与岛国领导人讨论涉及政治、经济、人文、安全、海洋、环境等各领域问题，保持紧密沟通和联系。太平洋岛国领导人峰会成立的一个大背景是当时域外国家在南太平洋地区影响力日益下降。英国在 1995 年退出了南太平洋委员会。虽然法国和新西兰仍保留着独立的领地，但缺少足够的资源和能力提升参与力度。美国在冷战后减少了对太平洋岛国的援助，尤其是大幅减少了对马绍尔群岛和密克罗尼西亚的援助。这削弱了美国在南太平洋地区的外交和经济影响力。在这种大背景下，太平洋岛国领导人峰会的成立有效提升了日本在南太平洋地区的影响力。自 20 世纪 80 年代以来，法国主持了一年一度的太平洋高层会议，参加会议的有法国的地区大使、南太平洋的大使、法国的高级专员和其领地的行政长官等。自 1989 年开始法国就是太平洋岛国论坛的成员国，先后参加了首脑会议后的对话会议。雅克·勒内·希拉克倡议建立法国—太平洋岛国峰会，法国与太平洋岛国峰会在这一背景下，形成了固定的机制。法国—太平洋岛国峰会每三年举行一次。第一届峰会于 2003 年在帕皮提举行；第二届峰会于 2006 年在法国的爱丽舍宫举行，参加峰会的除了法国，还有 16 个太平洋岛国，政治安全、经济发展和环境责任是本届峰会的主要议题；第三届峰会于 2009 年在努美阿举行，但是由于时任法国总统萨科齐未参加，而且只有 5 个岛国的总统参加，因此本届峰会的质量不是很高；由于 2012 年是法国的总统大选年，第四届峰会没有如期举行；第四届峰会于 2015 年 11 月 26 日在巴黎举行。

　　印度为了强化与太平洋岛国的双边合作，建立了印度—太平洋岛国合作论坛。印度—太平洋岛国合作论坛是印度与太平洋岛国高层会晤机制，为双方的沟通与交流提供了平台。南太平洋地区对印度具有多方面的战略意义。随着莫迪政府"加速东进行动"战略的提出，该地区成为印度全球谋篇布局中不可忽略的组成部分。印度—太平洋岛国合作论坛是一个于 2014 年成立的印度与 14 个太平洋岛国的合作组织，其成立落实了 2014 年莫迪访问斐济时达成的成立一个定期举办的印度与太平洋岛国之间合作论坛会晤的倡议。印度—太平洋岛国合作论坛是印度与太平洋岛国之间的双边交往平台，具有很高的沟通效率。印度—太平洋岛国合作论坛自 2014 年成立后，截至目前已经举办了两届，分别是 2014 年、2015 年。

2014 年 11 月 19 日，莫迪参加了第一届在斐济举行的印度—太平洋岛国合作论坛，会议通过了包括寻求共享监测气候变化数据的可能性在内的联合声明。2015 年 8 月，印度举办了第二届印度—太平洋岛国合作论坛。莫迪在此次峰会上发表了公开讲话，并宣布建立可持续海岸与海洋研究所，同时在太平洋岛国建立海洋多样性研究网络站，目的是帮助岛国适应气候变化。① 在 2019 年 9 月的第 74 届联合国大会期间，莫迪向所有的太平洋岛国领导人发出了邀请，计划于 2020 年上半年在巴布亚新几内亚的莫尔兹比港举行第三届印度—太平洋岛国合作论坛。然而，受新冠肺炎疫情的影响，第三届印度—太平洋岛国合作论坛被迫推迟。印度—太平洋岛国合作论坛涉及的领域主要是气候变化、海洋科技合作。由此看来，印度与太平洋岛国高层会晤的议题相对集中，主要是围绕太平洋岛国本身的利益关切。莫迪不仅亲自参加了已经举办的两届印度—太平洋岛国合作论坛，而且发表了重要的演讲。

韩国为了强化与太平洋岛国的合作，建立了韩国—太平洋岛国外长会议。韩国—太平洋岛国外长会议是韩国参与南太平洋地区海洋治理的有效工具，也是韩国与太平洋岛国政府领导人会晤的重要机制。韩国—太平洋岛国外长会议的建立与太平洋岛国对韩国战略价值的日益提升密切相关，同时也体现了亚太地区格局范式的变化。韩国在《2016 外交白皮书》中指出，其外交政策之一为开展积极的多边外交，编织全球网络。② 基于此，建立韩国—太平洋岛国外长会议是韩国进行全球多边外交的题中应有之义。

目前，就加强基层对话机制方面，我国可在以下几个方面做出努力。

第一，建立海洋高层对话平台。目前，中国与太平洋岛国缺乏稳定互动平台，限制了双方及时的沟通与交流。中国与岛国的合作方向以经贸、基础设施为主，合作领域偏窄。建议在增强双边经贸合作的基础上，围绕岛国和国际社会共同关心的可持续发展问题，扩展在海洋、气候变化、环境保护等公益领域合作。合作可采取官方合作、学术互动、人文交流等多种方式，建立与岛国社会各界的联系。中国与太平洋岛国具有一定的合作基础。中国是太平洋岛国论坛会后对话国，与岛国合办中国—太平洋岛国经济发展合作论坛，也是中西部太平洋渔业委员会的成员国。但是相比美国、日本等国家，中国与太平洋岛国的海洋高层对话机制并不健全。中国

---

① "India–Fiji Bilateral Relations", Ministry of External Affairs, http://www.mea.gov.
② Ministry of Foreign Affairs, *Diplomatic White Paper 2016*, December 2016, p. 25.

目前与太平洋岛国唯一的双边互动平台是中国—太平洋岛国经济发展合作论坛，主题是"促进合作，共同发展"，原则上每四年举办一次，在太平洋岛国地区和中国轮流召开。然而，目前该论坛只召开了三届（第一届于2006年在斐济召开，第二届于2013年在广州召开，第三届于2019年在萨摩亚召开），需进一步延续并形成机制化。2017年9月召开的"中国—小岛屿国家海洋部长圆桌会议"是中国与岛国聚焦海洋问题的首次高层会晤，会议发布了《平潭宣言》，致力于推动中国与太平洋岛国宽领域、多层次的海洋合作。建议可以以圆桌会议为基础，使之机制化、稳定化，发展成为中国与岛国就海洋问题交换意见的平台，定期审议海洋环境保护、蓝色经济发展、防灾减灾、应对气候变化等区域共同关心的海洋问题。

第二，中国应设立专门的海洋援助项目。中国对岛国援助集中在基础设施建设、教育和医疗方面，除气候变化南南合作外其他专业技术领域援助并不多。建议设立中国对岛国的专门性海洋援助项目，例如海洋科技合作项目、海洋资源调查项目、海洋环境保护项目和海洋监督管理项目，以资金援助、技术援助和人员培训方式，帮助小岛国增强海洋监管能力。日本在第7届太平洋岛国领导人峰会上强调联合治理对于可持续发展、治理和保护海洋资源与海洋环境的关键作用，呼吁进一步加强双边和多边合作，涉及领域包括海洋环境、海洋安全、海洋监测、海洋科学研究、海洋资源保护、可持续渔业治理等。第8届太平洋岛国领导人峰会还讨论了海上安保、联合执法等敏感问题。安倍晋三在该次会议上发表了关于"蓝色太平洋"的演讲，指出了太平洋所面临的严峻问题，包括非法捕鱼、海洋酸化、海平面上升、海洋生态系统恶化等，呼吁开展共同行动。法国自第一届法国—太平洋岛国峰会起就开始重视海洋治理问题，比如可持续资源治理、渔业资源、生物多样性保护、蓝碳生态系统保护等。法国还同太平洋共同体以及南太平洋区域环境署合作了一些海洋治理的项目。未来，伴随南太平洋海洋问题的多元化、复杂化，法国对海洋治理的重视仍将继续。

第三，加强与太平洋岛国在深海资源开发领域的合作。以太平洋岛国为代表的小岛屿发展中国家是国际社会中一个特殊的群体，是人类命运共同体不可忽略的组成部分。太平洋岛国拥有广阔的海洋面积和海洋资源，但受制于自身脆弱的经济和科技水平，无法有效减缓深海采矿对海洋环境的破坏。2018年11月19日，汤加在《生物多样性公约》第14次缔约方大会上强调了这一问题。"深海采矿被认为是经济增长的潜在源泉，但人们对它潜在的环境和社会影响感到了担忧。深海资源勘探和采矿能产生严重的海洋噪音，影响鲸类物种和其他海洋物种。汤加意识到了深海采矿活动的收益和风险，呼吁克服风险的进一步援助。"① 韩国在两届韩国—太平洋岛国外长会议中都提及了深海资源开发合作的议题，欲充分发挥其海洋科技优势。中国应主动对接太平洋岛国在深海资源开发上的需求，帮助它们展开可持续利用深海资源。

第四，加强对海洋高层会晤机制的监督与评估。同为亚洲国家，韩国不仅建立了与太平洋岛国完善的海洋高层会晤机制，还强化了对该机制的监督与评估。韩国监督、评估海洋高层会晤机制采取的是高级部长会晤的形式，每两年一届。事实上，它是一个海洋高层会晤机制的一部分，使得韩国与太平洋岛国的高层会晤更务实，这是韩国与其他域外国家最大的不同。中国通过"中太论坛"对太平洋岛国做出了很多承诺，但缺乏有效的评估与跟进举措，导致很多援助项目不透明。

二　建立蓝色经济合作机制

自蓝色经济被引入亚太经合组织框架以来，中国在 APEC 区域内推动蓝色经济合作不断取得新的进展，而且把蓝色经济纳入了"十三五规划"中。2013 年至今，蓝色经济已占中国 GDP 的 9%—10%。欧盟在发展蓝色经济方面走在了世界前列。欧盟相继出台了相关的蓝色经济规范。2014 年 5 月，欧盟发布了《蓝色经济中的创新：实现我们的海洋对于工作和增长的潜力》。2017 年 3 月，欧盟发布了《蓝色增长战略报告：面向蓝色经济中的更可持续增长和就业》（Report on the Blue Growth Strategy：towards More Sustainable Growth and Jobs）。依据欧盟蓝色经济的战略，蓝色增长是在海洋领域支持可持续增长的长期战略。蓝色增长涉及的主要领域有水产养殖、滨海旅游、海洋生物工程、海洋能源和海底采矿。② 值得注意的是，欧盟积极支持南太平洋地区发展蓝色经济。太平洋岛国论坛是欧盟在太平洋地区经济一体化的主要合作伙伴。③ 因此，中国、澳大利亚、新西兰及太平洋岛国构建蓝色经济合作机制不仅可以参考欧盟关于蓝色经济的规范，而且可以积极援引欧盟同太平洋岛国的合作机制。

第一，积极发展水产养殖、滨海旅游、海洋生物工程、海洋能源和海

---

① "Tonga Seeks Support to Determine the Best Way forward to Explore Seabed Minerals While Protecting its Marine Environment", SPREP, November 23, 2018, https://www.sprep.org.

② "Marine Affairs", EU, https://ec.europa.eu.

③ EU, *European Union – The Pacific Islands Forum Secretariat Pacific Regional Indicative Programme for the Period 2014 – 2020*, 2015, p. 6.

底采矿等方面的合作。目前，南太平洋地区拥有广阔的蓝色经济潜力，通道沿线国家可以围绕这些海洋产业搭建蓝色伙伴关系。比如，由于国家政策的支持和物流业的发展，中国在澳大利亚海产品出口中所占比重正在逐年上升。中国主要从澳大利亚进口龙虾、鲍鱼、海参等海产品，这些海产品的进口量在 2016—2017 年增长了近 4 倍，而且很多是直接进口至中国，不再需要中转。

第二，设立蓝色经济伙伴论坛，推广蓝色经济新理念和新经验，推动产业对接和产能合作。当前，中国、澳大利亚、新西兰以及太平洋岛国之间还没有一个专门涉及蓝色经济的平台。2017 年 9 月在中国召开的平潭会议虽然涉及构建蓝色经济发展合作机制，但是澳大利亚与新西兰并未参加，参与对象是太平洋地区和印度洋地区的一些小岛屿国家。然而，《平潭宣言》却提出了如何构建蓝色经济发展合作机制："支持中国与岛屿国家提升发展互信、增强信息互通，在基础设施建设、技术交流、海岛生态旅游、发展可持续渔业、拓展水产品市场等蓝色经济领域加强务实合作，共同打造蓝色经济合作平台。鼓励各方积极推进海上互联互通、促进海洋产业有效对接、构建蓝色经济合作示范区。支持中国海上丝绸之路核心区福建等地方政府与岛屿国家加强务实合作，推动建立姊妹关系，共享蓝色经济发展成果。"[①] 应当指出的是，中国、澳大利亚、新西兰以及太平洋岛国之间的蓝色经济论坛可以借鉴中欧蓝色经济论坛。2017 年是"中国—欧盟蓝色年"的收官之年，首届中欧蓝色产业合作论坛在深圳召开。此次论坛以"蓝色伙伴，合作共赢"为主题。论坛上，来自国内外海洋领域专家学者、企业家围绕蓝色产业发展政策与实践发表主旨演讲，就共同拓展"蓝色市场"、分享"蓝色技术"等议题深入展开讨论。同时，论坛举办了中欧企业家高端对话、倡议建立"国际蓝色产业联盟"，推动在深圳建立"中欧蓝色产业园"，推动国内外涉海企业、科研机构、金融机构、产业协会、管理部分形成蓝色伙伴关系。[②]

第三，打造海洋金融公共产品，支持蓝色经济发展。公共产品属于经济学的范畴，指一种商品、服务或资源，一方的消费并不妨碍他者的消费。关于国际问题的"公共产品"概念的运用始于 20 世纪 60 年代后期，逐渐成为国际关系领域的重要概念。曼瑟尔·奥尔森（Mancur Olson）在

---

① 《平潭宣言》，国家海洋局，2017 年 9 月 21 日，http：//www.soa.gov.cn。
② 《首届中欧蓝色产业合作论坛撷英》，《中国海洋报》2017 年 12 月 13 日，http：//www.oceanol.com。

《集体行动的逻辑》一书中最早提出了"国际公共产品"这个概念①。20世纪80年代，查尔斯·金德尔伯格（Charles Kindleberger）将国际公共产品理论引入国际关系学。由于国际公共产品对国际秩序的稳定至关重要，因此其表现形式日趋多元化。海洋问题的复杂化、多元化成为人类可持续发展的重大障碍。海洋环境公共产品的供给成为海洋治理的关键。"海洋环境公共产品主要指用于海洋环境保护和海洋污染防治、与海洋环境状况密切相关的各种政策制度、服务项目和基本设施等，包括海洋环境纯公共产品和海洋环境准公共产品两部分。"顾名思义，海洋金融公共产品是结合了海洋环境公共产品与金融公共产品。国家间往往通过合作来提供必要的全球公共产品。对于中国—大洋洲—南太平洋蓝色经济通道的构建而言，沿线国家应该共同打造必要的海洋金融公共产品。随着中国实力和地位的上升，中国应该积极承担打造海洋金融公共产品的责任，树立良好的国际形象。以亚投行为代表的新型金融公共产品的出现，表明新兴经济体不仅有意愿也有能力向世界提供有别于美国机制化霸权范式的金融产品和配套服务体系。中国基于经济实力增长和国际需求向南太平洋地区提供具有中国元素和范式特征的海洋金融公共产品，既是中国寻求与澳大利亚、新西兰及太平洋岛国构建蓝色伙伴关系的一种制度安排，也是中国作为负责任大国体现相应国际责任的重要平台。南太平洋一些域外国家或国际组织已经或正在尝试打造相应的海洋金融公共产品。比如，欧盟打造了欧盟发展基金这个海洋金融公共产品。日本参与了绿色气候基金这个海洋金融公共产品。日本在第七届太平洋岛国领导人峰会上宣布为绿色气候基金提供15亿美元的资金。② 作为海洋金融公共产品，绿色气候基金是一个独特的全球平台，目的是通过投资低碳排放和气候适应性发展来应对气候变化。绿色气候基金的建立基于在发展中国家限制或减少温室气体排放，帮助脆弱的社会适应气候变化不可避免的影响。它致力于推动低碳排放和气候适应性发展的范式转变，并考虑对气候变化具有脆弱性国家的需求。绿色基金的形式主要是补助、贷款、抵押或担保。③

第四，建立数据共享平台，开展蓝色经济通道沿线国家蓝色经济评估，分享成功经验。南太平洋蓝色经济涉及的对象较广，主要有海洋、深

---

① ［美］曼瑟尔·奥尔森：《集体行动的逻辑》，陈郁、郭宇峰、李崇新译，格致出版社2018年版。

② "The 7th Pacific Islands Leaders Meeting（PALM7）"，Ministry of Foreign Affairs of Japan，https：//www.mofa.go.jp.

③ "About The Fund"，Green Climate Fund，https：//www.greenclimate.fund.

海、礁湖和海岸线。绝大部分深海未开采区域具有极高的经济价值和战略价值。同时，沿海地区也为绝大部分太平洋岛居民提供了食物、收入、文化和娱乐的空间。太平洋岛国当前的蓝色经济主要以渔业和旅游业为主。太平洋岛国逐渐重视水产养殖、深海资源和海洋能源。太平洋岛国的蓝色经济深受气候变化及其本身的脆弱性影响。① 蓝色经济对太平洋岛国日益重要，但发展蓝色经济在某种程度上导致海洋生态系统的不断退化，直接威胁到南太平洋地区的可持续发展。在过去的几十年里，不同的国家对蓝色经济有着不同的理解，并按照自身的理解来发展蓝色经济。中国、澳大利亚、新西兰及太平洋岛国都提出了自身的蓝色经济发展战略，但是各国实施的举措和执行的效果很难进行准确评估。因此，有必要建立数据共享平台，制定统一的蓝色经济评估标准，共享蓝色经济发展理念。

三　加强民间组织合作

民间组织参与蓝色经济通道的构建是中国民间组织走出去的重要战略举措。日本、英国、美国的国际合作在国际社会取得了比较好的效果。比如，美国环保协会是美国著名的非营利性环保组织，目前拥有超过 100 万名会员。美国非营利性组织利用联合国的优势，参与推动和主导国际重大事务，考量不同的战略主题。② 南太平洋地区对于民间组织的参与持积极认同的态度。"建立联合海洋治理的有效合作伙伴关系，可以最大限度地发挥现有组织和伙伴的效力。与此相关的一个举措是建立非政府组织、非国家行为体及私营部门间的网络。"③

鼓励与通道沿线国家开展海洋学术研讨。学术研讨会是科学共同体针对某一学科领域或专业方向设置的主题而举办的，通常专业性较强。从研讨会的规模来看，既有世界性的或国际性的，又有全国性的和地区性的。从内容来看，既有重大实践和理论问题的探讨，又有实践中热点和难点问题的研究交流。举办学术会议是南太平洋地区对外及对内合作与交流的重要方式。学术工作坊是澳大利亚与太平洋共同体就海洋问题交流的关键平台。比如，2015 年 12 月，来自太平洋岛国的 12 位代表同来自澳大利亚和太平洋共同体的海洋专家对海洋边界协定进行了谈判，并完善了他们对于

---

① MFAT, *Pacific Ocean Economy*：*Exploring Economies for Sustainable Economic Development*, September 2014, p. 20.

② 黄浩明：《国外民间组织的国际化发展实践及其借鉴意义》，《社会治理》2016 年第 5 期。

③ SPC, FFA, PIFS, SOPAC, USP, SPREP, *Pacific Islands Regional Ocean Policy and Framework for Integrated Strategic Action*, 2005, p. 19.

海洋大陆架的主张。此次实践工作坊使得来自每一个岛国的技术团队同来自太平洋共同体、澳大利亚地球科学中心、悉尼大学和太平洋岛国论坛渔业署的顾问一道进行了探讨。它支持太平洋岛国确立符合联合国《海洋法公约》的海洋区域利益。这是太平洋共同体自 2002 年确定的针对太平洋岛国的第 14 届海洋边界工作坊。① 在太平洋共同体看来，同与会国的磋商决定了对于实用性工作坊的需要，这有助于建构治理能力，使主要的利益相关者参与到决策进程中。作为回应，"太平洋非加太深海资源项目"（Pacific ACP Deep Sea Minerals Project）制定了为期一周的区域培训工作坊。② 2011 年，国际海底管理局、太平洋共同体以及斐济政府共同举办了关于环境治理的工作坊。此次工作坊的目的是提高对于国家管辖区外海洋区域矿产资源的认识，同时针对海床资源开采的环境影响评估，制定初步的建议。③ 伴随 21 世纪海上丝绸之路倡议的不断深入，中国的一些民间组织积极与太平洋岛国举行相应的论坛。比如，中国（深圳）综合开发研究院在中国与太平洋岛国政府和行业代表及专家的支持下，于 2017 年 9 月 8 日联合中国国际贸易促进委员会、萨摩亚政府、太平洋岛国论坛秘书处等官方机构在萨摩亚首都阿皮亚举行"21 世纪海上丝绸之路：中国—太平洋岛国可持续发展经济合作论坛"。本次岛国论坛由多场专题座谈组成，汇集来自中国和太平洋地区贸易、投资和旅游等重要部门的相关政府和行业代表及专家。

四　推进中法在南太平洋地区的海洋治理合作

中法同为全球治理的倡议者，在维护世界和平安全稳定、维护多边主义和自由贸易、支持联合国发挥积极作用等重大问题上有着广泛政治共识和坚实合作基础。两国坚持互尊互信、平等相待、开放包容、互利共赢，共同推进全球治理完善。④ 中法两国政府在全球治理领域已经凝聚了诸多共识，并建立了全球层面上的合作框架。作为海洋大国，海洋治理是中法全球治理的一个关键领域，符合双方的国家利益。在全球海洋区域中，南

① "Australia and Pacific Islands Cooperate to Update Maritime Boundaries in World's Largest Ocean", SPC, 9 December 2015, http：//gsd. spc. int.

② "Workshops and Meetings", SPC, http：//dsm. gsd. spc. int.

③ "International Workshop On Environmental Management Needs for Exploration and Exploitation of Deep Seabed Minerals", ISA, http：//www. isa. org. jm.

④ 《为建设更加美好的地球家园贡献智慧和力量——在中法全球治理论坛上的讲话》，新华网，2019 年 3 月 27 日，http：//www. xinhuanet. com.

太平洋地区是中法海洋治理的一个焦点区域。该地区面临着一系列的海洋问题，这些问题日趋多元化、复杂化。海洋治理合作符合中法的国家利益，也有助于构建该地区和谐的海洋秩序。因此，如何推进中法南太平洋地区海洋治理合作也是检验双方全球治理论坛的效用，落实中法全球治理论坛的精神。

中法在南太平洋地区都面临着一些困境，这些困境既有共性，也有个性的一面。合作路径是双方克服这些困境的最佳选择，也是践行双方全球治理倡议的现实举措。一些观点认为法国的海外领地对中国在南太平洋地区的"一带一路"倡议将是阻碍，但法国在南太平洋地区缺乏军事能力的现实削弱了这种观点的真实性。自 2008 年国际金融危机之后，法国在南太平洋地区的军事设施大幅减少，其在该地区的军事力量大为削弱，包括在法属波利尼西亚削减了 50% 的军力。同时，法国在南太平洋地区的领地致力于寻求中国的援助和对于旅游业、渔业、基础设施以及新喀里多尼亚镍矿的投资。[①]

中国参与南太平洋地区海洋治理的历史并不长，合作经验相对较少，这限制了海洋治理能力的提升。同中国相比，法国在南太平洋地区海洋治理方面也面临着一些困境。近年来，法国国内矛盾突出。经济下滑，失业率持续上升，社会福利削减较多，国内种族矛盾突出。

目前，法国国内问题较多，这严重影响了其对外政策的延续性。国内政治与国际关系紧密联系。20 世纪 70 年代末，彼得·古雷维奇（Peter Gourevitch）讨论了国际体系如何制约国内政治，国内结构如何影响国家行为以及国内社会的重要性等问题。[②] 一国的国际地位对其内部政治和经济具有重要影响。反过来，它的国内情势同样影响它在对外关系中的行为。作为多党制国家，法国国内政党虽然数量众多，但力量分散，单一政党无力凭借自身力量组阁，往往由多个政党结盟联合执政，政党之间的利益冲突使得联盟分化重组成为常态，政权更迭频繁。同时，法国实行总统—内阁混合制，全民普选的总统与议会选举的总理分享国家权力。这客观上加剧了政权的不稳定性，成为法国政治体制的"顽疾"[③]。混乱、不稳定的国内政治也会影响其对外政策的连续性。在海伦·米尔纳（Helen V. Milner）

---

① Island Business, "Flosse Taps Beijing – Tahiti Connection for Increased Tourism", 2014, https://www.islandsbusiness.com.

② Peter Gourevitch, "The Second Image Reversed: The International Sources of Domestic Politics", *International Organization*, Vol. 32, No. 4, 1978, pp. 881 – 911.

③ 吴志成、温豪:《法国的全球治理理念与战略阐析》,《教学与研究》2019 年第 7 期。

看来，当国内行为体分享政策制定权并且他们的政策偏好不同时，将国家视为单一行为体就有误判国际关系的风险。若多头政治主导的话，会影响国家在国际政治中的活动方式。外交政策制定并不是将国家生存作为优先考虑，而是被内部权力斗争和妥协所主导。① 事实上，法国的国内政治类似于海伦·米尔纳所说的多头政治。这一结构要比无政府或者等级制更为复杂，其中的相互关系更像一个网络。当下，法国左右翼均衡的格局正在发生转变，极右政党"国民阵线"跃跃欲试。这使得法国的对外政策更容易受国内政治的影响。它的全球海洋治理政策极有可能在某一时间段内发生摇摆。进入 21 世纪之后，法国平均五年更换一次总统。这导致法国政权缺乏稳定性，影响了海洋治理的延续性和效果。事实上，法国许多海洋保护区正处于开发过程中，缺乏有效的治理和监督手段。根据国际自然保护联盟的规定，海洋保护区允许以符合自然保护原则的方式适度利用自然资源。法国在大西洋地区的海洋保护区允许 50 多米长的延绳捕鱼船进入大部分的海域。法国在新喀里多尼亚的珊瑚海自然公园建立三年多以来，并未从具体的保护举措中获益。该地区大部分的珊瑚礁生态系统并未受到保护，深海采矿也屡禁不止。尽管克利伯顿岛周围海域是太平洋大眼金枪鱼的重要繁殖区域，但法国在克利伯顿岛建立的海洋保护区也只覆盖了0.4% 的水域。大眼金枪鱼的数量已经减少到了历史平均水平的 1/3 左右。② 值得注意的是，法国不稳定的政权也导致了其海洋高层会晤机制的不稳定性。

由于海洋问题的复杂性、艰巨性，全球海洋治理需要巨大财力支撑。除了国内政治之外，法国目前的国内经济形势也不容乐观。当下，法国经济疲软，内生动力明显不足。2019 年 4 月，经济与发展合作组织发布了《法国经济调查》报告。该报告指出，在经过一段时间的恢复之后，法国经济目前增长放缓。全球不确定性和社会动荡正影响着法国经济。就业率依然很低，财政状况未能好转。实际工资增长和生产率还没有恢复到金融危机前的水平。法国的就业率虽然回到了 20 世纪 80 年代初以来的最高水平，但在国际上仍处于一个较低水平。许多低技能工人被排除在劳动力市场之外，这使得法国的贫困率特别高。在过去的 25 年，法国生产率增长

---

① 〔美〕海伦·米尔纳：《利益、制度与信息：国内政治与国际关系》，曲博译，上海人民出版社 2010 年版，第 31 页。

② Jerome Petit, "How France Could Become a World Leader in Ocean Protection", The Pew Charitable Trust, June 7, 2018, https://www.pewtrusts.org.

缓慢，略有下降趋势。①

　　法国的对外政策也面临着挑战。在 2012 年 10—12 月的峰会期间，法国在诸如金融联盟、融资交易税收、欧盟 2014—2020 年预算等关键问题上捍卫自己的立场。法国和德国在前两个问题上持相似立场，这意味着双方将保护欧盟的法德政治领导角色。然而，法德并不同意欧盟的预算。德国想削减预算，并期望获得来自英国、芬兰、瑞典等国家的支持。由于法国是欧盟农业政策的主要受益国，因此，它担心此举会减少欧盟对其农业部门的援助。由此，法国可能会选择同中东欧国家一道，承诺避免欧盟的开支削减。法国将在自身利益和与德国达成共识方面，选择一个折中方案。法德支持欧盟的改革，但在欧盟长远规划上却存在一些分歧。双方在关键问题上的分歧将会减缓欧盟的决策进程。② 除此之外，法国在南太平洋地区也面临着一些危机。由于法国继续控制着其南太平洋地区海洋领地的主要法律和政治权力，法国海外领地的太平洋岛国论坛成员国资格将增强法国干涉南太平洋地区的能力。这引起了一些岛国对此的担忧，并指责了澳大利亚与新西兰对太平洋岛国论坛决策不相称的影响力。法国在南太平洋地区积极的外交政策已经引起了新喀里多尼亚卡纳克独立运动的担忧。它的"魅力攻势"（charm offensive）削弱了太平洋岛国论坛对于被殖民国家民族自决权的支持。更为严重的是，即便法国推行与努美阿、帕皮提、瓦利斯和富图纳群岛共享的外交政策，它在南太平洋地区的安全和经济利益通常与这些政府的利益不相一致。③ 事实上，法国在南太平洋地区面临着美国的孤立。由于法国在该地区缺乏足够的战略资源，特别是自其核试验停止以后，撤走了绝大多数的军事部署。法国的三个海外领地孤立于其主要的战略关注区域，距离美国在该地区的领地以及北太平洋地区的自由联系邦太远。法国历史上在南太平洋地区的核试验曾遭到美国的强烈反对。在埃尔克·拉尔森（Elke Larsen）看来，"美国在太平洋地区同法国的关系一直逊色于其同澳大利亚和新西兰的关系。尽管美国与法国保持着密切的泛大西洋合作关系，但几乎没有美国官方文件提到法国为太平洋地区的合作伙伴。双方的合作绝大部分在四方防务合作的框架内，即美国、澳大利亚、新西兰、法国共同在诸如渔业治理等共同利益的领

---

①　OECD, *France Economic Surveys*, April 2019, p. 12.

②　"France's Domestic and Foreign Challenges", Stratfor, https://worldview.stratfor.com.

③　Nic Maclellan, "France and the Blue Pacific", *Asia & the Pacific Policy Studies*, Vol. 5, No. 2, 2018, p. 428.

域合作"①。

未来，尽管法国的全球海洋治理仍面临着很多挑战，但随着全球海洋问题日益严峻，法国的海洋治理实践和规范对全球海洋治理有着很强的推动作用。这有助于克服"海洋安全困境"（Security Dilemma at Sea）。在海洋环境中，安全困境以很多不同的方式体现出来。公海是地球表面上国家界限不能抑制军力流动的部分。陆地上相互隔离的敌对性国家在海上却紧密相连。虽然它们一直提高威慑能力和降低战争风险，但进攻性的军事演习经常引发它们本应避免的军事行动。② 作为全球海洋治理的重要方式，法国全球范围内的海洋军事演习致力于提升打击海洋跨国犯罪活动，淡化了国家之间的敌对性思维。这不仅可以克服"海洋安全困境"，还可以推动全球范围内和谐海洋秩序的构建，摒弃西方国家传统的以海洋争霸为特征的海权争夺。同时，法国积极的全球海洋治理有助于克服海洋治理领域的"公地悲剧"。在西方国家中，一些大国对于海洋治理的态度比较消极。比如，作为全球强国，美国虽然提倡海洋航行自由，但并未充分履行保护海洋的责任。它至今仍然不是联合国《海洋法公约》的签字国。特朗普政府公然退出《巴黎协定》，严重损害了弱小国家的利益，加剧了"公地悲剧"。相反，法国对于全球海洋治理持积极参与的态度，引领西方国家对于全球海洋治理的话语权。对中法而言，海洋治理是双方在南太平洋地区合作的最佳切入点。中法《关于共同维护多边主义和完善全球治理的联合声明》强烈发出了海洋治理合作的倡议，并规划了相应的合作框架。考虑南太平洋地区具体的海洋问题，中法的海洋治理合作应充分结合双方所制定的全球层面上的合作框架。

第一，联合设立应对南太平洋地区气候变化的资金平台，规范融资机制。气候变化是南太平洋地区所面临的最严重的自然灾害之一，也是海洋治理的重要议题。《关于共同维护多边主义和完善全球治理的联合声明》提出了为发展中国家提供气候相关活动资金支持的倡议。两国强调应引导公众、私人资金更多投入应对气候变化领域，为发展中国家争取持久的气候资金支持，推动实现绿色气候基金的增资和高效管理。毫无疑问，减缓气候变化的负面影响是中法海洋治理的首要关切。然而，缺乏有效的气候

① "France: The Other Pacific Power", Center for Strategic & International Studies, December 14, 2012, https://www.csis.org.

② Jon M. Van Dyke, Durwood Zaelke, Grant Hewison, *Freedom for the Seas in the 21ˢᵗ Century: Ocean Governance and Environmental Harmony*, Washington, D.C.: Island Press, 1993, p.411.

资金支持是该地区海洋治理的一大障碍。"太平洋小岛屿发展中国家不成比例地遭受着损失，特别是经济损失和极端自然灾害的冲击。《联合国环境署环境脆弱性指数》把绝大部分太平洋岛国视为脆弱性或极度脆弱性国家。它们的经济体量较小，依赖于农业、旅游业或渔业，缺乏新的收入和投资来源。因此，气候融资是切实采取减缓气候变化影响举措的最大困难。太平洋岛国论坛一直强调完善气候融资渠道的紧迫性，以有效应对气候变化的负面影响。"① 目前，很多域外国家、组织都为太平洋岛国提供了气候资金支持，但缺乏统一的融资平台以及规范的融资机制。库克群岛总理亨利·普纳（Henry Puna）在第24届联合国气候变化框架公约缔约国会议上指出，"太平洋岛国参加此次会议的主要目的是在所有《巴黎协定》和《联合国气候变化公约》融资机制框架下，获取气候融资。我们寻求有信誉的合作伙伴，帮助我们继续采取应对气候变化战略和气候适应性战略"②。中法可以考虑在南太平洋地区建立完善的气候融资机制，简化太平洋岛国所面临的获取气候资金的复杂程序。当下，南太平洋地区的气候融资机制并不健全。大约80%的气候资金用于气候变化减缓项目，缺乏对于气候适应性项目的资金支持。在太平洋岛国中，库克群岛由于加入了《绿色气候资金简化的获取程序》（Green Climate Fund Simplified Access Procedures），因此可以直接获得用于气候适应性项目的资金。中法可以效仿《绿色气候资金简化的获取程序》，完善对太平洋岛国的气候融资机制，确保最大限度地帮助太平洋岛国减缓气候变化的负面影响。

第二，推动双方在法国南太平洋地区海外领地建立海洋生物多样性保护机制构建。2019年11月6日，《中法海洋生物多样性保护和气候变化北京倡议》发布。这是中法继《关于共同维护多边主义和完善全球治理的联合声明》后的又一国家层面上的承诺。该倡议表示，回顾生物多样性丧失和气候变化威胁全球和平与稳定、粮食安全、可持续发展与人类健康，并与海洋、森林和土地退化密切相关，强调可持续管理热带森林的重要性，以及热带森林是碳汇和全球生物多样性热点。双方欢迎生物多样性和生态系统服务政府间科学政策平台发布《2019年全球生物多样性和生态系统服务评估报告》，以及政府间气候变化专门委员会发布的两份关于陆地、海洋和冰冻圈的特别报告，致力于在气候变化与生物多样性之间的联系上共

① "Climate Change and Disaster Risk Management", Pacific Islands Forum Secretariat, https://www.forumsec.org.

② "Pacific Island Countries Need Scaled Up Access To Climate Change Finance", Pacific Islands Forum Secretariat, December 12, 2018, https://www.forumsec.org.

同努力，决心支持其他政治领导人，并与它们共同努力，将于 2021 年 10 月在中国昆明举行的《联合国生物多样性公约》第十五次缔约方大会上推动全球有效应对气候变化和生物多样性丧失。

　　法国在南太平洋地区的海外领地使其获得了大量的海洋专属经济区。这也是法国海洋国家身份的一个集中体现。法国在很多官方政策中着重强调了其海洋国家的身份属性及影响。法国《2015 年国家海洋安全战略》（National Strategy for the Security of Marine Areas）明确强调了这一点："法国拥有广阔的沿海区及大量的海外领地，是一个海洋国家。它除了自身主权框架下的海洋区域以外，95% 的海洋边界属于海外领地，因此，它的经济、工业和外交的重点都是海洋。这些战略区域的安全对于法国的防务，特别是威慑，有着关键的作用。"① 法国 2009 年发布的《国家海洋战略蓝皮书》认为法国以海洋国家的身份出现在几乎所有的国际和地区论坛中。海洋专属经济区的建立使得法国的海洋面积在世界上仅次于美国。作为世界上最大的海洋国家之一，法国是海洋强国，拥有世界闻名的海洋研究、蓬勃发展的海洋旅游以及国际银行和保险市场中的服务产业。同时，法国拥有高效的海洋运输能力、民用和海军造船能力、深海捕鱼能力、海洋监测能力。② 2017 年，法国在《国家海洋和海岸战略》中指出，"法国作为海洋国家的影响力必须是参与保护、可持续治理和利用海洋的目标和结果。它必须通过其在有关海洋、海洋事务和一体化问题上的领导作用以及公海上的影响力来体现海洋国家的身份属性。法国的海洋国家影响力是基于海洋领地所赋予它的全球规模"③。法国本土海岸线长约 3500 千米，法属海外领地海岸线长达 6200 多千米，专属经济区面积有 1100 万平方千米，相当于国土面积的 11 倍。除了北极以外，法国在全球海洋都保持着军事力量的存在，这使得法国获得了巨大的海洋利益，同时也使其必须履行其所签订的协议。法国海洋安全主要涉及的问题之一是船只航行以及货物的安全，并保护主要海上航线的安全。对于法国的海外领地而言，其在南印度洋地区、南太平洋地区的海洋面积最大，尤其是法属波利尼西亚和新喀里多尼亚的海洋面积占了法国海外海洋面积的一半左右。这些海外领地的海洋环境、海洋安全与法国的国家利益密切相关。

---

① Premier Minister, *National Strategy for the Security of Maritime Areas*, 2015, pp. 1 – 8.
② Premier Minister, *A National Strategy for the Sea and Oceans Blue Book*, December 2009, pp. 12 – 14.
③ Ministry for an Ecology and Solidary Transition, *National Strategy for the Sea and Coast*, 2017, p. 8.

就海洋治理而言，法国南太平洋地区的海外领地面临着严重的挑战。"一个不容忽视的挑战是在广阔海域之上扩大海洋监测、维护海洋安全。"①虽然经历了起起伏伏，法国自 1996 年停止核试验及《努美阿协议》签订之后，致力于提升同澳新美同盟的防务关系。澳大利亚《2017 年外交政策白皮书》指出，"南太平洋地区的三大挑战之一是安全挑战，主要聚焦于海洋问题。澳大利亚在南太平洋地区将继续同法国、美国、新西兰进行海洋监测及灾害减缓领域的合作"②。对于同中国的合作，法国在南太平洋地区海外领地政府已经表现出了浓厚的兴趣。它们非常渴望得到中国关于旅游业、基础设施和渔业及新喀里多尼亚镍矿产业的援助和投资。同其他太平洋岛国一样，法属波利尼西亚渴望进入中国旅游市场。2013 年 10 月，中国商务代表团访问了法属波利尼西亚。该代表团考察了机场、马哈埃纳海滩、普纳乌亚旅游基础设施，并计划购买产自当地的 4000 吨果汁。为了强化这些基础，加斯顿·弗洛斯（Gaston Flosse）总统于 2013 年 12 月率领一个大型代表团访问中国。③

然而，对于中国同法国的合作，有学者提出了不同的声音。澳大利亚洛伊研究所的丹尼斯·费舍尔（Denise Fisher）指出，"同澳大利亚不同，由于法国致力于强化在新喀里多尼亚的支持，因此，这是它接触中国的主要路径。法国计划在太平洋地区扮演平衡中国崛起的角色。2018 年 5 月，法国总统马克龙在悉尼提及将法国描述为太平洋强国后，强调了与盟友进行新对话的必要性，以应对中国对许多地区的'彻底重塑'。在新喀里多尼亚自觉进程的背景下，法国的做法更有针对性。2018 年，马克龙在新喀里多尼亚首府努美阿间接呼吁选民支持法国，强调了法国作为保护者的角色，以应对正在建设中的中国霸权主义"④。

五　推动中国与西亚国家在南太平洋地区的海洋合作

作为西亚国家，自 1971 年建国以来，阿联酋在国际社会中致力于发展双边和多边外交。它不仅扮演着负责任的"全球公民"角色，而且在解

---

① Nic Maclellan, "France and the Blue Pacific", *Asia & The Pacific Policy Studies*, Vol. 5, No. 2, 2018, p. 430

② Australia Government, 2017 *Foreign Policy white Paper*, 2017, p. 103.

③ "Flosse Taps Beijing – Tahiti Connection for Increased Tourism", Islands Business, February 13, 2014, https：//www.islandsbusiness.com

④ Denise Fisher, "New Caledonia Independence Referendum：Local and Regional Implications", *Lowy Institute Analysis*, May 2019, p. 21.

决国际社会面临的一些重要问题中，处于领先地位。太平洋岛国虽然距离阿联酋较远，双方的外交关系近年来发展较快。阿联酋充分发挥自身的专业优势，积极发展同太平洋岛国及南太平洋地区组织的关系，有效提升了其在国际舞台上的地位。亚洲国家正成为南太平洋地区的亮点。传统上，以中国、日本、韩国为代表的东亚国家、以印度为代表的南亚国家、以印度尼西亚为代表的东南亚国家在南太平洋地区表现得比较活跃。然而，西亚国家在立足于本国国内政治和经济的基础上，积极发展对外关系。阿联酋与太平洋岛国日益密切的关系就是很好的案例。

（一）阿联酋对太平洋岛国的外交手段

同其他传统的域外国家不同，阿联酋进入南太平洋地区的时间相对较晚，采取了符合自身实力和特点的战略手段。这些手段主要集中在经济援助、海洋治理、强化与区域组织的联系等方面。

第一，建立阿联酋—太平洋伙伴基金。2013 年 3 月，阿联酋外交与国际合作部倡议建立阿联酋—太平洋伙伴基金，该基金的目的是加大阿联酋与太平洋岛国在各领域的发展合作力度，由"阿布扎比市基金"提供财政资金，总额为 5000 万美元，支持 11 个太平洋岛国的可再生能源项目。该项目包括 10 个太阳能光伏工程和 1 个风电场，目的是满足太平洋岛国的能源需求。阿联酋—太平洋伙伴基金涉及的太平洋岛国包括斐济、密克罗尼西亚、基里巴斯、马绍尔群岛、瑙鲁、帕劳、萨摩亚、所罗门群岛、汤加、图瓦卢、瓦努阿图。2015 年，阿联酋与密克罗尼西亚签订了阿联酋—太平洋伙伴基金协议。在 2012 年国际可再生能源机构太平洋地区领导人会议上，可再生能源被确认为推动经济增长的关键力量。阿联酋—太平洋伙伴基金契合了这一共识。太平洋岛国可以直接向阿联酋外交部提出申请，利用阿联酋清洁能源机构"马斯达尔"（Masdar）的专业技术，确定项目范围。① 截至目前，阿联酋已经在 11 个太平洋岛国完成了合作项目（见表 4 – 4）。

表 4 – 4   UPPF 资助的太平洋岛国项目

国家	项目	完成时间	作用
基里巴斯	太阳能农场	2015	有助于满足 17% 基里巴斯人口的需求，限制污染以保护淡水层。该项目还具有先进的控制系统

① "UAE – Pacific Partnership Fund", UN, https：//sustainabledevelopment. un. org.

续表

国家	项目	完成时间	作用
斐济	太阳能农场	2015	斐济三个外岛的居民可以 24 小时不间断地使用能源
密克罗尼西亚	太阳能农场	2016	600 千瓦的太阳能发电厂是该国最大的光伏项目，为波纳佩居民提供了最高需求的 10%
帕劳	太阳能农场	2016	该目包括低负荷柴油混合动力发电厂、柴油混合动力装置、家用太阳能装置
马绍尔群岛	太阳能农场、雨水收集	2016	600 千瓦的发电厂为现有电网提供电力，并通过增加径流来增加水库的雨水收集
汤加	太阳能农场	2016	512 千瓦的太阳能光伏发电厂足以满足汤加每年 17% 的电力需求，并在高峰时段提供近 70% 的电网需求
所罗门群岛	太阳能农场	2016	该发电厂降低了与柴油进口相关的成本
图瓦卢	太阳能农场	2015	该项目在为电网提供清洁能源的同时，扩大了公共空间
瓦努阿图	太阳能农场	2016	该项目提高了可再生能源在瓦努阿图能源结构中的比重
瑙鲁	太阳能农场	2016	这座 500 千瓦的发电厂为国家电网供电，增强了能源的韧性
萨摩亚	风力发电厂	2014	该项目每年提供 1500 兆瓦时的电力，每年节省燃料费用 47.5 万美元，减少了每年约 1000 吨的二氧化碳排放量

资料来源：笔者根据"Projects"，Masdar，https：/masdar.ae 的相关资料整理而成。

　　为了更好地帮助太平洋岛国推行可再生能源项目，阿联酋对太平洋岛国进行了相关的培训。2018 年 7 月，第三届太平洋可再生能源整合培训会议在新西兰举行。阿联酋成功主持了此次会议。阿联酋驻新西兰大使馆代办艾哈迈德·达赫里指出，"我们很荣幸与太平洋岛国在硬件和能力建构方面进行合作。阿联酋国内对于可再生能源发电资产的融资可以刺激经济增长。我们对阿联酋—太平洋伙伴基金取得的持续成功感到自豪"。自 2017 年起，阿联酋国际合作与外交部倡议了为期两年的地区培训项目。前两个工作坊分别在斐济和阿布扎比举行。①

　　除了资助太平洋岛国的光伏发电项目之外,阿联酋—太平洋伙伴基金也有意资助太平洋岛国的文化产业。南太平洋地区文化产业丰富,展现出了不同的文化样式。它们的文化产品和服务是经济收入的重要来源。欧盟与太平洋共同体于2012年制定了《针对太平洋文化产业的发展和营销策略》,并指出发展中国家在推动太平洋岛国的文化产业方面有着巨大的潜力,这其中包括阿联酋。②

　　第二,建立太平洋项目中的合作伙伴关系。事实上,早在2010年2月,阿联酋就提出了建立在相互发展合作框架下的太平洋项目中的合作伙伴关系倡议。太平洋项目中的合作伙伴关系符合阿联酋所走的国际合作路线以及在低碳、对外援助方面快速提高的能力。它同样体现了阿联酋强化、扩大同太平洋岛国关系的意愿,并建立在双方日益紧密的双边关系基础之上。作为阿联酋的对外项目,太平洋项目中的合作伙伴关系与太平洋岛国的合作聚焦在很多发展领域,重视太平洋岛国的社会、经济、环境和其他发展问题。在气候变化领域,太平洋项目中的合作伙伴关系欲打造一种国家与国家、国家与地区合作的新型模式,以缓解气候变化的跨境影响。阿联酋意识到任何对太平洋岛国的支持都必须采取双轨的适应举措,而且要有助于在低碳倡议基础上,建立未来的良性合作机制。因此,伙伴项目还包括其他各领域的发展援助,目的是在太平洋岛国内部提升解决面临共同问题的能力。太平洋项目中的合作伙伴关系包括四个部分:财政资助、促进对话、发展研究和学术伙伴。建立与能力建构项目匹配的机制。来自阿联酋与太平洋岛国的主要利益相关者每年都会在阿布扎比举行的世界未来能源峰会和纽约举行的联合国大会间隙进行对话,目的是探索双方在太平洋岛国面临的主要发展挑战领域进行合作,并评估现有的合作框架及扩展合作伙伴。阿联酋致力于发展阿联酋国内高校和科研机构同太平洋岛国相关伙伴的合作关系。该倡议包括双方具有共同利益领域的科研联合项目、学术交流项目。同时,太平洋项目中的合作伙伴关系还包括了针对南太平洋地区政府和私营组织的一系列评估手段,以确认所援助的项目是

① "UAE – Pacific Partnership Fund Training Program Boosts Renewable Energy Development Capacity in Pacific Islands", Middle East Business, July 2018, https://middleeast-business.com.

② EU, SPC, *Development and Marketing Strategies for Pacific Cultural Industries*, Fiji: Suva, 2012, p. 25.

否可行。① 由此看来，太平洋项目中的合作伙伴关系是一个涉及援助、沟通、合作与监督的机制，但仍处于初设阶段，需要继续完善。

第三，强化与南太平洋地区区域组织的合作。该地区的区域组织比较多，涉及了包括可持续发展、海洋治理、区域一体化等多样化的议题。太平洋岛国受限于较小的个体体量，对区域组织的依赖程度较高，往往通过区域组织在国际和地区场合表达自己呼声。有鉴于此，域外国家也往往通过发展同南太平洋地区区域组织的关系来提升自身在该地区的影响力。作为后来参与者，阿联酋积极强化同该地区区域组织的关系。作为一个特殊的平台，太平洋岛国发展论坛聚集了公立及私营部门、公民社会的领导人，目的是重视区域发展所面临的挑战。它利用了私营部门的专业知识、公立部门的专业领导及民间社会的成功执行机制。② 南南合作是太平洋岛国发展论坛的一项焦点议题，也为太平洋岛国发展论坛同阿联酋的合作提供了切入点。太平洋岛国发展论坛在《行动中的南南合作》（South－South in Action）中指出，"太平洋岛国发展论坛已经与联合国南南合作办公室建立了伙伴关系，并与一些主要的发展中国家建立了伙伴关系。阿联酋是太平洋岛国发展论坛的重要发展合作伙伴"③。某种意义上看，太平洋岛国发展论坛的发展势头比较强劲。斐济在太平洋岛国发展论坛发展中角色比较积极。太平洋岛国发展论坛是斐济对于2009年被暂停太平洋岛国论坛成员国资格的回应。太平洋岛国发展论坛之所以能获得广泛支持，主要原因是它通过建构伙伴关系网络确立了一种独特的太平洋经济模式。④ 2013年，阿联酋向斐济援助了10万美元，以帮助太平洋岛国发展论坛举办首届会议。⑤ 2015年2月，斐济向阿联酋发出了参加第三届领导人峰会的部长级邀请函。斐济总理姆拜尼马拉马希望阿联酋继续向太平洋岛国发展论坛提供财政资助，特别是在建立有弹性的太平洋区域合作框架方面。他表示斐济和太平洋岛国感谢阿联酋对太平洋岛国发展论坛的慷慨援助，这有助于催化太平洋小岛屿发展中国家解决诸如气候变化、清洁可再生能源等

---

① "The UAE: Partnership in the Pacific Program", UAE Ministry of Foreign Affairs and International-al Cooperation, https://www.mofaic.gov.ae.

② "What's Pacific Islands Development Forum", Pacific Islands Development Forum, http://pacificidf.org.

③ "South－South in Action", PIDF, May 2016, http://pacificidf.org.

④ Sandra Tarte, "Pacific Islands Forum at a Crossroads", Lowy Institute, September 2013, http://www.lowyinstitute.org.au.

⑤ "Kuwait and UAE Pledge Funding Support: PIDF", The Fijian Government, May 2013, https://www.fiji.gov.fj.

可持续发展问题。① 如前所述，可再生能源项目是阿联酋与太平洋岛国的一个合作领域。从专业性上看，阿联酋与太平洋共同体具有很大的合作潜力。《第四十四届太平洋共同体政府代表会议报告》指出，"2015 年，太平洋共同体重点是执行'政府代表委员会'的决议，积极参与区域结构的探讨，最终确定与欧盟、阿联酋及其他伙伴的战略合作协议"②。然而，阿联酋与太平洋共同体的战略合作协议仍未签订。双方的合作还有很长的路要走。

（二）阿联酋发展与太平洋岛国外交关系的动因

同其他域外国家相比，阿联酋对太平洋岛国的外交战略手段具有自身特性。这已经引起了国际社会的关注。作为一个远离南太平洋地区的国家，阿联酋充分发挥自身的优势，积极发展同太平洋岛国外交关系的背后有着一定的战略考量。这些考量足以抵消阿联酋同南太平洋地区之间的地理劣势，支撑着双方继续深化合作关系。

第一，落实软实力战略，提升国际声誉。软实力战略是阿联酋近年来的重要外交取向。在无政府状态的国际体系中，如何提升软实力也是世界各国的主要战略考量。阿联酋并不是军事强国，但依然可以增强自身的软实力。硬实力可以依托引诱或者威胁等手段来实施运用。但有的时候，即便不动用实实在在的威胁也能达到目的。在国际政治中，一个国家完全有可能因为他国的追随、支持而得偿所愿。软实力靠的是拉拢，而不是强迫。③ 2017 年 9 月，阿联酋软实力委员会在政府年度会议上发布了《阿联酋软实力战略》（UAE Soft Power Strategy）。该战略意在通过强调阿联酋的身份、文化、财产及对世界的贡献，来增强阿联酋的国际影响力。同时，该战略主要有四个目标：统筹经济、人文、旅游、传媒、科学等方面的工作；推动阿联酋在西亚地区的地位；把阿联酋建设成区域性的文化、艺术和旅游中心；构建一个享誉全世界的现代、包容的国家。在此战略目标框架下，阿联酋确立了六个主要的手段：人道主义外交、科学和学术外交、国家代表外交（national representative diplomacy）、人文外交、经济外交、文化和媒体外交。④

---

① "UAE Invited to PIDF Leaders Summit", PIDF, February 20, 2015, http://pacificidf.org.

② SPC, *Report of the Forty-forth Meeting of the Committee of Representatives of Governments and Administrations*, New Caledonia: Noumea, November 2014, p. 3.

③ 〔美〕约瑟夫·奈：《软实力》，马娟娟译，中信出版社 2013 年版，第 8 页。

④ "The UAE Soft Power Strategy", The Official Portal of the UAE Government, https://government.ae.

太平洋岛国经济落后，基础设施不健全，严重依赖援助。联合国、世界银行、欧盟、亚洲开发银行等国际组织都对太平洋岛国给予了很大的关注，并进行了相应的援助。发展同太平洋岛国的关系有助于在国际社会提升阿联酋的声誉。这也是很多域外国家介入南太平洋地区事务的战略考量。基于地理因素及参与南太平洋地区事务的时间较短，对太平洋岛国采取软实力战略比较适合阿联酋。《阿联酋软实力战略》所界定两个战略手段为经济外交、科学和学术外交。阿联酋对太平洋岛国有着相对清晰的战略框架，依据了软权力的国际关系理论，而不是盲目地采取"金钱外交"。有学者对此也表达了类似的观点。易卜拉欣·苏倍（Ibrahim Subeh）在探讨阿联酋的沟通战略时，得出了这样的结论："阿联酋的沟通战略有三个目标：构建软实力、强化和巩固国家身份、设置国家议程。它正通过执行相应的政策来逐步实现这些目标。"[1]

第二，帮助太平洋岛国实现可持续发展，落实可持续发展目标。阿联酋在推动 SDGs 中扮演着积极的角色。阿联酋在谈判进程中拥有一个席位。通过与塞浦路斯和新加坡共享一个席位，阿联酋参与了代表亚太地区的开放工作组。阿联酋在诸如能源、教育、全球伙伴、健康水资源等议题讨论中，贡献了大量的方案。此外，它还代表阿拉伯集团参与了这些谈判。2015 年 8 月，经过八次政府间的谈判之后，SDGs 最终确定了下来。阿联酋在 2015 年 9 月的联合国可持续发展峰会上，强调了对于清洁能源、教育和医疗质量、经济增长、生态系统的经验。除此之外，阿联酋还对落实 SDGs 做出了承诺。2017 年 1 月，根据阿联酋内阁的法令，关于 SDGs 的国家委员会成立。国家委员会的成员拥有很多执行 SDGs 的具体部门，这些部门发挥着不同的作用。在过去的十几年，阿联酋的管理部门经历了大规模转型，这使得阿联酋政府被评为全球表现最好的政府之一。联邦和地方各级政府协调、监督 SDGs 的进展，有效保证了 SDGs 承诺的践行。为了更好地执行 SDGs，国家委员会提出了一项涉及国内和国际利益相关者的参与战略。国家委员会通过参与、举办高水平的关于全球伙伴、政策论坛及提供强化关于 SDGs 对话的平台，同样在关于可持续发展的国际舞台上一直比较活跃。阿联酋在国内、国际层面上都积极践行 SDGs，有着关于 SDGs 的完善国内政策、执行机制以及国际参与政策。阿联酋对于 SDGs 的承诺具有可持续性及全球性，而不是基于短期的功利目的。

---

[1]　Ibrahim Subeh, "Understanding the Communications Strategies of the UAE", *Canadian Social Science*, Vol. 13, No. 7, 2017, p. 47.

阿联酋对太平洋岛国项目援助不仅是其践行 SDGs 承诺的题中应有之义，而且契合了太平洋岛国对于可持续发展的追求。同阿联酋一样，太平洋岛国致力于推动 SDGs 的实施。2013 年的《太平洋岛国论坛公报》指出："太平洋岛国论坛领导人强调了 SDGs 的重要性及其对太平洋岛国所带来的机遇。"[①] 2014 年的《太平洋岛国论坛公报》指出："太平洋岛国论坛成员国在塑造 SDGs 方面扮演着积极的角色。他们强烈支持太平洋岛国驻联合国大使对于塑造 SDGs 所做的积极努力，特别是巴布亚新几内亚、帕劳和瑙鲁代表南太平洋地区在关于 SDGs 的开放工作组。"[②] 同为亚洲国家，中国与阿联酋在南太平洋地区拥有广阔的合作空间，可以充分发挥互补优势。太平洋岛国将成为中国与阿联酋在南太平洋地区合作的最佳对象，践行双方对此制定的合作框架，提升亚洲国家同太平洋岛国的合作紧密度。

第一，有助于强化中国与阿联酋之间的全面战略合作伙伴关系。中国与阿联酋在南太平洋地区的合作具备了一定的内在逻辑，即合作框架、合作领域。在内在逻辑的指引下，双方的关系也将进一步提升。中国与阿联酋自 1984 年建立外交关系以来，合作关系发展顺利。特别是近年来，随着阿联酋采取了"向东看"的外交政策，积极发展同中国、韩国、日本等东亚国家的外交关系。2012 年 1 月，中国与阿联酋签署了《关于建立战略合作伙伴关系的声明》。双方合作关系规模不断扩大、内涵日益丰富。在此基础上，双方决定进一步强化合作关系。2018 年 7 月 20 日，双方签署了《关于建立全面战略伙伴关系的联合声明》。此举契合两国及两国人民的共同利益。该联合声明强调了双方在南太平洋地区的合作。双方愿增加和改善双向投资，拓宽合作领域和融资渠道，包括在非洲和太平洋岛国的共同投资。全面战略伙伴关系的建立意味着中国与阿联酋达成了在国际和地区事务中加强合作的共识，也体现了阿联酋在中国外交中不容忽视的战略地位。在中国学者冯仲平和黄静看来，随着冷战的结束，中国外交中出现了"伙伴关系"的概念。中国在 1993 年同巴西建立了第一个战略伙伴关系。自此以后，建立战略伙伴关系成为中国外交最为显著的特征之一。[③] 基于全面战略合作伙伴关系，中国与阿联酋的合作具备了高度的身份认

① Pacific Islands Forum Secretariat, *Forum Communique*, Republic of Marshall Islands: Majuro, September 2013, p. 2.

② Pacific Islands Forum Secretariat, *Forum Communique*, Palau: Koor, July 2014, p. 2.

③ Feng Zhongping, Huangjing, "China's Strategic Partnership Diplomacy: Engaging with a Changing World", *ESPO Working Paper*, No. 8, June 2014, p. 7.

同。2019 年 7 月，中国与阿联酋又签署了《关于加强全面战略伙伴关系的
联合声明》，巩固和强化双方的合作关系。其中，该声明指出双方愿加强
协调合作，积极解决国际和地区问题，实现地区和世界的稳定与发展。同
时，双方将继续在全面战略伙伴关系框架内加强各领域合作，深化双边合
作。中国与阿联酋合作关系的发展经历了一个渐进的过程，即从战略合作
伙伴关系到全面战略合作伙伴关系再到强化全面战略合作伙伴关系。这体
现了双边关系的稳定性以及持久性。从官方声明中可以看出，太平洋岛国
已经成为中阿全面战略伙伴关系合作框架中的组成部分。

　　第二，有助于中国—大洋洲—南太平洋蓝色经济通道的构建，推动
"一带一路"倡议在南太平洋地区的践行。阿联酋在国内、国际两个层面
上都积极推动可持续发展，依靠自身的专业优势，帮助太平洋岛国实现可
持续发展。这与中国—大洋洲—南太平洋蓝色经济通道的内涵不谋而合。
中国与阿联酋在 2019 年签署的《关于加强全面战略合作伙伴关系的联合
声明》中也提到了对于可持续发展的合作。"双方都希望可持续发展、繁
荣进步和稳定的共同目标。"《"一带一路"建设海上合作设想》是"一带
一路"建设的重要组成部分，是"一带一路"倡议的深化和延续。事实
上，阿联酋间接表达了对于中国—大洋洲蓝色经济通道构建积极参与的态
度。"阿联酋对'一带一路'倡议表示支持和欢迎，愿积极参与'一带一
路'项目建设。中国欢迎阿联酋成为共建'一带一路'的重要合作伙
伴。"①

　　长远来看，阿联酋同太平洋岛国的外交关系会更加密切，这对于西亚
地区和南太平洋地区的区域合作也是一种有益的尝试。西亚地区除了阿联
酋之外，科威特与太平洋岛国的关系日益紧密。科威特是海湾理事会中第
一个于 2005 年同斐济建立外交关系的国家。它通过发展组织"针对阿拉
伯发展的海湾合作理事会"一直对斐济提供技术援助，被同样认为是太平
洋岛国发展论坛首届首脑会议召开的发展伙伴。此外，科威特还在零售业
和安保领域向斐济提供了大量就业的岗位。② 虽处于不同的区域，但西亚
地区和南太平洋地区的区域合作有着很大的互补性。两个区域在经贸、旅
游、海洋治理、减缓气候变化影响等领域都有着很大的合作空间。阿联
酋、科威特同太平洋岛国的合作是这两个地区强化合作的尝试。这既体现

① 《中华人民共和国和阿拉伯联合酋长国关于加强全面战略合作伙伴关系的联合声明》，新
华网，2019 年 7 月 23 日，http：//www.xinhuanet.com.
② "Fiji and Kuwait keen on Strengthening Bilateral Ties"，Ministry of Foreign Affairs，http：//
www.foreignaffairs.gov.fj.

了南南合作的精神，又是对南北合作的补充。在求和平、谋发展成为主流的今天，任何符合世界潮流的跨区域合作都是对构建人类命运共同体有益尝试，有助于丰富人类命运共同体理论。

然而，阿联酋对太平洋岛国的外交政策在一段时间内具有一定程度的偏向性。2010 年 6 月，包括马绍尔群岛、帕劳、密克罗尼西亚在内的一些太平洋岛国参加了在阿联酋举办的首届太平洋岛国—阿联酋会议。阿联酋称此次会议框定了阿拉伯世界与太平洋岛国合作的愿景。① 作为美国的自由联系邦，马绍尔群岛、帕劳、密克罗尼西亚与美国有着密切的防务关系，在国际事务中与美国的立场保持基本的一致。由于以色列是美国的盟友，自由联系邦在联合国投票场合同样与以色列保持基本的一致。自 2011 年之后，自由联系邦对以色列的支持度一直保持为 100% 。2012 年 11 月，联合国大会做出了是否视巴勒斯坦为正常国家的决定时，只有 9 个国家与以色列投了反对票，其中这 9 个国家包括自由联系邦和瑙鲁。② 近年来，对致力于追求和平的阿联酋来说，它希望太平洋岛国在联合国的投票能有助于维护西亚地区的和平。任何阻碍西亚地区和平的联合国投票都不符合阿联酋当下的战略利益。比如，由于马绍尔群岛在联合国投票中支持以色列，阿联酋削减了对马绍尔群岛的发展援助。阿联酋对太平洋岛国可再生能源项目的援助力度取决于太平洋岛国对"阿拉伯和平倡议"的考虑，以及需认识到阿拉伯国家对中东永久和平的重要性。这包括阿拉伯国家对承认巴勒斯坦的支持以及阿联酋对在波斯湾与伊朗有争议的岛屿——大通布岛、小通布岛、阿布穆萨岛——主权的诉求。巴勒斯坦与以色列问题已经成为西亚地区国家同太平洋岛国交往的阻碍。巴以冲突并未成为这个地区沟通的焦点议题。以色列同很多太平洋岛国建立了外交关系，被太平洋岛国所熟知，而由于这两个地区距离遥远，很少有太平洋岛国了解巴勒斯坦及巴勒斯坦问题。未来，巴勒斯坦应充分利用西亚地区同南太平洋地区密切交往的潮流，让更多的太平洋岛国了解巴以冲突的真相。这有助于早日解决巴以冲突。阿联酋对太平洋岛国的外交政策在基于自身战略利益的基础上，充分考虑到西亚地区、南太平洋地区的和平，符合世界主流趋势。

本章主要探讨了中国—大洋洲—南太平洋蓝色经济通道构建的路径，也是本章主要解决的一大问题。这条蓝色经济通道构建的路径主要包括共

---

① "Arabs to meet pro – Israel Pacific island leaders", Marianas Variety, 17 June, 2010, http：//www. mvariety. com.

② "Israel at the Ends of the Earth", Tablet, http：//www. tabletmag. com.

走绿色发展之路、共创依海繁荣之路、共筑安全保障之路、共谋合作治理
之路、共建智慧创新之路。这五大路径契合了中国、澳大利亚、新西兰以
及太平洋岛国的战略政策，并着眼于可持续治理南太平洋及其海洋资源，
造福通道沿线国家及人民。进一步看，蓝色经济通道的构建不应采取静态
的立场，而应以动态的立场来看待这条通道。沿线国家应着眼于全局利
益，不应只服务于自身利益，避免陷入集体行动的困境。曼瑟尔·奥尔森
认为，理性的个人在实现集体目标时往往具有搭便车的倾向。"除非一个
集团中人数很少，或者除非存在强制或其他某些特殊手段以使个人按照他
们的共同利益行事，有理性的、寻求自我利益的个人不会采取行动以实现
他们共同的或集团的利益。即使一个大集团中的所有个人都是有理性的和
寻求自我利益的，而且作为一个集团，他们采取行动实现他们共同的利益
或目标后都能获益，他们仍然不会自愿地采取行动以实现共同的或集团的
利益。"① 由于蓝色经济通道涉及的太平洋岛国数量较多，因此根据奥尔森
的理论，有必要建立一种强制性或约束性的机制来维护蓝色经济通道的
构建。

---

① 〔美〕曼瑟尔·奥尔森：《集体行动的逻辑》，陈郁、郭宇峰、李崇新译，格致出版社
2018 年版，第 2 页。

第五章　中国—大洋洲—南太平洋蓝色经济通道构建的障碍

相比较日本、美国、法国等国家而言，中国进入南太平洋地区的时间比较晚，因此，在与太平洋岛国的互动中不免引起其他域外国家的质疑以及部分太平洋岛国本身对中国的不认同等。南太平洋地区远离传统的国际热点地区，政局不稳，具有多元文化的特点，这一定程度上增加了蓝色经济通道构建的困境。同时，后疫情时代，该地区出现了以遏制中国为目标的战略聚合态势。

第一节　域内外国家对中国在南太平洋地区的动机存在质疑

在拉梅什·塔库尔（Ramesh Thakur）看来，20世纪90年代的时候，相较于苏联，西方国家对中国在南太平洋地区的探索并没有采取"战略拒止"。那时中国在南太平洋地区的利益主要是寻求渔业资源和海床资源。[①]然而，随着中国国力的强大以及采取"走出去"的战略，中国在南太平洋地区的影响力日益增强。米歇尔·奥基夫（Michael O'Keefe）认为中国快速的经济发展塑造了新的经济和外交事务，中国日益展现战略自信。近年来，中国通过"和谐外交"扩大全球影响力，其中一个表现是中国2014年与八个太平洋岛国确立了战略合作伙伴关系。这在某种程度上挑战了美国在南太平洋地区的主导地位，加剧了中美在该地区的地缘政治竞争。[②]莫汉·马利克（Mohan Malik）认为，"中国在南太平洋有着长远的利益。

---

① Ramesh Thakur, *The South Pacific: Problems, Issues and Prospects*, UK: Palgrave Macmillan, 1991, p. 22.

② Michael O'Keefe, "The Strategic Context of the New Pacific Diplomacy", in Greg Fry, Sandra Tarte, *The New Pacific Diplomacy*, Australia: ANU press, 2015, pp. 126 – 127.

短期内，中国想在国际社会中孤立台湾；但中长期内，中国想挑战并最终取代美国在太平洋的'保护者'和'卫兵'的角色"①。马克·朗铁尼（Marc Lanteigne）指出："随着中国在南太平洋地区不断扩大外交政策利益和战略力量，它与西方国家的外交政策分歧越来越大。中国寻求'软平衡'的战略手段来制衡美国，主要表现在中国不断扩大对美拉尼西亚和波利尼西亚地区伙伴的援助，并增加外交联系。"② 除了美国之外，澳大利亚对中国也存在一定程度的警惕心理。

一　美国因素

历史上，美国视南太平洋地区为自己的"内湖"，在南太平洋地区设有大量的军事基地。1898 年，美国通过美西战争控制了关岛，势力开始挺进西南太平洋地区。一战后，德国战败，日本占有了德国在该地区的殖民地，对美国形成了挑战。二战后，虽然美国在太平洋战争中打败了日本，但是由于日本偷袭珍珠港的经验和教训，美国对在这一地区的控制明显加强。厄尔·波默罗伊（Earl S. Pomeroy）指出，美国在太平洋战争结束后，控制了关岛和密克罗尼西亚群岛。对美国来说，密克罗尼西亚群岛具有重要的战略价值，虽然这个群岛上没有肥沃的土壤，但是其海洋面积比美国的陆地面积还要大。作者描述了从西班牙在南太平洋地区开始的殖民历程，以关岛作为案例来检验南太平洋地区对美国的重要性。③ 埃德加·安星尔·莫瑞尔（Edgar Ansel Mowrer）在《美国外交政策的噩梦》（The Nightmare of American Foreign Policy）中认为日本在南太平洋地区控制了一些重要的岛屿，其在太平洋岛国的地位增强，而美国在减弱。④ 冷战时期，美苏争霸是主要的国际格局，所以美国对南太平洋地区并没有直接参与，而是通过澳新美同盟来控制太平洋岛国。二战后美国把强大的海军力量投放在了南太平洋地区，但实际上，该地区被美国"善意地忽略"，这种态度反映了美国对该地区的外交和安全政策。冷战后美国主要通过澳新美同

---

① Bertil Lintner, "The South Pacific: China's New Frontier", in Anne – Marie Brady, *Looking North*, *Looking South*, China, Taiwan and the South Pacific, Singapore: World Scientific Printers, 2010, p. 10.

② Marc Lanteigne, "Water Dragon? Power Shifts and Soft Balancing in the South Pacific", *Political Science*, Vol. 64, No. 1, 2012, pp. 21 – 27.

③ Earl S. Pomeroy, *Pacific Outpost: American Strategy in Guam and Micronesia*, New York: Stanford University Press, 1951.

④ Edgar Ansel Mowrer, *The Nightmare of American Foreign Policy*, New York: Alfred A. Knopf, 1948.

盟，以集体安全协议的形式来实现其在该地区的安全利益。同时，苏联不断加强在该地区的存在，美国面临着以什么样的方式实现西方在该地区的安全和利益。① 这一时期，哈特利·格拉顿（Hartley Grattan）客观地剖析了美国在该地区利益的历史背景，通过历史追踪，作者认为在西南太平洋的历史中，主要的行为体是英国人以及英国人在澳大利亚和新西兰的殖民活动、法国人、美洲人、德国人以及荷兰人，但是在大部分的时间内，主要行为体仍然是澳大利亚和新西兰。② 哈尔·弗里德曼（Hal M. Friedman）指出，美国在1945—1947年通过控制之前日本占领的岛屿以及它本身具有的势力范围，开始了在战后在太平洋地区的帝国主义道路，以保证美国在南太平洋地区的安全。华盛顿体系的失败、日本偷袭珍珠港以及与苏联在东亚的紧张关系使得美国的决策者确定要把南太平洋地区变成美国的"内湖"。作者剖析了美国在1945—1947年对南太平洋地区所采取的各种战略手段，认为美国对南太平洋地区的政策与对其他地区的政策都服务于美国国家利益。③

冷战结束后，以美苏对抗为突出特点的两极世界已经成为历史。有人认为当前国际体系的特点是单极，有人认为是多极，或者说当前国际体系目前正处于向多极世界过渡的时期。无论哪一种说法都无法否认美国是当今世界上唯一的超级大国。约翰·伊肯伯里认为，今天美国的突出实力在近现代历史上前所未有。没有任何大国在军事、经济、技术、文化和政治实力方面曾经有过如此绝对的优势。④ 美国为了维护霸权，在全球和地区层面上保持制衡状态。近年来，随着中国在南太平洋地区影响力的日益增强，美国将不可避免地对中国进行制衡，以维护其在南太平洋地区的霸权秩序。

自奥巴马政府提出"重返亚太"战略以来，南太平洋地区成为美国战略调整的重要地区，不断增加对该地区的参与力度，以保持在该地区的影响力，服务于美国的大战略。在"亚太再平衡"的战略框架中，该地区价值被重新定位。凭借特殊的区位优势，太平洋岛国已经成为美国布局太平

① Thomas – Durell Young, "U. S. Policy and the South and Southwest Pacific", *Asian Survey*, Vol. 28, No. 7, 1988, pp. 775 – 788.
② Hartley Grattan, *The United States and The South Pacific*, New York: Harvard University Press, 1961.
③ Hal M. Friedman, *Create an American Lake: United States Imperialism and Strategic Security in the Pacific Basin, 1945 – 1947*, Westport: Greenwood Press, 2001.
④ 〔美〕约翰·伊肯伯里：《美国无敌：均势的未来》，韩召颖译，北京大学出版社2005年版，第1页。

洋安全战略的坚固后方。2012 年 8 月 31 日，希拉里出席了在库克群岛拉罗汤加岛举行的第 24 届太平洋岛国论坛峰会，她表示太平洋岛国在亚太地区的安全战略和经济发展中发挥着极其特殊的作用，而且这种作用变得越来越重要。美国有着长期的保护海上商业的历史，将坚持与太平洋岛民保持长期的伙伴关系。①

援助层面上，在"亚太再平衡"战略框架之下，美国加强了对太平洋岛国的援助。美国对太平洋岛屿地区的大多数援助，主要基于诸如《自由联系协定》《南太平洋金枪鱼条约》等长期承诺和协定，同时执行和平队、美国海岸警卫队和美国海军等人道主义任务。除了对个别国家提供援助外，美国也对该地区的一些主要国际组织提供支持，包括南太平洋地区环境署秘书处、太平洋共同体秘书处等。美国国际开发署负责统一管理和协调包括对太平洋岛国在内的对外援助工作。② 2011 年，美国在驻莫尔兹比港大使馆内设立了美国国际开发总署太平洋岛屿办公室，负责协调美国国际开发总署与各太平洋岛国政府官员、援助机构和私营部门之间的联系。在新时期内，根据美国全球、亚太战略部署以及太平洋岛国自身发展的需要，美国对太平洋岛国地区的援助，既包括一些传统项目，如减少贫困、提高居民的生活水平，也包括一些美国及西方国家标榜的民主和善治。同时，还包含了一些由于全球化和气候变化带来的新问题，诸如公共卫生、气候环境变化等领域。③ 2014 年 3 月 26 日，美国国际开发署在苏瓦启动了一项为期 5 年的太平洋—美洲气候基金，用以帮助太平洋岛国适应气候变化的影响。2400 万美元的赠款将会提供给南太平洋地区有资质的非政府组织，这些非政府组织包括在 12 个岛国执行气候应对措施的私人部门以及学术机构。④ 2015 年 11 月 5 日，美国政府发布了一项新的声明用以帮助南太平洋地区的区域组织解决气候变化带来的负面影响。美国国际开发署将与太平洋共同体、太平洋岛国论坛以及南太平洋区域环境署秘书处进行为期五年的合作，以加强 12 个岛国对于气候变化负面影响的计划、协调以及反应能力。太平洋共同体总干事科林·图库伊汤加（Colin Tukuitonga）

---

① Hillary Clinton, "Remarks at the Pacific Islands Forum Post – Forum Dialogue", August 31, 2012, http: //state. gov.

② 美国国际开发署的援助主要涉及 12 个太平洋岛国：密克罗尼西亚、斐济、基里巴斯、瑙鲁、帕劳、巴布亚新几内亚、马绍尔群岛、萨摩亚、所罗门群岛、汤加、图瓦卢和瓦努阿图。

③ 喻常森：《试析 21 世纪初美国对太平洋岛国的援助》，《亚太经济》2014 年第 5 期。

④ "US Government to Launch Grant Facility to Support Climate Change Initiatives in the Pacific Island Countries", USAID, https: //www. usaid. gov.

表示，"非常欢迎这项新的合作计划，以及其聚焦于岛国有效应对气候变化的能力"①。美国进出口银行在南太平洋地区扮演着积极的角色，为美国在大多数岛国设备及服务的采购提供融资服务。在过去的几年中，进出口银行在南太平洋地区提供了大约 70 亿美元的项目融资，包括在澳大利亚和巴布亚新几内亚的新液化天然气工程以及新西兰的商用飞行器的交易。自 1980 年起，海外私人投资集团在太平洋岛国已经投资了 3. 41 亿美元，用于支持巴布亚新几内亚、密克罗尼西亚以及斐济的投资和发展。海外私人投资集团目前在太平洋岛国有超过 4500 万美元的投资和金融项目，而且正积极寻求在南太地区的可行性工程的投资。②

军事层面上，美国国会研究部的报告指出："军事领域是政府宣称的'再平衡'战略最为高调和最具实质性内容的部分。"③ 由于安全事务是美国推动"重返"和实施亚太"再平衡"的重要抓手，因此"军事重返"和"军事再平衡"在美国"重返"和亚太"再平衡"战略中占有非常显著和突出的地位。④ 近年来，美国增加了在南太平洋地区的军事存在。加强以澳大利亚和关岛为中心的"第二岛链"的军事存在是美国"军事再平衡"最具象征意义的动作。2011 年 11 月，奥巴马访问澳大利亚期间，两国宣布了新的军力部署计划，内容是自 2012 年起，美国将向澳大利亚达尔文港和澳大利亚北部地区首批派驻 250 名海军陆战队员进行轮换驻防，轮换驻防规模将扩大到 2500 人；双方还同意将澳大利亚位于印度洋沿岸的港口和基地在很大程度上对美国海空军开放。2012 年 11 月，美澳又达成太空合作协议，美国将把部署在西印度群岛的一部 C 波段雷达和位于美国本土新墨西哥州的太空望远镜迁往澳大利亚西部，用于监测亚洲地区的卫星、导弹发射和近地轨道卫星的运行。2013 年 6 月。两军达成协议，将由澳大利亚派出一艘战舰参加美国在太平洋的一个航母编队。⑤ 近日，美国和澳大利亚签署了一份备受瞩目的军事协议。根据该协议，到 2017 年，驻达尔文基地的美军人数增加一倍多，轮换驻防规模达到 2500 名海军陆

---

① "U. S. and Pacific Partners Unite to Build Climate Resilience", USAID, https：//www. usaid. gov.

② "U. S. Engagement in the Pacific", U. S. Department of State, http：//www. state. gov.

③ Mark E. Manyin, Susan V. Lawrence, "Pivot to the Pacific? The Obama Administration's 'Rebalancing' torward Asia," *CRS Report for Congress*, March 28, 2012, www. fas. org.

④ 阮宗泽：《美国亚太再平衡战略与中国对策》，时事出版社 2015 年版，第 42 页。

⑤ 阮宗泽：《美国亚太再平衡战略与中国对策》，时事出版社 2015 年版，第 46—47 页。

战队队员。①

特朗普上台后，虽然美国对太平洋岛国的战略既有确定性的一面，又有不确定性的一面，但南太平洋地区仍然是美国全球战略布局中的重要一环。2017年12月18日，特朗普发布了他上台后的首份《国家安全战略》。报告中称地缘政治格局已经再次出现，印太地区进入了以竞争为主题的时代。同时，报告特别指出了强化与澳大利亚、新西兰的外交关系，目的是减少太平洋岛国地区的经济脆弱性和自然灾害。② 2018年9月4日，美国政府代表团在瑙鲁主持了与16个太平洋岛国和地区的代表团团长早餐圆桌会议，随即进行了太平洋岛国论坛的论坛对话伙伴领导人会议。各代表团讨论了促进地区安全与稳定，包括维持国际压力以实现朝鲜无核化目标，可持续的增长和繁荣，着手应对环境挑战以及加强人民之间的联系。③

可以确定的是，特朗普非常重视太平洋岛国的外交政策，主要是基于南太平洋重要的地缘战略价值以及特朗普外交思想中的汉密尔顿主义。每个国家的外交政策，基点都在于国内政治、经济、文化背景；每个国家领导人处理对外关系的方式，都来源于其国内历史经验，都受到其文化传统的熏陶。沃尔特·拉塞尔·米德（Walter Russell Mead）在研究了美国的外交历史记录以后，提出了四个主要的思想流派，并分别为其找出了一个代表人物——汉密尔顿、杰斐逊、杰克逊和威尔逊。汉密尔顿主义思想家和政治家在所谓的美国现实主义思想基础上，逐渐形成了显著不同的美国国家利益定义和确保这些利益的最佳战略。最早、最重要、独立之前美国殖民者脑海中的利益可以被称为海上自由。所有海域、大洋和海峡都不应该对美国船只封闭。必须压制海盗行为，在战时对待中立船只方面，外国必须遵守国际法。汉密尔顿主义者认为，海上自由与第二大国家利益紧密相关。船只和货物仅享有国际水域通行权是不够的，美国的货船在目的地港口必须拥有同其他国家货船一样的权利和特权。对美国货物开放门户与对美国船只开放水域一样重要。④ 商人出身的特朗普无限追求利益，这是其

---

① 梁甲瑞：《马汉的"海权论"与美国在南太地区的海洋战略》，《聊城大学学报》2016年第2期。

② The White House, *National Security Strategy of the United States of America*, December 2017, pp. 45–46.

③ "Readout of U. S. Delegation Meeting With Pacific Island Leaders", U. S. Department of State, https：//www. state. gov.

④ 〔美〕沃尔特·拉塞尔·米德：《美国外交政策及其如何影响了世界》，曹化银译，中信出版社2003年版，第107—114页。

利益观最核心的内容。① 同时，特朗普在美国外交援助中，也展现出了"商业路径"（business approach）。② 由此可见，特朗普的外交政策中将具有汉密尔顿主义的影子。许多人看到了汉密尔顿主义治国传统具有商业倾向，没有对人性弱点的错误认识。贸易的重要性决定着汉密尔顿主义者如何给国家安全利益下定义。太平洋岛国所拥有的地缘战略价值对特朗普具有很大的吸引力，然而，特朗普对太平洋岛国本身的战略利益并不感兴趣，忽视了他们自身的可持续发展问题。特朗普在《国家安全战略》中宣称，"自一战后，澳大利亚在很多国际冲突中，一直与美国共同作战，而且将继续强化与美国的经济和安全协议，目的是支持双方共同的价值观、维护在南太平洋地区的民主价值观。作为美国的一个主要合作伙伴，新西兰有助于南太平洋地区的和平与安全"③。2018 年 2 月，特朗普与澳大利亚总理马尔科姆·特恩布尔（Malcolm Turnbull）进行了会晤。双方计划鼓励最优的实践、刺激投资以及发展政策，以支持在美国、澳大利亚，特别是在印太地区的高质量基础设施建设。同时，特朗普强调了美澳同盟的力量以及双方在印太地区的利益和价值观。④ 由此可见，特朗普在南太平洋地区的关注点是澳大利亚与新西兰，这延续了冷战后美国对地区外交政策的一贯传统。二战使得美国把主要的海军力量留在了南太平洋，而在外交层面上，美国主要是通过与澳大利亚、新西兰之间的集体安全协定——澳新美同盟来维护在该地区的利益。澳新美同盟履行主要的政治和安全责任。就美国在南太平洋地区的安全目标而言，"善意忽略"的态度比较合适。美国没有保护太平洋岛国安全的需求，唯一的需求是维护从北美到东南亚、印度洋海上通道的安全。⑤

当下，南太平洋地区成为美国推行印太战略的关键区域。美国外交政策传统助推着其重视这一区域。在基辛格看来，决定外交政策的关键因素无论是价值观还是实力，意识形态还是国家利益，皆取决于某种国际体制

① 尹继武、郑建君、李宏洲：《特朗普的政治人格特质及其政策偏好分析》，《现代国际关系》2017 年第 2 期。
② "Trump's Business Approach to Foreign Aid Diplomacy", BESA, https：//besacenter. org.
③ The White House, *National Security Strategy of the United States of America*, December 2017, p. 46.
④ "President Donald J. Trump's Meeting with Australian Minister Malcolm Turnbull Strengthens the U-nited States – Australia Alliance and Close Economic Partnership", White House, https：//www. whitehouse. gov.
⑤ Thomas Durell Young, "U. S. Policy and the South and Southwest Pacific", *Asian Survey*, Vol. 28, No. 7, 1988, p. 775.

所处的历史阶段。① 印太地区成为全球的焦点区域，深刻影响着国际体制的演进。正如《印太战略报告》所指出的，"印太地区是美国未来最为重要的区域。该区域横跨了地球的一大片区域，从美国西海岸到印度西海岸，汇集了世界上最有影响力的国家，并拥有超过全球一半的人口。在世界上十个军力最强的国家中，有七个国家位于印太地区，其中六个国家拥有核武器。在世界上十个最繁忙港口中，有九个位于印太地区"②。作为印太地区的前沿，南太平洋地区对美国的战略重要性不言而喻。这不仅是因为南太平洋地区的海上战略通道价值，还因为美国在该区域拥有海外领地。美国在《印太战略报告》将自身明确定位为太平洋国家，并拥有五个位于太平洋地区的州，分别是夏威夷、加利福尼亚、华盛顿、俄勒冈州以及阿拉斯加。同时，美国在太平洋岛屿地区拥有国际日期变更线两旁的海外领地，分别是关岛、美属萨摩亚、威克岛、北马里亚纳联邦。2017 年，特朗普在越南举行的 APEC 峰会上指出了美国对于自由、开放印太地区的国家观念，并确保印太地区的安全、稳定与繁荣，目的是使所有国家受益。在这种观念指导下，美国在太平洋岛屿地区构建多层级伙伴关系。《国家防务战略》同样强调了美国将做大印太联盟和伙伴："自由、开放的印太地区为所有国家提供了安全与繁荣。我们将强化印太地区的联盟与伙伴关系，目的是建立一个可以制止侵略、保持稳定、确保自由进入公域通道的网络型安全结构。我们将与印太地区的主要国家一道，建立双边和多边安全关系，以保护自由、开放的国际体系。"③

（一）第一层级：重视澳大利亚与新西兰

澳大利亚与新西兰是太平洋岛屿地区的大国，拥有着不容忽视的影响力。美国同澳大利亚、新西兰拥有着盟友关系，因此，在美国南太平洋地区多层级伙伴关系中，澳大利亚与新西兰是第一层级。澳大利亚洛伊研究所的格雷格·科尔顿（Greg Colton）指出，"美国在印太地区的战略重心主要聚焦在东亚和东南亚。美国的根本焦点大部分在西太平洋，包括关岛、北马里亚纳群岛、美属萨摩亚、帕劳、马绍尔群岛、密克罗尼西亚。美国不但在关岛和马绍尔群岛拥有军事基地，而且可以利用其自由联系邦制止其他国家对西太平洋地区的战略利用或军事介入。这些军事基地在第

---

① 〔美〕亨利·基辛格：《美国的全球战略》，胡利平、凌建平等译，海南出版社 2012 年版，第 12 页。

② The Department of Defense, *Indo - Pacific Strategy Report*, June 1, 2019, p. 1.

③ Department of Defence of United States of America, *Summary of the* 2018 *National Defense Strategy*, 2018, p. 9.

二岛链内为美国建立了战略缓冲区，可以防止潜在的敌人进入更为广阔的太平洋岛屿地区。由此，美国寻求其盟友在其他南太平洋地区发挥作用。澳大利亚在美拉尼西亚国家拥有影响力，而新西兰则在波利尼西亚国家拥有影响力，因此，澳新成为美国在太平洋岛屿地区的最佳盟友"①。美国2017年的《国家安全战略》指出，"加强同澳大利亚与新西兰的合作，将支持美国在南太平洋地区的伙伴国减少对于经济波动和自然灾害的脆弱性"②。

对澳大利亚而言，印太地区意味着新的机会。这与美国的印太战略拥有对接的可行性。澳大利亚在《2016年防务白皮书》中表达了这一点："澳大利亚和印太地区处于一个重要经济转型期，这催生了针对繁荣与发展的较大机会。印太地区的经济水平和生活标准日益提高。2050年之前，全球几乎一半的经济出口预计来自印太地区。随着印太地区经济和战略价值的日益显著，该地区增加了澳大利亚的经济发展潜力和战略安全。"③ 随后，澳大利亚强调了美国在印太地区的战略地位及美澳同盟的重要性。"在过去的70多年中，美国在印太地区强有力的存在一直巩固了和平与稳定。强有力的深度同盟是澳大利亚安全与防务规划的关键。美国仍将保持领先的全球军力，仍将是澳大利亚最为重要的战略伙伴。基于《2016年防务白皮书》，澳大利亚将拓宽、加深同美国的同盟关系，包括通过继续再平衡美国军力，支持其在太平洋岛屿地区维护安全的关键角色。"④ 同时，澳大利亚欢迎和支持美国扮演确保印太地区稳定的重要角色，而且在《澳新美同盟条约》框架下继续同美国合作。澳大利亚支持美国的印太战略，《印太战略报告》指出了美澳联盟关系的重要性："一战后，美澳军队共同参与了每一次比较大的战争，并在2018年庆祝了'第一个百年伙伴关系'。一个多世纪以来，美澳共同展开了联合行动、训练与演习、情报合作等。美澳在印太地区通过更为慎重的协作，增加应对新威胁的操作性，并日益重视太平洋岛屿地区。"⑤ 2014年，美澳签订了《军力态势协议》（Force Posture Agreement）。这是一个为期25年以上的指导美国军力态势

① Greg Colton, *Stronger together: Safeguarding Australia's Security Interests through Closer Pacific Ties*, Lowy Institute, April 2018, pp. 4 – 5.

② The White House, *National Security Strategy of the United States of America*, December 2017, p. 47.

③ Australia Government Department of Defence, *2016 Defence White Paper*, 2016, p. 14.

④ Australia Government Department of Defence, *2016 Defence White Paper*, 2016, pp. 14 – 15.

⑤ The Department of Defense, *Indo - Pacific Strategy Report*, June 1, 2019, p. 26.

倡议的协议，为美军在双边、三边及地区活动中提供更多的机会。《军力态势协议》在澳大利亚北部包括两部分：空军合作、在达尔文港的轮值海军。2018 年，美国在达尔文基地的海军完成了第七次轮值。2019 年，美国在达尔文港的轮值海军预计增加到 2500 名海军陆战队。空军合作也将在 2019 年得到强化。自 2002 年起，总共超过 6800 名海军陆战队在达尔文基地服役，同澳大利亚国防军一同训练。美澳还发起了"佩剑演练"（Excercise Talisman Sabre）的联合军事行动，目的是训练两国联合执行任务的部队，提高操作性和战备状态。① "佩剑演练"联合行动每两年举行一次，体现了美澳同盟关系的密切性和持久军事关系的力量。2019 年"佩剑演练"是第八次演习，包括实地训练演习、两栖登陆、陆军行动、空军行动、海上行动和特别行动。② 2021 年"佩剑演练"于 6—8 月期间举行，旨在提高美澳军队的战备水平。

除了澳大利亚之外，新西兰是美国太平洋岛屿地区第一层级伙伴关系的另外一个国家。美国国务院高度评价了其同新西兰的关系："新西兰是美国强有力的伙伴和朋友。双方于 1942 年正式确立了外交关系。二战期间，美国在新西兰驻扎了军事人员，以准备诸如瓜达康纳尔岛和塔拉瓦战役。"③ 自 2012 年《华盛顿宣言》后，美国与新西兰继续深化、拓宽防务关系。美新防务伙伴仍将聚焦在构建海洋安全存在、能力和意识，合作发展远征防御能力，分享确保安全合作的信息。新西兰参与了伊拉克和阿富汗的联合行动以及历次联合国维和行动。除了全球层面的贡献之外，新西兰在太平洋岛屿地区推动稳定、建构能力及应对危机中扮演着区域领导的角色。2018 年 2 月，新西兰外长温斯顿·皮特斯宣布了该国对太平洋岛屿地区的新政策——"太平洋重置"（Pacific Reset）。该政策有两个驱动力：一是太平洋岛屿地区面临着一系列的挑战，这些挑战很难解决；二是太平洋日益成为竞争性的战略区域，基于此，新西兰应努力保持积极的影响力。④ 新西兰的"太平洋重置"政策同美国的印太战略具有互补性，有利于美国在太平洋岛屿地区的接触。美国与新西兰在战略上的重叠将使得双方共享资源，采取集体行动，发挥合力。为了更好地发展双边关系，美国

① "U. S. Security Cooperation With Australia", U. S. Department of State, https：//www. state. gov.

② "Excercise Talisman Sabre 2019", Australia Government Department of Defense, http：//www. defence. gov. au.

③ "U. S. Relations with New Zealand", U. S. Department of State, https：//www. state. gov.

④ "Pacific", New Zealand Foreign Affairs & Trade, https：//www. mfat. govt. nz.

与新西兰建立了美国—新西兰理事会。该理事会是美国唯一独立地致力于推动双方商业、战略和文化关系的平台。①

新西兰《2016 年防务白皮书》强调了伙伴关系及同美国关系的重要性：“就推动强有力的国际伙伴而言，新西兰拥有持久的利益。新西兰通过同美国的接触，保障了自身的安全。三十多年来，双方的关系已经达到了新的广度和深度。在过去的五年中，伴随 2010 年的《惠灵顿宣言》和 2012 年的《华盛顿宣言》，双方的关系进一步强化。这跟美国重新对亚太地区的再平衡有关，涉及了美国在太平洋岛屿地区更为广泛的外交、军事和经济利益。这包括了美国在太平洋岛屿地区日益增多的军事演习以及新西兰与美国更为频繁的军事互动。考虑到新西兰同美国拥有的价值观、美国的全球影响力，新西兰可以从与美国的互动中获益。双方的关系也将是新西兰最为密切的双边关系之一。”② 事实上，《惠灵顿宣言》可以看作是美国与新西兰在太平洋岛屿地区的合作框架或宣言。“《惠灵顿宣言》开启了更紧密美新关系的新篇章，建立了针对未来塑造务实合作和政治对话的战略伙伴关系框架。双方的目标是建立面向 21 世纪的灵活、动态及体现基本诉求的伙伴关系。”③ 2012 年的《华盛顿宣言》进一步提升了美新合作关系。2012 年 6 月 19 日，美国与新西兰签订了关于防务合作的《华盛顿宣言》。该协定提供了强化、扩大双边防务合作的框架和理念。同时，该协定还意味着美新 30 多年来首次签署了正式的防务合作，体现了共同承诺解决区域安全和防务问题，包括当代的非传统安全挑战。④

值得注意的是，面对印太地区地缘政治的变化，新西兰非常清楚地洞察了这一客观形势，并明确了自身的未来战略趋向。基于自身太平洋国家的身份，在新西兰的伙伴中，除了澳大利亚之外，美国是其较为倚重的伙伴。在新西兰外交和贸易部制定的《2018—2022 年战略趋向》中，新西兰致力于构建、平衡有目标的国际体系，以实现其国家目标。“我们构建、平衡国际体系的能力是确保新西兰繁荣与安全的关键。我们的目标要适应变化中的全球现实。我们与澳大利亚、英国、美国及欧盟的关系要可持续，以确保它们可以支持新西兰。”⑤

---

① "Mission and Principles", United States and New Zealand Council, http：//usnzcouncil. org.

② Ministry of Defense, *Defence White Paper 2016*, New Zealand：Wellington, 2016, pp. 32 – 33.

③ "Wellington Declaration", United States and New Zealand Council, http：//usnzcouncil. org.

④ "Washington Declaration", United States and New Zealand Council, http：//usnzcouncil. org.

⑤ New Zealand Foreign Affairs & Trade, *Strategic Intentions 2018 – 2022*, New Zealand：Wellington, 2018, p. 28.

（二）第二层级：太平洋岛国

《印太战略报告》指出了太平洋岛国对于美国印太战略的重要性："我们正恢复接触太平洋岛国，目的是确保自由开放的印太地区、维护海上通道安全及推动美国作为安全伙伴的身份。由于太平洋岛国规模小、体量小、地理特殊并面临着经济发展的诸多挑战，因此，太平洋岛国所在的区域不同于其他区域。对太平洋岛国本身而言，由于美国与它们共享价值观、利益及包括确保'自由联系邦'安全在内的承诺，美国视它们为其印太战略的关键组成部分。"① 事实上，早在奥巴马执政时期，美国在重返亚太战略的框架下，意识到了太平洋岛国对美国的战略重要性，并采取了相应的战略举措。2010 年，时任国务卿希拉里在火奴鲁鲁发表的演说指出，由于太平洋岛国面临着从气候变化到航行自由的一系列挑战，美国正通过太平洋岛国论坛支持太平洋岛国。为此，美国国际开发署将在 2011 年重返太平洋，在斐济建立办事处，并援助 2100 万美元，用于帮助太平洋岛国减缓气候变化。② 2012 年 8 月 31 日，希拉里出席了在库克群岛举行的太平洋岛国论坛峰会，并发表了重要演说。"美国每年提供 3.3 亿美元援助太平洋岛国及其人民。美国与太平洋岛国拥有共同的安全利益。数百艘美国海军和海岸警卫队的舰船游弋在太平洋岛屿地区。美国将努力成为太平洋岛国的强有力合作伙伴，打击非法捕鱼和其他海上犯罪。同时，美国承诺帮助太平洋岛国改善妇女的地位，并同夏威夷的东西方研究中心及澳大利亚与新西兰政府一道，在南太平洋地区发展一个妇女领导人网络。"③ 可以肯定的是，美国已经完全改变了冷战时期对太平洋岛国"善意地忽略"的态度，全方位强化对太平洋岛国的互动，服务于美国在全球的谋篇布局。

在美国的印太战略中，自由联系邦的重要性进一步提升。早在特朗普上任的时候，他就计划加强同自由联系邦的防务合作。2017 年 10 月，美国同帕劳在"联合委员会会议"（Joint Committee Meeting）上宣布了强化双边关系。其中，双方探讨了通过解决诸如贩卖人口和毒品之类的跨国犯罪来强化帕劳的安全，并探讨了在帕劳海域尝试分享关于外国船只信息的

---

① The Department of Defense, *Indo - Pacific Strategy Report*, June 1, 2019, pp. 40 - 41.

② "America's Engagement in the Asia - Pacific", U. S. Department of State, October 28, 2010, https：//2009 - 2017. state. gov.

③ "Remarks at the Pacific Islands Forum Post - Forum Dialogue", U. S. Department of State, August 31, 2012, https：//2009 - 2017. state. gov.

建议。① 2019 年 5 月，美国与自由联系邦发表了一项联合声明。该声明强调了双方在自由、开放、繁荣的印太地区中的共同利益。美国认同双方的特殊、独特及具有历史性的关系，并强调了对于《自由联系协定》的承诺。双方之间的关系将会是太平洋岛屿地区安全、稳定和繁荣的源泉。这些国家的很多公民在美国军队服役。这有助于双方共同推动太平洋岛屿地区的安全。② 美国高度评价了同自由联系邦的集体会晤，"这是美国总统首次在白宫会见了自由联系邦的领导人，体现了双方之间的特殊关系"③。洛伊研究所的吉纳维芙·尼尔森（Genevieve Neilson）认为此次会晤充分体现了自由联系邦是美国印太战略中的关键组成部分。这些国家也希望通过此次集体会晤促使美国解决它们所面临的各种挑战，比如，帕劳和密克罗尼西亚面临着非法捕鱼的挑战，马绍尔群岛面临着处理核试验污染物的任务等。④

强化与具有军事能力的太平洋岛国合作关系。除了自由联系邦之外，美国在《印太战略报告》中还提到了这一点。在太平洋岛国中，有三个国家具有军事能力，分别是巴布亚新几内亚、斐济、汤加。美国需要与这三个国家合作，以努力提升伙伴国的军事能力。

巴布亚新几内亚是太平洋岛屿地区陆地面积、经济体量较大的国家，具有一定的军力，因此它对于美国维护印太地区海上战略通道的安全具有不可忽略的影响。美国国务院对于巴布亚新几内亚给予了充分的重视。"作为人口最多的太平洋岛国，巴布亚新几内亚对于亚太地区的和平与安全至关重要。美国同巴新拥有密切的友谊。作为伙伴，美国致力于维护巴新的国内稳定。双方有着合作性的安全援助关系，主要集中在联合人道主义演习、帮助巴新训练军事人员。"⑤ 2018 年 10 月，美国副总统彭斯在莫尔兹比港举行的 APEC 峰会上宣称美国将就马努斯群岛的洛布朗（Lombrum）海军基地的联合倡议，与澳大利亚、巴新共同合作，声称将共同努

① "Republic of Palau strengthens its Bilateral Relationship with the United States in the 2017 Joint Committee Meeting", Republic of Palau, October 31, 2017, https：//www. palaugov. pw.

② "Joint Statement from the President of the United States and the Presidents of the Freely Associated States", The White House, May 21, 2019, https：//www. whitehouse. gov.

③ "Statement from the Press Secretary Regarding the Upcoming Visit of the Presidents from the Freely Associated States", The White House, https：//www. whitehouse. gov.

④ Genevieve Neilson, "Sign of respect：the Freely Associated States Come to Washington", Lowy Institute, 22 May, 2019, http：//lowyinstitute. com. au

⑤ "U. S. Relations with Papua New Guinea", U. S. Department of State, July 17, 2018, https：// www. state. gov.

力，维护太平洋岛屿的主权与海权。正如最近的印度、日本与美国的三边海军演习一样，美国在打造新型安全合作伙伴关系。① 为了保证此次峰会的安全，美国的海岸警卫队在莫尔兹比港部署了 94 名海警，目的是在 APEC 峰会期间，全程保证巴新海域的安全。相较于之前，马努斯基地将有助于美国军队向太平洋地区南部推进，更容易渗透到南海。为了落实建立洛布朗海军基地的联合倡议，2019 年 3 月，澳大利亚与巴布亚新几内亚签订了关于建立洛布朗海军基地联合倡议的合作备忘录。

除了巴布亚新几内亚之外，斐济在太平洋岛屿地区有着不容忽视的影响力。近年来，斐济致力于外向型的发展模式，积极在国际舞台上发出声音。最为显著的例子是斐济对于国际维和行动的贡献。1970 年 10 月 13 日，斐济是首个参加联合国大会的太平洋岛国，并加入联合国。自此，斐济在其外交政策中把参加国际维和行动置于核心地位。自 20 世纪 70 年代以后，斐济的维和人员相继在安哥拉、柬埔寨、克罗地亚、索马里、科索沃等国服役。斐济在联合国维和行动中展现出的高标准已经成为国家荣誉的闪光，提升了斐济的国际影响力。② 就军事力量而言，斐济共和军是保护国家安全的主要力量。同时，斐济共和军还面临着解决当下各领域挑战的任务，比如气候变化、种族主义、跨国犯罪等。③ 美国和斐济自 1971 年建交之后，一直保持着良好的外交关系。两国都是多元种族国家，承诺追求民主价值观，在诸如国际维和行动、地区安全、环境问题和经济发展方面合作较为密切。在斐济 2014 年大选之后，美国重新启动了对斐济的安全援助，并取消了自斐济 2006 年军事政变后对其财政援助的限制。斐济接受了"国外军费援助"（Foreign Military Financing）对其装备军事武器的财政支持，并参与了"国际军事教育和培训项目"，将斐济军官和高级官员送到美国学习军事教育课程。同时，美国的海岸警卫队和海军航空兵积极帮助斐济打击在其专属经济区内的非法捕鱼活动。④ 2018 年 12 月 12 日，美国与斐济签署了《乘船协议》（Ship - rider Agreement）。依据此协议，斐济的防务和执法人员可以利用美国海岸警卫队、海军的船只在其专属经

---

① "Australia, U. S. . Set to Expand Papua New Guinea Naval Base", USNI News, November 23, 2018, https：//news. usni. org.

② "A Better Fiji through Excellence in Foreign Service", Ministry of Foreign Affairs, http：//www. foreignaffairs. gov. fj.

③ "About Us", Republic of Fiji Military Forces, http：//www. rfmf. mil. fj.

④ "U. S. Relations with Fiji", U. S. Department of State, July 17, 2018, https：//www. state. gov.

济区或公海上观察、搜寻违法的船只。斐济的专属经济区面积约为 130 万平方千米。对斐济而言，在如此广阔的海域内保护海权非常困难。《船舶骑士协议》是斐济在其主权海域巡逻和保护合法权益的有力手段。在美国驻苏瓦大使馆临时代办麦克·戈德曼（Michael Goldman）看来，《船舶骑士协议》的签署不但有助于斐济监视其海域、保护专属经济区、增强海权意识、提高海洋执法能力，而且有助于推动自由、开放的印太地区。① 毫无疑问，斐济的军事力量对于美国维护印太地区海上战略通道的安全将具有不容忽视的影响。在印太战略的框架下，美国将强化同斐济的伙伴关系。

汤加是南太平洋地区波利尼西亚的一个群岛国家，拥有 170 个岛屿，其中 36 个岛屿有人口居住。因此，汤加对国际海运的依赖性较强。应该指出的是，汤加的专属经济区面积为 70 万平方千米，这为其经济和社会发展提供了丰富的海洋资源。然而，广阔的海洋面积也为汤加政府在利用海洋资源、维护海洋安全方面带来了巨大的挑战。由于汤加具备一定的军事力量，因此它积极参与国际事务，对国际社会的和平与稳定做出了很大的贡献。从 2004—2008 年伊拉克战争期间，汤加向伊拉克派遣了四批士兵。2010 年，汤加向阿富汗派遣了 55 名士兵，以支持英国军队在国际安全援助部队中的任务。美国与汤加的关系日益紧密。双方每年都要举行联合军事演习培训。2014 年，内华达国家警卫队与汤加签署了州际伙伴协议。美国同样与汤加签署了《乘船协议》，为汤加提供安全保障。汤加执法人员可以搭乘美国海岸警卫队的船只。美国与汤加拥有共同的价值观，合作领域涉及缓解气候变化影响、打击人口走私、完善海洋安全、推动南太平洋地区的可持续发展。② 与此同时，美国目前拥有不少汤加移民。第一个迁往美国的汤加人与一位摩门教徒一起于 1924 年到达犹他州，目的是接受教育。这名摩门教徒返回汤加后，又与另外一位汤加人在 1936 年到达犹他州。1956 年第一个汤加家庭迁往美国。自此，汤加人、塔希提人、斐济人开始小规模地迁往美国。20 世纪五六十年代汤加迁经美国的人开始增加，并于 80 年代达到了高峰。③ 这些移民客观上增加了美国对汤加的认同感。

---

① "Remarks at the Fiji Shiprider Agreement Signing", U. S. Embassy in Fiji, Kiribati, Nauru, Tonga, and Tuvalu, November 12, 2018, https://fj.usembassy.gov.

② U. S. – Tonga Relations", U. S. Department of State, July 17, 2018, https://www.state.gov.

③ Liz Swain, Pacific Islander Americans, http://www.everyculture.com.

（三）第三层级：法国、英国

在欧盟国家中，法国与英国对于海洋较为重视，有着清晰的海洋战略。作为太平洋岛国的传统宗主国，法国与英国现在仍非常重视太平洋岛屿地区。它们在该地区还拥有海外领地，与该地区仍有着密切的联系。法国有三个海外领地，分别是法属波利尼西亚、新喀里多尼亚、瓦利斯与富图纳。英国的海外领地为皮特凯恩群岛。美国同法国和英国保持着密切的同盟关系，防务合作较为密切。为了维护这些海外领地的安全，法国和英国在太平洋岛屿地区还保持着一定程度的军事力量。加强同英法的合作将会对美国维护南太平洋地区的安全起到积极作用。《印太战略报告》明确提到了这一点："英国、法国等盟友在维持一个自由、开放的印太地区方面扮演着关键角色。除了军事能力和地区存在以外，它们极力支持地区和全球层面上的自由、开放原则。"① 卡内基国际和平研究院的埃里克·布拉特贝里（Erik Brattberg）、菲利普·勒·科雷（Philippe Le corre）、艾蒂安·苏拉（Etienne Soula）认为虽然欧洲在印太地区是一个很小的行为体，但作为全球中等强国，法国和英国可以助推区域安全，特别是扩大与地区伙伴的多边和双边合作倡议。美国应当欢迎法国和英国在印太地区的利益和存在，并最大限度地构建同它们的战略合作伙伴关系。②

法国是一个名副其实的海洋强国，在全球范围内拥有广阔的海洋面积。南太平洋地区的三个海外领地使得法国获得了广阔的海洋面积。在法国 1100 万平方千米海外专属经济区中，700 多万平方千米的专属经济区位于太平洋地区。法属波利尼西亚的专属经济区超过了 503 万平方千米，新喀里多尼亚的专属经济区为 174 万平方千米，瓦利斯与富图纳的专属经济区为 30 万平方千米。克利伯顿岛即便无人居住，其专属经济区面积也超过了法国本土。随着法国日益注重蓝色经济，法国政策制定者清醒地意识到了专属经济区海洋资源的经济价值，这些资源包括渔业、深海资源、深水油气和珊瑚礁生态系统多样性。③ 法国总统奥朗德在 2006 年访问塔希提时强调了法国太平洋专属经济区的重要性。"我们必须保护这些专属经济区，以确保我们的存在。没有我们的许可或授权，其他任何国家无权在这

---

① The Department of Defense, *Indo-Pacific Strategy Report*, June 1, 2019, p. 42.

② Erik Brattberg, Philippe Le Corre, Etienne Soula, "Can France and the UK Pivot to the Pacific?", Carnegie Endowment for International Peace, July 5, 2018, https：//carnegieendowment. org.

③ Nic Maclellan, "France and the Blue Pacific", *Asia & the Pacific Policy Studies*, Vol. 5, No. 2, 2018, p. 429.

些专属经济区开采资源。这是法国和海外领地的共同财产。其他国家不能干涉我们的领地。"①

　　2015 年的《法国海洋安全战略》明确了对海外领地的责任："法国拥有广阔的海岸区和多样化的海外领地，是一个主要的海洋国家。"② 法国加大了对南太平洋地区的投入力度。2015 年 12 月，法国在第四届法国—大洋洲峰会上明确了支持太平洋岛国可持续发展和海洋治理的承诺，并在《澳新法协议》的框架下支持南太平洋地区的灾害减缓。③ 对此，美国的印太战略无法忽略法国在南太平洋地区的影响力。"美国与法国已经重启了'印太安全对话机制'，并意识到了 2019 年在印太地区部署'戴高乐号'航空母舰的重要意义。双方对于建立战略伙伴关系的网络达成了共识。这有助于建立一个区域安全结构。"④ 尤其值得注意的是，法国在 2019 年发布了《法国与印太安全》（France and Security in the Indo - Pacific），明确了法国的印太战略。法国把南太平洋地区置于了其整个印太战略框架之下，更为重视维护太平洋岛屿地区的安全。"印太地区包括印度洋、太平洋和南部的海洋，组成了一个从东非到美洲西海岸的安全统一体。由于印度洋地区和南太平洋地区海外领地的存在，法国深深植根于印太地区。它驻扎在海外的军事力量和永久军事基地使得法国可以履行作为常驻力量的安全责任"。值得注意的是，法国的印太战略同美国的印太战略存在对接的潜力，而南太平洋地区可以成为双方战略对接的优先区域。法国同样在《法国与印太安全》中指出了构建网络型安全模式："法国正在印太地区构建一个战略伙伴网络。为了解决各种危机与紧张关系，法国愿意构建一种区域安全结构。通过参与多边合作平台，法国为印太地区带来了其作为联合国安理会常任理事国的自身经验、专业知识，特别是在海洋安全领域，法国在充分尊重国际法的基础上，为建立和平、稳定的海洋秩序做出了很大贡献。"⑤ 法国在南太平洋地区保持着一定规模的军事存在，这不仅可以满足法国的防务和安全需求，还将有助于建构地区安全结构。目前，法国在南太平洋地区驻扎了 2900 名军人，在新喀里多尼亚和法属波利尼西亚的

① "Retrouvez le script du discours de François Hollande à Tahiti", franceinfo, February 2016, https: //la1ere. francetvinfo. fr.
② Premier Minister, *National Strategy for The Security of Maritime Areas*, 2015, pp. 1 - 8.
③ "Declaration of the Fourth France - Oceania Summit", Embassy of France in Canberra, 26 November, 2015, https: //au. ambafrance. org.
④ The Department of Defense, *Indo - Pacific Strategy Report*, June 1, 2019, pp. 43 - 44.
⑤ MINISTÈ DES ARMÉES, *France and Security in the Indo - Pacific*, 2019, p. 2, 4.

军队部署了两艘配有直升机的护卫舰、三艘巡逻艇、两艘多用途的船只、五架海上直升机、四架运输机及五架直升机。对于法国在太平洋岛国地区的地位，澳大利亚与新西兰都改变了以往对法国的偏见。比如，澳大利亚逐渐支持法国的区域角色，并建议法国的海洋领地成为太平洋岛国论坛的完全成员国。[1] 新西兰与法国于 2018 年 4 月 16 日签订了一项联合声明，宣称作为太平洋岛屿地区的近邻，双方在该地区有着共同的战略、防务、安全、环境和发展利益，这强化了双方的合作意愿。[2] 美国与法国在一项联合声明中强调了双方的军事合作关系："如今，美国与法国的军事合作比以往都要密切。双方伙伴关系的核心是双方都要意识到所面临的相似挑战，因此需要共同面对在亚太地区进行军事合作的可行性。"[3] 在美国与法国军事合作的大框架下，防务合作可以有效发挥双方的军力，提升安全合作的层次。

英国在应对全球挑战、充分利用外部机遇方面，一直走在世界的前列。"全球英国"（Global Britain）是在新的国际环境下英国的战略调整。"全球英国"是英国重新聚焦对外关系、支持基于规则的国际秩序，体现了英国在国际舞台上的开放、外向和自信。[4] 对于印太地区，"全球英国"也做了相应的战略聚焦。"英国制定了一个整体的亚洲政策，与印太地区不同的伙伴进行合作，并一直寻找机会并扩大参与力度。"[5] 印太地区对英国具有战略和经济价值。洛伊研究所的杰弗里·迪尔（Geoffrey Till）认为在经历伊拉克和阿富汗冲突的长期干扰之后，英国皇家海军开始重新出现在印太地区，并通过很强的文化、历史和防务关系，在印太地区保持活跃的状态。澳大利亚 2018 年 6 月购买 9 艘英国 BAE 系统的 ASW 护卫舰等一系列迹象，表明英国在印太地区的战略利益日益明显。英国皇家海军引以为豪的是其持续的全球影响力。伊丽莎白女王航母战斗群的首要任务是在 2021 年 8 月进入西太平洋巡航。除非财政预算比较少，否则英国将重返印

① Greg Fry, Sandra Tarte, *The New Pacific Diplomacy*, ANU Press, 2015, p. 264.

② "France – New Zealand Joint Declaration", Embassy of France in Wellington, April 16, 2018, https：//nz. ambafrance. org.

③ "Joint Statement of Intent by Mr. Jean – YVES LE Drian, Minister of Defence of the French Republic and the honorable Ashton Carter, Secretary of Defence of the United States of America", Defence of the United States of America, https：//dod. defense. gov.

④ "Global Britain：delivering on our international ambition", Government of UK, 13 June, 2018, https：//www. gov. uk.

⑤ "Global Britain", UK Parliament, http：//data. parliament. uk.

太地区。① 随着英国印太战略不断明晰，它同美国的印太战略对接趋势日渐明显。同法国一样，南太平洋地区是英美印太战略对接的合适区域。这符合双方在太平洋岛屿地区的战略利益。尽管英国在南太平洋地区只有一个海外领地——皮特凯恩群岛以及少量的军事存在，但作为一些太平洋岛国的传统宗主国，英国与太平洋岛国有着密切的历史关系，在南太平洋地区仍有着不容忽视的影响力，是该地区安全结构的重要一环。皮特凯恩群岛陆地面积虽然只有 47 平方千米，但海洋面积达到了 83.6 万平方千米，蕴藏着巨大的海洋经济利益。它不仅为英国提供了广阔的海洋专属经济区，还扮演着战略岛屿的角色，可为英国军舰提供停靠和战略补给。② 保护海洋领地的安全符合英国的国家安全战略。《2015 年国家安全战略、战略防务和安全评估》（*National Security Strategy and Strategic Defence and Security Review 2015*）强调了这一点："英国政府最为重要的责任是保卫英国和海外领地、保护英国公民和国家主权。14 个海外领地同英国保持着宪法上的联系。我们的关系虽然根植于几个世纪的共同历史，但却是一种现代新型关系，这种关系基于共同的利益和责任。我们将继续支持这些海外领地的安全、稳定。"③

英国极为重视同美国的伙伴关系。"我们同美国的特殊关系对英国的国家安全仍至关重要。这主要是基于我们共同的价值观和密切的防务、情报、外交合作。这种关系通过北约和'五眼联盟'得到了进一步的拓宽。"④ 美国《印太战略报告》对同英国在印太地区的合作也给予了很大的期望，"自 2017 年之后，英国加大了在印太地区的战略部署和行动，有助于在该地区开展联合行动。就把印太地区视为一个整体及在印太地区强化联盟和伙伴关系而言，英国同美国的观点相同"⑤。

美国在南太平洋地区建构的多层级伙伴关系首要目的是服务于美国的印太战略，符合特朗普所推行的所谓"美国利益优先原则"。某种程度上讲，美国的印太战略是一种典型的地缘政治战略，一定程度上会遏制中国

---

① Geoffrey Till, "Indo - Pacific: Are the British Coming Back?", Lowy Institute, 18 July, 2018, https://www.lowyinstitute.org.

② 梁甲瑞:《英国在南太平洋地区的战略评析——基于海上战略通道的视角》,《国际论坛》2018 年第 2 期。

③ HM Government, *National Security Strategy and Strategic Defence and Security Review 2015*, November 2015, pp. 23 - 25.

④ HM Government, *National Security Strategy and Strategic Defence and Security Review 2015*, November 2015, p. 14.

⑤ The Department of Defense, *Indo - Pacific Strategy Report*, June 1, 2019, p. 43.

在太平洋岛屿地区日益增加的影响力，客观上将会加剧太平洋岛屿地区的战略竞争态势，却忽略了太平洋岛屿地区海洋治理的根本议题。《2017 年太平洋区域主义状况报告》指出南太平洋地区日益复杂的形势："一些新的政府、捐助者、社会组织和慈善家对太平洋地区的兴趣不断增长，而太平洋地区也更多地加入到各不相同的政治集团中，既包括次区域层面的，也包括全球层面的。这给缔结伙伴关系和获取资助带来了更大机遇，同时也引发了重新审视地区架构的呼吁，以及存在多种'区域主义'而太平洋岛国论坛的主张。太平洋地区目前拥挤而复杂的地缘政治环境孕育安全风险，'非传统'地区伙伴理应从中收获明显的影响力。"①《萨摩亚观察家》报指出南太平洋地区发生了新的变化。包括中国在内的域外行为体影响力日益增加，导致南太平洋地区竞争日趋激烈。太平洋外交中的范式转变正重塑地区秩序。②

近年来，中国和俄罗斯在南太平洋地区影响力的增长客观上刺激了美国在该地区的战略焦虑。作为一个对太平洋有着浓厚兴趣的国家，太平洋岛屿地区成为俄罗斯近年来的战略扩张对象，而斐济成为俄罗斯在太平洋岛屿地区的优先合作伙伴。俄罗斯近年来同斐济的防务合作给美国带来了忧虑。2012 年 2 月，俄罗斯外交部部长谢尔盖·拉夫罗夫（Sergey Lavrov）访问斐济，这是俄罗斯领导人对斐济访问级别最高的一次。谢尔盖·拉夫罗夫指出，太平洋地区是当下俄罗斯外交的重点区域。③ 2016 年，俄罗斯向斐济捐赠了 20 个集装箱的武器，加强同斐济的防务合作关系。俄罗斯试图以斐济为战略支点，扩大在南太平洋地区的影响力和存在感，这无疑对美国的印太战略构成挑战。早在冷战时期，苏联曾试图在南太平洋地区建立战略港口，此举引起了美国强烈的战略忧虑。但在格雷格·科尔顿看来，俄罗斯在南太平洋地区的战略仍不明显，看上去并不是任何相关战略的组成部分。④

除了俄罗斯之外，在《"一带一路"建设海上合作设想》提出后，中国全面发展同太平洋岛国的关系，在南太平洋地区的影响力突飞猛进。截

① Pacific Islands Forum Secretariat, *State of Pacific Regionalism Report 2017*, Fiji：Suva, 2017, pp. 8 – 9.

② Anna Powles, Michael Powles, "New Zealand's Pacific Sea Change", *Samoa Observer*, 8 March, 2018, p. 14.

③ "Sergey Lavrov Visits Fiji", Ministry of Foreign Affairs, http：//www. foreignaffairs. gov. fj.

④ Greg Colton, *Stronger Together：Safeguarding Australia's Security Interests Through Closer Pacific Ties*, Lowy Institute, April 2018, p. 14.

至目前，有十个太平洋岛国同中国建立了战略合作伙伴关系。中国对太平洋岛国的援助每年都在增长，在南太平洋地区的经济活动日益活跃。美国与澳大利亚都对此感到了压力倍增。2018 年 5 月，据《萨摩亚观察家》的报道，中国正在法属波利尼西亚修建一个价值 20 亿澳元的养鱼场。这是太平洋岛屿地区第二大投资。一些美国官员对中国的经济活动表达了担忧，并提醒美国和澳大利亚需要在南太平洋地区更有作为。该渔场项目紧挨着法国之前用于运载核试验装置的军事机场。虽然法属波利尼西亚政府称中国投资者无意控制这条 4000 米长的机场跑道，但澳大利亚对此表现担忧。① 南太平洋地区正变得日益拥挤。越来越多的国家对南太平洋地区抱有很大的兴趣，参与力度逐渐加大。除了中国与俄罗斯之外，印度尼西亚、印度、韩国、古巴、阿联酋、德国等国家行为体以及欧盟都积极发展同太平洋岛国及区域组织的关系。美国的印太战略将印度洋与太平洋视为一个整体，是一种整体主义的思维。在这种思维框架下，南太平洋地区作为印太地区的一个有机组成部分，将对印太地区的各种形势产生不容忽视的影响。这也将加剧太平洋岛屿地区的战略竞争态势。

随着特朗普政府落实印太战略力度的不断加大，南太平洋地区很有可能成为美国引发的地缘战略竞争的优先区域，进而会进一步破坏脆弱的海洋环境。2017 年 6 月，特朗普决定让美国退出关于战胜气候变化的全球性公约——《巴黎协定》。他在白宫的一次新闻发布会上指出，"美国将停止履行非约束力的条款，同时停止执行《巴黎协定》强加给美国的苛刻财政和金融负担"。特朗普的决定使美国停留在《巴黎协定》之外，这损害了工业化国家帮助弱小国家缓解气候变化、提高气候变化适应能力的承诺。特朗普的退出破坏了国际社会在气候变化领域的合作。一个真实的风险是，发展中国家在全球气候问题上，将不再信任发达化国家。② 特朗普撕毁的承诺也将破坏未来的气候谈判。发达国家无法提供足够的财政支持同样会损害《巴黎协定》框架下的气候承诺。许多发展中国家政府已经承诺一旦有关气候的财政支持具备了条件，将会采取雄心勃勃的措施。如果美国的不合作意味着这些资金不到位，那么发展中国家将不再履行那些有条件的承诺。③ 特朗普与哈斯的理念一脉相承。早在总统竞选期间时，特朗

---

①　David Wroe, "China Casts Its Net Deep Into The Pacific with ＄3. 9 Billion Fish Farm", *Samoa Observer*, 20 May, 2018, p. 20.

②　"Trump's Withdraw from the Paris Agreement Means Other Countries Will Spend Less to Fight Climate Change", *The Washington Post*, https：//www. washingtonpost. com.

③　"U. S. Withdraw from Paris Agreement：Trump", *New China*, http：//www. xinhuanet. com.

普就承诺要退出或重新谈判一些国际协定。欲退出的协定不仅包括《巴黎协定》与环太平洋地区盟友的 TPP 贸易协定，还包括与伊朗的旨在阻止制造核武器的多国协定、与加拿大和墨西哥之间的《北美自由贸易协定》等。① 2017 年 1 月，特朗普签署行政命令，决定退出 TPP。同年 8 月，美国正式退出《巴黎协定》。这表明特朗普决意将精力集中于国内事务，逐步摆脱国际事务的负担。尼古拉斯·博罗斯（Nicholas Borroz）和亨特·马斯顿（Hunter Marston）也认同这一点。"如果特朗普要执行一个成功的战略，这个战略必须与'美国优先'的全球视野相一致，这样才可以给他带来权力。'美国优先'战略的核心包括国内安全和经济国家主义。"② 作为当今世界的超级大国，美国不应该只关注其本国利益，还应该充分考虑太平洋岛国的利益。约翰·伊肯伯里认为，"除了正常的地缘政治竞争以外，美国还必须维护自己地位的正当性。这意味着，美国要了解其他国家如何看待自己的政策"③。历史上，美国在南太平洋地区任性的捕鱼方式以及核试验不仅严重损害了其在该地区的形象，而且对南太平洋地区的海洋环境、海洋资源造成了难以想象的危害。特朗普应该意识到维护美国的全球地位需要担负起相应的责任，否则这些非传统安全问题很可能决定美国的国际地位。布热津斯基也表达了这个观点，尽管他强调了地缘政治的重要性。"处于统治地位的民族精英越来越意识到，一些与领土无关的因素更能决定一个国家国际地位的高低或国际影响的大小。"④

从根本上说，美国对海洋的观念是一种典型的西方观念。对太平洋岛民而言，海洋是食物的源泉，也是健康的源泉，为岛民身体和精神的幸福提供了基础。海洋治理规范中拥有一些保护原住民的条款。然而，这些条款并没有赋予原住民任何真实的权利，而是给予了大型国家提供援助的机会。这些条款没有真正意识到原住民的不利处境。在全球海洋治理中，相比较弱小国家，大国拥有更为先进的海洋治理能力。在特朗普退出《巴黎协定》以后，太平洋岛国指责美国放弃本应担负的责任。图瓦卢总理埃内尔·索本嘉（Enele Sopoaga）表示，"不考虑二战时的盟友关系，美国人

---

① "Donal Trump：Foreign Affairs"，Miller Center，https：//millercenter.org.
② Nicholas Borroz，Hunter Marston，"How Trump Can Avoid War with China"，*Asia & The Pacific Policy Studies*，Vol. 4，No. 3，2017，p.616.
③ 〔美〕约翰·伊肯伯里：《美国无敌：均势的未来》，韩召颖译，北京大学出版社 2005 年版，第 150 页。
④ 〔美〕兹比格纽·布热津斯基：《大棋局：美国的首要地位及其地缘战略》，中国国际问题研究所译，上海人民出版社 2007 年版，第 32—33 页。

拒绝帮助图瓦卢。我们曾经为美国提供了避风港，助其实现目标，但现在我们正面临着这个时代的最大困难，美国正在抛弃我们"。斐济总理姆拜尼马拉马也表达了类似的观点，"这是一个放弃类似图瓦卢这样小岛屿国家的典型案例"。作为南太平洋的一个群岛，马绍尔群岛面临着由气候变化所引起的海平面上升的风险，马绍尔群岛总统希尔达·海涅（Hilda Heine）同样表达了对美国的不满和指责。①

二　澳大利亚因素

如果美国把南太平洋地区视为自己的"内湖"，澳大利亚则视该地区为自己的后院。从战略利益看，南太平洋地区对澳大利亚有着重要的战略利益。澳大利亚的战略利益直接受到主要的亚太国家及其邻国关系的影响。一旦其邻国遭受严重的攻击，澳大利亚的安全将严重受损。澳大利亚最直接的战略利益在于从印度尼西亚和东帝汶一直延伸到西南太平洋岛弧。澳大利亚与内弧的岛屿在稳定方面有着共同的战略利益，尤其是在当下"全球化"的世界里，任何地区的骚动都有可能在很多方面影响到世界的每一个角落。澳大利亚对该地区的参与由来已久。在联邦政府成立之前，澳大利亚就跟太平洋岛国有了联系。在过去的几十年，随着太平洋岛国的独立以及地区主义的发展，澳大利亚通过其太平洋共同体和太平洋岛国论坛成员国的身份以及对该地区一系列区域组织的参与，支持太平洋岛国的发展。如果太平洋岛国在政治和经济形态上是独立的，这将会对澳大利亚更有利，因为独立的政治和经济形态更安全，进一步说，独立的岛国对于澳大利亚北部和西北部的安全有着重要作用。基于这样的推论，澳大利亚一直对岛国以及南太平洋地区主义进行支持。② 二战时期，当日本对澳大利亚的安全威胁迫在眉睫的时候，澳大利亚不可避免地与其北面的岛屿和半岛区域紧密相连。③

从战略环境看，澳大利亚的战略环境主要是海洋，这也注定了其重视南太平洋地区的海上战略通道。在很多方面，澳大利亚是世界上最安全的国家之一，但其所在的区域极具活力、复杂且不可预测。澳大利亚没有陆

---

① "Donald Trump Pulls Out of Paris Accord: Pacific Islands Accuse U. S. of 'Abandoning' Them to Climate Change", FIRSTPOST, http: //www. firstpost. com.

② Eric Shibuya, Jim Rolfe, *Security in Oceania in the 21ˢᵗ Century*, Honolulu: Asia – Pacific Center for Security Studies, 2003, p. 111.

③ 〔美〕索尔·伯纳德·科恩：《地缘政治学：国际关系的地理学》，严春松译，上海社会科学院出版社 2011 年版，第 314 页。

地边界，也没有任何领土争端。多年以来，澳大利亚与太平洋岛国保持着良好、极具建设性的关系。这些稳固的关系也使其能够通过合作来应对潜在的安全问题。同时，澳大利亚的海洋环境使其成为一个很难直接入侵的国家。澳大利亚的战略政策指出，其武装部队根本的、不变的任务就是阻止对澳大利亚的直接攻击，也就是说，澳大利亚想保护自身的战略环境，阻挡区域外国家占领任何距离最近的北部及东部群岛海域的海上战略通道，因为在这些地区，别国可以对澳大利亚进行力量投射。① 澳大利亚《2013 年防务白皮书》中明确指出了四个战略利益，其中之一是确保南太平洋地区的安全，即澳大利亚的近邻，包括巴布亚新几内亚、东帝汶和太平洋岛国，是仅次于本土安全的第二重要的战略利益。② 澳大利亚在《2016 年防务白皮书》中明确表达了对南太平洋海上战略通道安全的重视。由此可见，确保南太平洋地区的安全对澳大利亚至关重要。澳大利亚在以下几个方面确保强化同太平洋岛国的外交关系。

第一，加强同南太平洋地区区域组织的联系。南太平洋地区的区域组织虽然有着不同的议题，但秉承着共同的海洋治理责任，在该地区海洋治理中扮演着重要的角色。相比较全球层面的组织，它们更容易增加太平洋岛国的区域凝聚力和国家认同感。"历史上，作为西方政策的区域领导人，澳大利亚与太平洋岛国保持着密切的经济和文化联系，而且鼓励并参与区域合作。"③ 澳大利亚在亚太地区积极参与许多区域组织和协定，其中在南太平洋地区有太平洋共同体、南太平洋区域环境署、太平洋岛国论坛、太平洋岛国论坛渔业署等。太平洋岛国论坛渔业署的总干事詹姆斯·摩威克（James Movic）指出，"澳大利亚是南太平洋地区组织的积极参与者和财政支持者。我们与澳大利亚的关系是长久的、广泛的"④。澳大利亚是这些区域组织的重要援助者。2017 年，澳大利亚大约向太平洋岛国论坛贡献了对外援助预算的 36%、向太平洋共同体贡献了其预算的 30%。⑤

---

① 〔德〕乔尔根·舒尔茨、维尔弗雷德·A. 赫尔曼、汉斯－弗兰克·塞勒编：《亚洲海洋战略》，鞠海龙、吴艳译，人民出版社 2014 年版，第 145—146 页。

② Australia Department of Defence, *2013 Defence White Paper*, 2013, pp. 24 – 27.

③ I. J. Fairbairn, Charles E. Morrison, Richard W. Baker, Sheree A. Groves, *The Pacific Islands: Politics, Economics, and International Relations*, Honolulu: University of Hawaii Press, 1991, p. 88.

④ "Australia Commits New Long – term Support to FFA", Cook Island News, July 5, 2018, http://www.cookislandsnews.com.

⑤ "Pacific Islands Regional Organisations", Australia Government Department of Foreign Affairs and Trade, https://dfat.gov.au.

南太平洋区域环境署是太平洋地区主要的政府间环境组织。它的宗旨是通过向其成员国提供保护环境的技术援助、政策建议、培训和研究活动，推动太平洋地区的合作。它包括 26 个成员国以及宗主国（澳大利亚、新西兰、美国、法国和英国）。澳大利亚是南太平洋区域环境署核心资金最大的援助方。环境和能源部是澳大利亚与南太平洋区域环境署接触的关键点。该部门代表澳大利亚作为南太平洋区域环境署的成员，并派遣代表参加南太平洋区域环境署的会议。外交和贸易部通过澳大利亚援助项目（Australia Aid Programme）提供项目资金，并深度参与南太平洋区域环境署的社团事务和具体的气候变化项目。澳大利亚的其他机构也为南太平洋区域环境署提供核心资金，主要的机构包括气象局、澳大利亚海洋安全局。[①] 除了南太平洋区域环境署之外，澳大利亚与太平洋共同体保持着密切的合作关系。目前，澳大利亚与太平洋共同体已经建立了 2014—2023 年的合作伙伴关系。

第一，主推"完善太平洋海洋治理"项目。"完善太平洋海洋治理"项目始于 2014 年，完成于 2017 年 12 月，目的是支持太平洋岛国有效地治理海洋和沿海资源。在澳大利亚外交和贸易部的资助下，环境和能源部通过"澳大利亚援助项目"（Australia Aid Programme）来管理和引领"完善太平洋海洋治理"项目。澳大利亚在 4 年多的时间里对"完善太平洋海洋治理"项目投资了 640 万美元。该项目支持《太平洋景观框架：一个执行海洋政策的催化剂》（Framework for a Pacific Oceanscape）[②] 主要战略的落实。该框架意识到了可持续发展及海洋环境良好治理的重要性，目的是维护太平洋岛屿社区的生存、文化和福利。"完善太平洋海洋治理"项目支持以下三个战略。其一，区域海洋领导与协调。在太平洋委员会办公室的支持下，澳大利亚通过提供咨询和技术支持太平洋岛国论坛秘书处，目的是进一步支持太平洋委员会在海洋咨询和协调中的重要角色。作为一个多领域利益行为体集团，太平洋海洋联盟（Pacific Ocean Alliance）的建立同样为所有利益相关者提供了有助于海洋可持续治理高层次战略和政策的平台。在"完善太平洋海洋治理"项目的后期，环境和能源部向太平洋海洋委员会承诺于 2018—2020 年期间进一步资助 138 万澳元。其二，海上边

---

① "Australia's International Marine Conservation Activities", Australia Government Department of the Environment and Energy, http://www.environment.gov.au.

② 《太平洋景观框架：一个执行海洋政策的催化剂》介绍了太平洋海洋治理的理念与规范，概述了六个战略重点：一是管辖权和责任；二是良好海洋治理；三是可持续发展，治理和保护；四是倾听、学习、联络和领导；五是持续性行动；六是适应快速变化的环境。

界确定。澳大利亚地球科学和司法局向太平洋共同体和太平洋岛国提供关于海洋边界确定的技术和法律支持。截至 2017 年底，2/3 的太平洋岛国成功地完成了海洋边界的谈判。环境和能源部承诺资助 640 万澳元，继续支持有海洋边界纠纷的岛国。其三，海洋规划与数据管理。澳大利亚联邦科学和工业研究组织支持海洋空间规划倡议，比如举办如何发展完善数据管理工具及系统的培训和工作坊。澳大利亚通过联邦科学和工业研究组织与区域组织一道发展考虑经济、文化和环境价值的海洋规划的政府间路径。澳大利亚联邦科学和工业研究组织的任务同样包括测试联合规划工具和针对所罗门群岛和基里巴斯海洋资源多用途使用进程的试点工程。①

第二，重视与邻近岛国之间共同海域的治理。由于独特地理位置的影响，澳大利亚与不少岛国共享一些海域（即海洋公域）。全球层面上，海洋公域的治理是一大难题。因此，"保护海洋公域需要国际合作，因为该任务艰巨。让一个或两个国家来做此事并使其他国家受益是不公平的"②。然而，澳大利亚通过制定一些规范，加强与邻近岛国之间的合作，很好地解决了这一难题。澳大利亚主要通过以下两个举措来治理海洋公域。

（一）澳大利亚—新喀里多尼亚的协作

澳大利亚与法新喀里多尼亚宣布了沿着共同的海洋边界建立海洋公园。双方的合作正式化基于 2010 年的《珊瑚海意向声明》（Coral Sea declaration of intention），包括支持对跨界环境利益的共同理解。同时，双方就支持互补治理规范的利益问题进行沟通。2016 年，双方同意发布关于珊瑚海自然公园和珊瑚海英联邦保护区活动的时事通讯。③ 2013 年 3 月，澳大利亚与新喀里多尼亚举行了"珊瑚海跨界合作工作坊"。此次工作坊依据《珊瑚海意向声明》，聚焦于确认双方在珊瑚海的利益，这包括横跨边界、跨海域资源、关键物种迁徙路线的生态特征。该工作坊为建立与跨界利益相关的互补治理协定奠定了科学基础，而且探讨了跨界利益的四个种

---

① "Enhance Pacific Ocean Governance", Australia Government Department of the Environment and Energy, http://www.environment.gov.au.

② John M. Van Dyke, Durwood Zaelke, Grant Hewison, *Freedom for the Seas in the 21st Century: Ocean Governance and Environmental Harmony*, Washington, D. C.: Island Press, 1992, p. 231.

③ "Australia's International Marine Conservation Engagement", Australia Government Department of the Environment and Energy, http://www.environment.gov.au.

类：具有生态意义的迁徙物种、深水环境、浅水环境和海洋环境的压力。①

（二）大力支持"珊瑚礁三角区倡议"

"珊瑚礁三角区倡议"是由六个国家组成的多边合作伙伴关系，目的是通过解决诸如食物安全、气候变化和海洋生物多样性等问题来保护海洋和沿岸资源。"珊瑚礁三角区倡议"成立于 2009 年，其成员国包括印度尼西亚、马来西亚、巴布亚新几内亚、菲律宾、所罗门群岛和东帝汶。珊瑚三角区的珊瑚礁生态系统是世界上最脆弱的生态系统之一。大约 95% 的区域处于过度捕捞的状态，这影响着该地区的几乎每一个珊瑚礁。来自气候变化的潜在威胁和海洋酸化将加剧这些问题的严峻程度。② 从地理上看，珊瑚三角区与澳大利亚北部邻近，覆盖了大约全球海洋的 1.6%。在"珊瑚礁三角区倡议"成立之时，澳大利亚就被邀请成为其合作伙伴，并提供资金、技术和战略支持。澳大利亚的海洋环境与珊瑚三角区密切相关，并拥有珊瑚三角区内国家中最大的海洋产业。澳大利亚坚定支持"珊瑚礁三角区倡议"，并获得了官方合作伙伴的地位，承诺自 2009 年起对该项目援助 1320 万欧元，并提供技术和专业知识，其投资主要是基于邻近海洋生态系统的完善治理，这对其海洋环境和生物资源具有重要意义。③ 值得注意的是，澳大利亚对"珊瑚礁三角区倡议"的援助主要是通过一系列伙伴，包括非政府组织、研究机构和国际组织。④ 区域层面上，澳大利亚支持珊瑚礁三角区国家建立了该项目的地区秘书处。同时，它在亚洲开发银行的领导下，支持"财政资源工作组"，目的是为"珊瑚礁三角区倡议"提供长期的财政资源战略；次区域层面上，澳大利亚环境部在昆士兰大学和大自然保护协会的支持下，与巴布亚新几内亚一道承担了针对海洋保护区规划的构建与完善。同时，它帮助巴布亚新几内亚提高了海洋资源治理培训的能力。澳大利亚还帮助所罗门群岛执行《国家行动计划》，并强化所罗门群岛地方政府在海洋资源治理中的角色。⑤

---

① "Report of the Australia – France/New Caledonia Coral Sea Transboundary Collaboration Workshop", Australia Government Department of the Environment and Energy, https：//www. environment. gov. au.

② "About CTI – CFF", CTI – CFF, http：//coraltriangleinitiative. org.

③ "CTI – CFF", Australia Government Department of the Environment and Energy, http：//www. environment. gov. au.

④ "Australian Aid", Australia Government Department of the Environment and Energy, http：// www. environment. gov. au.

⑤ "Australia Government Coral Triangle Initiative Support Activities", Australia Government Department of the Environment and Energy, http：//www. environment. gov. au.

美澳同盟在澳大利亚的国家安全战略中扮演着重要角色,澳大利亚是美国在亚太地区最亲密的盟友,曾在霍华德政府时期成为布什反恐战争的坚定支持者。① 澳大利亚不仅是地区稳定的"战略依托"(strategic anchor),而且在维护全球安全上发挥着令人难以置信的重要作用。② 澳大利亚是南太平洋地区的大国和强国,对太平洋岛国有着重要的影响力。1951年,澳大利亚、新西兰以及美国签订《澳新美同盟条约》,正式确立三边同盟关系。澳新美同盟在美国的南太平洋地区战略中发挥着重要作用,尤其是澳大利亚的作用不容忽视。在共同安全框架下,美澳军队几乎参与了所有的军事行动。强化美澳同盟关系的目标是扩大美澳军事合作,尤其是扩大太平洋美军在澳大利亚的军事存在,使美澳同盟从"一种太平洋伙伴关系扩展到跨越印度洋和太平洋的伙伴关系"③。澳大利亚在《2016年防务白皮书》中把与美国的双边关系置于最重要的位置,旨在帮助美国遏制中国在南太平洋地区的影响力。"未来二十年,美国是全球军事力量最强大的国家。基于长期的盟友关系,美国是澳大利亚最重要的战略伙伴,美澳同盟积极存在将会继续稳固地区的稳定。美国的全球经济和军事力量对全球秩序的持续稳定,有着重要的作用,这同样有助于澳大利亚的繁荣与稳定。国际社会将继续把美国视为全球安全事务中的领导者。在维护印度洋—太平洋地区的稳定方面,澳大利亚将欢迎和支持美国的关键角色。没有美国的支持,澳大利亚在印度洋—太平洋地区的安全与稳定很难实现。美国将承诺提高与盟友的合作关系,而澳大利亚在《澳新美同盟条约》的框架下,支持美国的印度洋—太平洋地区战略。"④ 在赢得2013年大选后,托尼·阿博特在一次讲话中谈到,澳大利亚的政策将"更多专注雅加达,更少围绕日内瓦"⑤。2014年,在亚太地区国际盛会接踵而至、澳大利亚阿博特新政府上台执政的客观背景下,美澳两国高频率、深层次的政治互动是其同盟关系进展的重头戏。强化后的美澳同盟有助于堪培拉提升其在南太平洋地区的地位,在地区事务上澳大利亚也获得了更大的话语权。确

---

① Thomas Lum, Bruce Vaughn, "The Southwest Pacific: U. S. Interests and China's Growing Influence", *CRS Report for Congress*, July 6, 2007, p. 20.

② Kurt M. Campbell, "Testimony Before the House Committee on Foreign Affairs Subcommittee on Asia and the Pacific", March 31, 2011, http://iipdigital.usembassy.gov.

③ Hillary Rodham Clinton, "America's Pacific Century", *Foreign Policy*, October 11, 2011, http://www.state.gov.

④ Australia Government Department of Defence, *2016 Defense White Paper*, 2016, p. 42.

⑤ Michael Wesley, "In Australia It's Now Less About Geneva, More About Jakarta", *East Asia Forum*, September 10, 2013, http://eastasiaforum.org.

实，澳大利亚在南太平洋地区更积极地行使权力，在东帝汶、巴布亚新几内亚和所罗门群岛事务上扮演了地区警长的角色。强化后的美澳同盟关系对澳大利亚的安全也至关重要。澳大利亚长期以来的安全担忧在于，在人口稀少的情况下，要保护一个巨大岛屿，以及政治家和政策制定者心目中挥之不去的地理孤独感。因此，美澳同盟对澳大利亚的安全至关重要。[①]

澳大利亚对中国在南太平洋地区日益增强的影响力表现出了担忧的态度。在马克·斯密斯（Mark Smith）看来，中国未来十年在南太平洋地区的发展，不会直接威胁澳大利亚的领土主权，但会以和平或非和平方式改变战略秩序。它将对美国在南太平洋地区的优势带来影响。应对中国在南太平洋地区的崛起将成为澳大利亚未来十年突出的战略挑战。[②] 在瓦努阿图总理夏洛特·萨尔瓦伊·塔比马斯（Charlot Salwai Tabimasmas）访问澳大利亚国会大厦期间，澳大利亚总理麦克姆·腾巴尔（Malcolm Turnbull）宣布了这项谈判："我们同意就共同安全利益（比如人道主义援助、灾害应对、海事监测、边境安全、治安和防务合作），开始关于双边安全协定的谈判。"[③]《2013年防务白皮书》虽然明确表示"澳大利亚政府并不视中国为对手"，并认定中国防务力量的增强是其经济增长的"自然和合理"的结果，但亦认为中国的军事现代化将不可避免地会影响地区国家的战略规划和行动，并正在改变西太平洋的军力平衡。[④] 中国在经济和战略上对澳大利亚的不同意义，使得澳大利亚对中国形成了矛盾的心理。澳大利亚洛伊研究所的研究显示，41%的澳大利亚民众认为中国在未来20年内将对澳大利亚构成威胁。这意味着澳大利亚民众对中国高度的不信任。对于中国和美国的态度，澳大利亚官方的出发点不同。《2016年防务白皮书》指出，"对澳大利亚而言，同中美的关系在不同的层面上仍然至关重要。澳大利亚政府处理防务战略的方式体现了这些区别。美澳同盟主要是基于共同的价值观，将继续是我们防务政策的核心。澳大利亚将继续通过支持美国重视区域稳定的角色，强化美澳同盟。澳大利亚将欢迎中国经济增长

① 喻常森：《大洋洲发展报告（2014—2015）》，社会科学文献出版社2015年版，第106—116页。

② Mark Smith, "Navigating Uncertain Waters: the Three Most Significant Geo – Strategic Challenges Confronting Australia in the Next Decade", The Regionalist, 2014, https://www.regionalsecurity.org.au.

③ "Australia Tries to Counter China's influence in Pacific Islands, Will Negotiate Security Treaty with Vanuatu", South China Morning Post, May 2018, https://www.scmp.com.

④ Australia Government Department of Defence, 2013 Defense White Paper, 2013, p. 42.

及在印太地区给澳大利亚和其他国家带来的机会"①。然而，安全、稳定的南太平洋地区符合澳大利亚的战略利益，中国在该地区影响力的增强客观上挑战了澳大利亚在该地区的领导者地位。《2016 年防务白皮书》明确强调了这一点："如果我们邻近的地区（包括巴布亚新几内亚、东帝汶和太平洋岛国）成为澳大利亚安全威胁的来源地，那么澳大利亚不可能安全。这包括域外军事大国以挑战澳大利亚海洋安全的方式寻求影响力。"②

当下，南太平洋地区各种力量基本达成了某种程度上的平衡。这种博弈态势客观上挑战了澳大利亚在该地区"领头羊"的地位，促使其重视海洋安全。从这个角度看，澳大利亚的南太平洋地区海洋治理带有明显的地缘政治色彩。在澳大利亚洛伊研究所的理查德·麦格雷戈（Richard McGregor）和乔纳森·普莱格（Jonathan Pryke）看来，与澳大利亚相比，没有任何一个国家更清晰地意识到了南太平洋地区地缘政治的快速变化。澳大利亚正尝试平衡与中国的经济合作伙伴关系，并与其军事盟友美国觉察到了中国在南太平洋地区的战略雄心。澳大利亚最近宣布了一些倡议，包括对南太平洋地区、合作伙伴以及新外交使团提供 20 亿澳元的援助，同时考虑在巴布亚新几内亚的马努斯群岛建立海军基地。③ 由此看来，海洋治理并不是澳大利亚在南太平洋地区的首要考虑，其首要战略考量是国家安全。澳大利亚在《2016 年防务白皮书》中强调安全的南太平洋地区符合澳大利亚的战略利益，它需要限制所有与澳大利亚有利益冲突的域外行为体。④

当前，中美战略互疑不断加深。正如王缉思、李侃如在《中美战略互疑：解析与应对》中所言："美国与中国之间不断加深的战略互疑有三个基本来源。第一，自中华人民共和国于 1949 年成立以来，两个政体之间就存在着不同的政治传统、价值体系和文化；第二个战略互疑的广泛来源是，对对方国家的决策过程、政府和其他实体的关系理解和鉴别不够。每一方都倾向于认为对方的行动更具有战略目的，是精心设计的，而且内部协调比实际情况更好；第三个战略互疑的总根源，是公认的美国和中国之

①　Australia Government Department of Defence, *2016 Defense White Paper*, 2016, p. 44.
②　Australia Government Department of Defence, *2016 Defense White Paper*, 2016, p. 69.
③　Richard McGregor, Jonathan Pryke, "Australia Versus China in the South Pacific", Lowy Institute, https://www.lowyinstitute.org.
④　Australia Government Department of Defence, *2016 Defense White Paper*, 2016, p. 45.

间的实力差距缩小。"① 如果这些战略互疑得不到有效控制,那么中美很有可能走向对抗。如果中美关系出现问题,澳大利亚很大程度上会同美国站队。除此之外,意识形态上的差异依然是影响澳大利亚对华政策的重要因素。澳大利亚方面总以为自己的制度优越,不时在"民主""人权"等意识形态问题上对中国"指手画脚"。这给中澳关系的健康发展带来负面影响。华为等数家中国公司在澳大利亚大型项目投标中失利等事件,充分表明意识形态因素已然渗透了澳大利亚政商各界。②

　　澳大利亚是世界上的海洋大国,在全球海洋治理中扮演着重要角色,而主动参与南太平洋地区海洋治理是其海洋大国的外在体现。"拥有世界上最大的、最具生物多样性的专属经济区,加上其海洋战略,澳大利亚显然已经进入全球海洋政策舞台的中心。"③ 基于先进的海洋理念,澳大利亚拥有了浓厚的海洋治理意识,在全球范围内积极参与海洋治理,贡献自身的力量,树立了负责任海洋国家的形象。相较于其他域外国家和组织,南太平洋地区与澳大利亚有着密切的关系。因此,主动参与南太平洋地区海洋治理是澳大利亚全球海洋治理的优先事项。澳大利亚在南太平洋地区的海洋治理不仅具有重要意义,而且具有广阔前景。伴随着气候变化对太平洋岛国负面影响的不断恶化,南太平洋地区海洋治理面临的挑战将更为严峻。某种程度上看,域外国家和组织的积极参与只能在一定程度上帮助南太平洋地区进行海洋治理,而澳大利亚的主动参与效果更为明显。它丰富的海洋治理经验和技术及先天的地理优势是南太平洋地区海洋治理能否取得成效的关键。目前,南太平洋多元化的海洋问题为域外国家和组织提供了合作的契机。海洋治理成为澳大利亚、域外国家和组织展开合作的最佳切入点。澳大利亚、域外国家和组织在海洋治理领域的合作将推动它们在其他领域的合作,这将有助于构建南太平洋地区和谐的海洋秩序。澳大利亚的海洋治理虽然前景广阔,但充满了地缘政治的色彩,这不仅会削弱其海洋治理的效力,影响其海洋大国的国际形象,还会阻碍南太平洋地区和谐海洋秩序的构建。未来,澳大利亚应该继续完善南太平洋地区海洋治理,发挥域内大国引领性的作用,为建构和谐的南太平洋地区新型海洋秩序做出贡献。

　　① 王缉思、李侃如:《中美战略互疑:解析与应对》,社会科学文献出版社2013年版,第40—41页。
　　② 王光厚、田力加:《澳大利亚对华政策论析》,《世界经济与政治论坛》2014年第1期。
　　③ 〔美〕比利安娜·塞恩、罗伯特·克内特:《美国海洋政策的未来——新世纪的选择》,张耀光、韩增林译,海洋出版社2010年版,第275页。

第二节　后疫情时代遏制中国的南太平洋
地区战略聚合态势

自新冠肺炎疫情暴发后，国际政治、经济都受到了严重的影响，世界各地都将应对新冠肺炎疫情视为焦点课题。新冠肺炎疫情对南太平洋地区产生了深刻的影响。历史上，1918—1919 年的大流感在世界范围内迅速蔓延，太平洋岛屿也难逃这场流感大流行。在美属萨摩亚和新喀里多尼亚殖民地建立的哨站中发生的流感感染了许多人，而地理位置特别孤立的纽埃、罗图马（Rotuma）、贾鲁特（Jaliut）和由尔岛（Yule Island）则暴发了高死亡率的流感，死亡人数占总人口的 3% 以上。在萨摩亚西部，流感从新西兰的奥克兰进入该岛屿后，导致超过 20% 的人口死亡。[①] 随着中国—大洋洲—南太平洋蓝色经济通道构建的进一步推进，南太平洋地区出现的地缘新态势无疑会对这一通道构建造成严峻的挑战。

一　战略聚合的地缘新态势

当前新冠肺炎大流行是史无前例的。在 2020 年 2 月 15 日的第 56 届慕尼黑安全会议上，全球卫生安全成为本次会议的主题之一。来自不同领域的 500 多名"高级国际决策者"探讨了新冠肺炎疫情，这足以体现国际社会对于此次疫情的重视。显然，新冠肺炎疫情已经成为一个国际问题，对世界各国有着很深的影响。在全球化时代，任何一个国家都不能独善其身。作为全球小岛屿发展中国家的聚集区域，太平洋岛国所在的南太平洋地区也不同程度地受到了影响。太平洋岛国论坛对新冠肺炎疫情进行了评价："新冠肺炎疫情大流行是前所未有的全球性卫生突发事件，对太平洋人民的健康和安全构成了极端危险。从未有任何一场危机可以同时威胁太平洋岛国论坛的 18 个成员国。"[②] 太平洋岛国论坛的报告指出，"新冠肺炎疫情威胁到了我们蓝色太平洋人民、社区和经济的繁荣及完整性"[③]。太平

---

① G. D. Shanks, J. F. Brundage, "Pacific Islands Which Escaped the 1918 – 1919 Influenza Pandemic and Their Subsequent Mortality Experiences", *Epidemiol Infect*, Vol. 141, 2013, p. 353.

② "COVID – 19 Updates from the Secretariat", Pacific Islands Forum Secretariat, https://www.forumsec.org.

③ "COVID – 19 and Climate Change: We Must Rise to Both Crises", Pacific Islands Forum Secretariat, https://www.forumsec.org.

洋共同体在《2016—2020 年战略计划》中强调了太平洋岛国的脆弱性，"太平洋岛屿的特性意味着它们对于气候变化、自然灾害以及在偏远地区人口众多带来的社会和环境挑战"①。联合国毒品和犯罪办公室发布了一份名为《太平洋地区新冠肺炎疫情与腐败》的报告，指出许多太平洋岛国的社会和经济受到了新冠肺炎疫情的严重影响，诸如龙卷风之类自然灾害和现存的治理体制加剧了这一影响。②

　　目前来看，后疫情时代，在印太战略的大框架之下，美国、澳大利亚、日本、印度在南太平洋地区出现了新一轮的战略聚合，主要目的是遏制中国在帮助太平洋岛国抗疫过程中积累的日趋重要的影响力。作为一个管理学术语，"聚合战略"原指一种降低成本、提高效率或对技术投资进行更好应用的方式。《新华字典》将"聚合"解释为"聚集到一起"。《辞海》对于"聚合"有两个定义：一是聚集汇合；二是指由单体制备成复合体的方法，可分为缩合聚合和加成聚合两类。战略聚合应是行为体基于某种战略考量，聚集到一起。澳大利亚学者威廉·T. 陶（William T. Tow）认为聚合安全是一种处理地区安全体系变化的战略，目的是推动主要以排他性的双边安全安排为基础的地区安全体系向某种双边与多边相结合的安全安排结构转变。③ 这里将"聚合安全战略"称为战略聚合，目的是更为直接地体现南太平洋地区的地缘新态势。在国际关系研究中，虽然关于战略聚合的系统研究较少，但它却广泛存在于现实当中。一些国内外研究也涉及了这一点。比如，作为印太地区的重要战略咨询公司，亚洲集团发表了《美印作为防务伙伴的战略聚合》，指出在过去二十多年，美印日益增长的战略聚合已经改变了双边防务关系。④ 马达胡昌达·戈什（Madhuchanda Ghosh）探讨了在不断变动的印太地区战略环境下，日本同印度的战略聚合。⑤ 欣德帕尔·辛格（Sinderpal Singh）探讨了印太地区和印美战略聚合，并认为印美战略聚合很大程度上是由对中国经济增长的共同担忧所驱

① SPC, *Pacific Community Strategic Plan 2016 - 2020*, p. 3.

② UNODC, *COVID - 19 and Corruption in the Pacific*, May 2020, p. 1.

③ William T. Tow, *Aisa - Pacific Strategic Relations: Seeking Convergent Security*, Cambridge: Cambridge University Press, 2002, p. 20.

④ The Asian Group, *Strategic Convergence: The United States and India as Major Defence Partners*, New Delhi, June 2019, p. 6.

⑤ Madhuchanda Ghosh, "India's Strategic Convergence with Japan in the Changing Indo - Pacific Geopolitical Landscape", *Asia Pacific Bulletin*, No. 392, August 16, 2017, pp. 1 - 2.

动的。① 王联合通过对当前美国亚太布局的背景、内容及特点的分析，认为美国会更多地采取带有"聚合安全"特性的亚太战略。②

二　南太平洋地区战略聚合态势的表现

依据上文对于战略聚合术语的界定，南太平洋地区的战略聚合态势主要体现在当下双边和多边相结合的安全架构上。双边层面上，美澳、日澳架构是支柱；多边层面上，美日澳三边架构以及美日印澳四边架构是支柱。

（一）美澳同盟

美国一方面利用此次疫情，为太平洋岛国提供医疗援助，另一方面积极构建多边和双边关系来对冲中国医疗援助在南太平洋地区的影响力。美国自称全球健康领域和人道主义应对新冠肺炎疫情的领导者，迅速采取了行动，以监测、应对和缓解太平洋岛国的新冠肺炎疫情。美国国务院正与美国机构间合作伙伴密切协调。这些机构包括疾病控制和预防中心、卫生与公共服务部、美国国际开发署内政部、国防部以及印太司令部。尽管美国对其自由联系邦（密克罗尼西亚、马绍尔群岛、帕劳）的医疗援助是建立在基于《自由联系协定》特殊的、历史的关系基础上，但美国将支持所有太平洋岛国。2020 年 3 月 27 日，美国国际发展署宣布它将向巴布亚新几内亚提供 120 万美元的援助，向其他太平洋岛国提供 230 万美元的援助。③ 应当注意的是，美国的援助政策排华倾向性十分明显，中国被排除在伙伴关系之外。美国正同澳大利亚、新西兰、日本、中国台湾和其他志同道合的合作伙伴密切合作，共同为太平洋岛国提供新冠肺炎疫情援助。澳大利亚是美国在南太平洋地区的传统盟友，也是其聚合安全战略的重要对象。双方在遏制中国影响力方面有着共同的战略目的。美国 2017 年的《国家安全战略》指出，"澳新合作关系的强化，将支持美国在太平洋岛屿地区的伙伴国减少对于经济波动和自然灾害的脆弱性"④。

针对中国新冠肺炎疫情防控期间对太平洋岛国的援助，澳大利亚表现

①　Sinderpal Singh, "The Indo – Pacific and India – U. S. Strategic Convergence", *Asia Policy*, Vol. 14, No. 1, 2019, p. 70.

②　王联合：《美国亚太安全战略论析："聚合安全"视角》，《美国研究》2014 年第 2 期。

③　"The United States Is Assisting Pacific Island Countries To Respond To COVID – 19", U. S. Department of State, April 21, 2020, https：//www. state. gov.

④　The White House, *National Security Strategy of the United States of America*, December 2017, p. 47.

出了复杂的心态。前澳大利亚外交部部长顾问菲利普·西托维奇（Philip Citowicki）认为新冠肺炎疫情加速了中国与澳大利亚在太平洋地区的竞争，视中国在疫情防控期间对南太平洋地区的援助为战略野心（strategic ambition）的表现。① 在洛伊研究所的帕特·康罗伊（Pat Conroy）看来，中国正通过提供医疗援助，提升在南太平洋地区的软实力。中国在疫情时期的表现倒推澳大利亚在该地区制订完整的抗疫计划。② 澳大利亚国际事务研究所的约翰·瓦拉诺（John Varano）认为新冠肺炎疫情证明中美之间的竞争和紧张局势在印太地区进一步加深，并蔓延至澳大利亚。澳大利亚的《2020年防务战略升级》认为新冠肺炎疫情并不会从根本上改变更具竞争性的战略趋势，但正在加剧中美某些方面的战略竞争。中美战略竞争在印太地区以及整个澳大利亚邻近地区不断发展，包括从东北印度洋经过海上和东南亚大陆到巴布亚新几内亚和西南太平洋一带。③ 澳大利亚外交部部长马里斯·佩恩呼吁对病毒的起源、如何传播，以及中国如何处理武汉疫情的暴发进行全球性的调查，这将进一步检验中澳关系。中澳的地缘政治斗争对印太地区具有巨大影响，并将继续考验两国的同盟，防御与安全，政治和经济价值。中澳关系是澳大利亚最大的外交政策挑战之一，要在最大限度利用机会的同时取得适当的平衡。南太平洋地区是中澳竞争的重要区域。澳大利亚有机会向太平洋岛国提供实际援助和区域领导，确保其在疫情发生后处于有利位置，维护其区域战略利益并稀释中国在该地区的影响力。④

2020年7月28日，美国同澳大利亚在第三十届美澳部长级磋商中讨论了新冠肺炎疫情的影响，并决心加强合作，以支持全面复苏和建立一个繁荣的后疫情世界。美国重申其对同澳大利亚《全球卫生安全声明》相一致的双边卫生安全合作的承诺，重点是印太地区。印太是美澳联盟的重点，它们正在同韩国、日本、东盟以及五眼合作伙伴，共同强化伙伴关系的网络结构。美澳致力于建立一个稳定、开放的太平洋地区，并意识到疫情对该地区经济的持续和直接影响。双方认为澳大利亚为该地区的恢复提

---

① Philip Citowicki, "COVID – 19 Escalates the China – Australia Contest in the Pacific", The Diplomat, April 10, 2020, https://thediplomat.com.

② Pat Conroy, "Australia Needs a Comprehensive Plan for Covid – 19 in the Pacific", Lowy Institute, 20 April, 2020, https://www.lowyinstitute.org.

③ Australia Government Department of Defence, *2020 Defence Strategic Update*, 2020, pp. 6 – 11.

④ John Varano, "The Sino – Australian Relationship: The Geopolitics of a Post COVID – 19 International Order", Australian Institute of International Affairs, 24 April 2020, http://www.internationalaffairs.org.au.

供了框架，并欢迎美国支持太平洋岛国应对疫情的活动。双方支持太平洋岛国论坛和太平洋共同体在帮助减轻疫情对南太平洋地区影响方面的作用，承诺支持太平洋岛国论坛的南太平洋地区人道主义之路，包括为联合国世界粮食计划署太平洋人道主义空运服务提供资金支持，其中澳大利亚提供了 300 万澳元，美国提供了 500 万美元。① 令人震惊的是，《美澳部长级磋商联合声明》明确指出疫情削弱了各国抵御冲击的能力，并刺激了中国以破坏基于规则的国际秩序和地区稳定的方式谋求战略利益。同时，该声明严重侵害了中国的国家利益，干涉中国内政。美澳认为中国违反 1998 年《中英联合声明》规定的义务，破坏"一国两制"框架，并侵蚀香港的自由和自治。它们重申中国台湾在印太地区的重要作用，以及打算同中国台湾保持牢固的非正式关系。同时，它们还致力于加强同中国台湾的援助者协调，重点是对太平洋岛国的发展援助。美国国务院称为了防止疫情扩散，它正在同台湾强化合作。2020 年 6 月 3 日，美国台湾研究所、美国国务院、美国国际开发署、美国疾病控制与预防中心同中国台湾相关部门举行了网络对话，以强化对南太平洋地区援助的协调。②

（二）日澳特殊战略伙伴关系

从历史和现实看，日本一直都非常关注南太平洋地区，重视同太平洋岛国的合作与发展。它不仅对南太平洋地区有着完整的战略框架，而且同太平洋岛国有着完善的高层会晤机制，即日本与太平洋岛国领导人峰会。印太战略是日本近几年在南太平洋地区的主要战略大框架。自 2016 年 8 月举行的第六届东京—非洲发展国际会议上倡导自由、开放的印太战略以来，日本一直努力推动自由、开放的印太战略，以实现其在印太地区的发展，将此作为国际公共产品。③ 日本利用太平洋岛国论坛这样的多边会议形式，向太平洋岛国阐述自由、开放的印太愿景和倡议。在第八届太平洋岛国领导人峰会上，日本宣布打算基于自由、开放的印太战略，更加坚定地致力于南太平洋地区的稳定与繁荣。太平洋岛国也分享了这一战略的基本原则，并欢迎日本在该战略框架下对南太平洋地区的承诺。④ 安倍晋三

① "Joint Statement on Australia – U. S. Ministerial Consultations 2020", U. S. Department of Defence, July 28, 2020, https：//www. defense. gov.

② "Virtual Pacific Islands Dialogue on COVID – 19 Assistance", U. S. Department of State, June 4, 2020, https：//www. state. gov.

③ "Diplomatic Bluebook 2019", Ministry of Foreign Affairs of Japan, https：//www. mofa. go. jp.

④ "The Eighth Pacific Islands Leaders Meeting（Overview of Results）", Ministry of Foreign Affairs of Japan, May 19, 2018, https：//www. mofa. go. jp.

在第八届太平洋岛国领导人峰会开幕式的讲话中阐述了印度洋和太平洋的一致性："我们作为家园的'蓝色太平洋'同'蓝色印度洋'相同。机遇和潜力并存于这两个海洋中，日益严重的危机也遍及这两个海洋，无法分开。"① 秋元智宏在《日本时报》撰文称，太平洋岛国已经成为亚太地区大国地缘政治角逐的中心。为了寻求南太平洋地区优势，中国开始了地缘政治博弈。但日本有能力通过把"自由、开放的印太"同"蓝色太平洋身份"联系在一起，帮助太平洋岛国满足它们的需求。② 中国在南太平洋地区的影响力间接挑战了日本在该地区的传统地位。在张登华看来，后疫情时代已经今非昔比。中国和传统域外大国在南太平洋地区对于疫情处理以及所谓的"口罩外交"的争议将会增大，因此也会加剧该地区的战略竞争。中日竞争很有可能更为激烈。③ 作为对中国的回应以及日本对太平洋岛国的援助承诺，日本启动了具有自身特色的针对太平洋岛国应对疫情的援助。同其他国家相比，日本对太平洋岛国的援助比较务实、接地气，通常采用双边援助和多边援助相结合的方式。2020 年 4 月 21 日，日本同联合国儿童基金会签署了一项赠款协议。该协议将为南太平洋地区应对疫情提供支持，并保护儿童免受疫情的影响。日本的 200 万美元赠款将支持联合国儿童基金会在以下几个方面帮助太平洋岛国：加强社区参与、提供医疗保障、干净水源、环境卫生和个人卫生用品、儿童保护服务等。④ 除此之外，日本高层在疫情防控期间也加强了同太平洋岛国的沟通。2020 年 8 月 20 日，日本外务大臣茂木敏充将访问巴布亚新几内亚，并讨论如何进一步推进同该国的合作关系，这是南太平洋地区稳定的关键。同时，日本希望促成合作，以早日恢复巴布亚新几内亚受疫情影响的经济发展。⑤

　　日本同澳大利亚在互补经贸关系的基础上，建立了良好的双边关系。

---

① "Address by H. E. Mr. Shinzo Abe, Prime Minister of Japan, at the Eighth Pacific Islands Leaders Meeting (PALM 8)", *Ministry of Foreign Affairs of Japan*, May 19, 2018, https：//www.mofa. go. jp/a_ o/ocn/page4e_ 000824. html.

② Satohiro Akimoto, "The Great Power Game in the Pacific：What Japan can Do", *The Japan Times*, December 24, 2019.

③ Denghua Zhang, Miwa Hirono, "Japan and China's Competition in the Pacific Islands", The Diplomat, April 30, 2020, https：//thediplomat. com.

④ "Japan Supports UNICEF to Reach More Than One Million Children in COVID – 19 Response", UNICEF, 21 April 2020, https：//www. unicef. org.

⑤ "Foreign Minister Motegi to Visit Papua New Guinea, Cambodia, Laos and Myanmar", Ministry of Foreign Affairs of Japan, August 11, 2020, https：//www. mofa. go. jp.

近年来，双方强化了政治和安全合作，成为亚太地区的战略合作伙伴。①除了美澳同盟以外，日本与澳大利亚也针对疫情展开了合作。两国进行了三次高层会谈，不但涉及了南太平洋地区的疫情防控合作，而且有两次会谈都涉及了香港问题，严重干涉了中国内政。2020 年 4 月 23 日，茂木敏充同澳大利亚外交部部长马里斯·佩恩确认，由于太平洋岛国面临新冠肺炎疫情造成的困难局面，而且一些岛国受到哈罗德飓风的严重破坏，日澳将努力为太平洋岛国提供支持，同时保持密切沟通，将日澳"特殊战略伙伴关系"提升到一个更高的水平。2020 年 6 月 5 日，日本同澳大利亚就疫情防控进行了沟通。双方认为防止疫情扩散和实现经济复苏都很重要，日澳将为此共同努力。佩恩表示，尽管澳大利亚已经放宽对新西兰和太平洋岛国的边界措施，但由于日澳是非常紧密的伙伴，她接受同日本继续就此进行讨论。② 2020 年 7 月 9 日，日本首相安倍晋三与澳大利亚首相莫里森通过视频进行了会谈。在日澳紧密而牢固的特殊战略合作伙伴关系的基础上，两国表达了在应对疫情中的领导地位以及建立一个繁荣、开放、稳定的后疫情世界的承诺，特别是在印太地区。日澳将不遗余力地阻止疫情蔓延，保护人民生命健康以及减缓疫情对于经济和社会的影响。双方领导人继续强化同太平洋岛国在应对疫情方面的合作，支持太平洋岛国卫生系统，并提供经济援助。③

（三）美日澳三边合作

作为一个网络化的安全体系，美日澳三边合作较为成熟，建立了"美日澳三边战略对话"。"美日澳三边战略对话"是亚太地区首个正式三边安全机制，也是美国前国防部部长阿什顿·卡特宣称的美国同其伙伴在亚太地区构建主要安全网络最早、最重要的模式之一。自 2002 年成立之后，"美日澳三边战略对话"在部长级层面上已经机制化，成为美国在亚太地区最为完善的三边对话。④ 美日澳三边关系首次引起关注是在 2006 年。时任美国国务卿赖斯、澳大利亚外交大臣约翰·唐纳和日本外交大臣麻生太郎在美国举行了首次部长级会晤。在不到十年的时间里，美日澳三边关系

---

① "Japan and Australia Relations", Ministry of Foreign Affairs of Japan, April 21, 2014, https：//www. mofa. go. jp.

② "Japan – Australia Foreign Ministers' Telephone Talk", Ministry of Foreign Affairs of Japan, June 5, 2020, https：//www. mofa. go. jp.

③ "Japan – Australia Leaders' VTC Meeting", Prime Minister of Australia, 9 July 2020, https：//www. pm. gov. au.

④ Andrew Shearer, "U. S. – Japan – Australia Strategic Cooperation in the Trump Era: Moving from Aspiration to Action", *Southeast Asian Affairs*, 2017, p. 83.

成为美国在亚太地区最为成熟的合作关系，其议程比其他任何三边关系都要健全。美日澳三边关系源于美国与日本和澳大利亚之间强大的双边联盟。美国已经采取措施进一步加强这些联盟。同其他三边和双边框架相比，美日澳三边关系有可能成为同其他国家接触、维护区域和平与稳定的基础。2014 年 10 月 16 日，美日澳三国领导人致力于深化美日澳三边合作伙伴关系，以确保亚太地区的和平、稳定与繁荣，它们承诺深化三国之间本已牢固的安全与防务合作，通过加强三方演习，增强解决全球关切和促进地区稳定的集体能力。① 澳大利亚、日本、美国都在各自的相关官方战略文件中强调了三边合作的重要性。比如，澳大利亚在《2020 年防务战略升级》中强调与志同道合国家组成的小集团——比如美日澳之间的三边对话——一道，解决所面临的共同战略问题。②

由于南太平洋地区地缘战略价值的提高，该地区已经成为美日澳关注的重点区域。种种迹象表明了这一点。2018 年 11 月，美日澳发布了一项联合声明，共同致力于解决印太地区基础设施的需求。澳大利亚外交与贸易部、日本国际合作银行和美国海外私人公司签署了一项三方合作备忘录，实施印太基础设施投资三边伙伴关系。三边伙伴关系计划与包括巴布亚新几内亚在内的印太国家政府磋商，以确定潜在的基础项目融资。③ 澳大利亚政策分析家格兰特·怀斯（Grant Wyeth）认为美日澳开始遏制中国在南太平洋地区的影响力以及"一带一路"倡议。它们在印太基础设施投资三边伙伴关系框架下，开始在巴布亚新几内亚联合考察，以确认未来的投资项目。④ 2019 年 8 月 1 日，美日澳举行了三边战略对话，并发表了部长级联合声明。强化对南太平洋地区的参与成为此次声明的重点。美日澳打算通过高层交往和经济合作，加强同太平洋岛国的接触。基于此，它们支持澳大利亚在南太平洋地区的行动，特朗普同马绍尔群岛、帕劳和密克罗尼西亚的历史性首脑会议以及推动日本与太平洋岛国领导人峰会进程。它们决心进一步加强合作，支持南太平洋地区经济和社会复苏、稳定与繁

① "Australia – Japan – U. S. Trilateral Leaders Meeting Joint Media Release", The White House, November 15, 2014, https：//obamawhitehouse. archives. gov.

② Australia Government Department of Defence, *2020 Defence Strategic Update*, 2020, p. 24.

③ "Joint Statement of the Governments of the United States of America, Australia and Japan", The White House, November 17, 2018, https：//www. whitehouse. gov.

④ Grant Wyeth, "Australia, Japan, U. S. Start Down Their Own Indo – Pacific Road in PNG", The Diplomat, June 26, 2019, https：//thediplomat. com.

荣。① 可以肯定的是，太平洋岛国将成为美日澳践行印太战略的一个重要补给站。三国部长在此次声明中指出，它们欢迎在整个印太区域正在进行的关于海上安全的三边合作，并承诺同该区域各国密切合作。帕劳和斐济将以互为补充的方式在美日澳三边合作中发挥作用。同时，三国将继续协调对太平洋岛国的援助方案，确定未来更为紧密的合作方式。在新冠肺炎疫情对南太平洋地区影响恶化的背景下，有效应对南太平洋地区新冠肺炎疫情成为美日澳三边合作的重要议题。美日澳于 2020 年 7 月 7 日举行了三方部长级会议，重申了共同承诺，即按照共同的价值观、长期的联盟和紧密的伙伴关系，加强印太地区的安全、稳定与繁荣。部长们认为在新冠肺炎肆虐的背景下，基于规则的国际秩序为各国以透明、负责和有弹性的方式应对这一威胁提供了条件。三方承诺进一步增强对印太地区的认知，包括疫情扩散对其各自防御政策和准备的潜在影响。三方强调了它们坚定不移的承诺，将与太平洋地区伙伴密切合作，以支持一个繁荣、安全的太平洋地区。②

（四）美日印澳四边合作

除了美日澳三边合作以外，美日印澳四边在南太平洋地区的合作初具雏形。在过去的几年中，作为美日印澳之间的沟通平台，四边战略对话（Quadrilateral Security Dialogue）掀起了一股热潮。然而，四边战略对话的发展经历了一个过程。2004 年，美日印澳构建了人道主义援助和灾害减缓整合在一起的"海啸核心小组"（Tsunami Core Group），以应对在 2004 年12 月 16 日发生的印度洋海啸。2007 年，在地缘政治利益融合的驱使下，美日印澳在东盟地区论坛间隙进行了非正式会晤。这四个国家的战略聚集引起了国内的反冲，特别是印度左翼政党抗议印度政府对中国的敌对以及同美国发展伙伴关系。尽管美日印澳伙伴关系保证了其非安全性质，但这四个国家同新加坡的海军于 2007 年 9 月首次举行了"马拉巴尔"（Malabar）军事演习。③ 然而，不久澳大利亚宣布退出四边战略对话。2017 年11 月，美日印澳重启四边战略对话，举行了部长级以及一些双边高层对话。

---

① "Trilateral Strategic Dialogue Joint Ministerial Statement", U. S. Department of State, August 2, 2019, https://www.state.gov.

② "Australia – Japan – United States Defence Ministers' Meeting Joint Statement", U. S. Department of Defence, July 7, 2020, https://www.defense.gov.

③ Jyotsna Mehra, "The Australia – India – U. S. Quadrilateral: Dissecting the China Factor", *ORF Occasional Paper*, August 2020, p. 20.

从已经举行的三次四边战略对话来看，它关注的议题和区域在不断扩大。从议题上看，区域灾害应对成为四边战略对话的新议题。因此，应对新冠肺炎疫情成为四边战略对话的一种趋势。在澳大利亚洛伊研究所的拉维娜·李（Lavina Lee）看来，新冠肺炎疫情危机已经对四边战略对话产生了重要影响，迫使其紧急议程转移到健康危机管理和如何启动经济复苏。这四个国家都将专注于这些优先事项。可以预见的是，疫情对经济的冲击将会影响它们的国防预算。① 从地域来看，南太平洋地区进入了四边战略对话的视野。在第三次四边战略对话上，各国继续探索加强包括支持区域灾害应对在内的合作，同时支持太平洋岛国论坛在内的区域机构。② 安倍晋三在 2020 年 7 月同莫里森进行了视频通话。双方同意为了应对来自中国的威胁，扩大四边战略对话在防务和安全领域的合作，并对南太平洋地区、南中国海、东海的状态进行了沟通。美日澳三国都为南太平洋地区提供了应对疫情的援助。作为四边战略对话中的一员，印度在"加速东进战略"的框架之下，日益重视同太平洋岛国的外交关系。2019 年 9 月，印度总理莫迪在第 74 届联合国大会间隙会见了太平洋岛国领导人，并表明了印度致力于推进其发展优先事项的承诺。印度承诺将向太平洋岛国和加勒比提供 2600 万美元的赠款。莫迪强调印度和太平洋岛国有着共同的价值和共同的未来。随着加速东进战略的推进，印度与太平洋岛国的关系不断加深。③ 在太平洋岛国暴发疫情后，印度强调致力于协助太平洋岛国应对新冠肺炎疫情和气候变化的双重打击。它正在通过 2017 年设立的印度—联合国伙伴关系基金，帮助小岛屿发展中国家抗击疫情。④

同美日澳三边关系相比，四边战略对话并不是一种固化的关系。它当前的意义在于为美日印澳政策协调提供了一种机制，而不代表一种单一的、固化的战略。它是否能够走向联盟，仍具有相当的不确定性。⑤ 从目前的形势看，在四边战略对话的成员国中，印度在南太平洋地区参与疫情

---

① Lavina Lee, "Assessing the Quad: Prospects and Limitations of Quadrilateral Cooperation for Advancing Australia's Interests", *Lowy Institute Analysis*, May 2020, p. 2.

② "U. S. – Australia – India – Japan Consultations", U. S. Department of State, May 31, 2019, https://www. state. gov.

③ "Prime Minister meets Pacific Island Leaders", Ministry of External Affairs Government of India, September 24, 2019, https://mea. gov. in.

④ "India underscores Commitment to Assist SIDS deal with Double Blows of COVID – 19, Climate Change", Financial Express, June 12, 2020, https://www. financialexpress. com.

⑤ 张洁：《美日印澳"四边对话"与亚太地区秩序的重构》，《国际问题研究》2018 年第 5 期。

防控的力度不是很大。疫情可能会防碍印度在印太地区安全中发挥日益重要的作用。在过去的十年中，印度一直在稳步转变成为印太地区的"网络安全提供商"，强化参与四边战略对话等多边对话。然而，印度的新增确诊病例在迅速增加。由于医疗体系负担沉重，而且经济仍处于因早期封锁而导致的挣扎状态，莫迪政府可能别无选择，只能将注意力和资源集中在解决这些国内挑战上。①

三　南太平洋地区战略聚合态势的特征

综合来看，战略聚合态势体现出典型的地缘政治博弈，是特定战略环境下的一种状态。在不断变化的南太平洋地区安全环境中，战略聚合态势已经形成，并将在未来很长时间内成为南太平洋地区主流态势。它是一种聚合了多个国家的复合安全体系，受内生变量和外生变量的双重驱动，具有自身明显的特性。

（一）内生变量的驱动：美国遏制中国的特性

在南太平洋地区双边和多边架构中，美澳、日澳、美日澳以及美日印澳伙伴都对中国在南太平洋地区的影响力表现出了战略忧虑。中国在应对新冠肺炎疫情方面表现出来的主动担当增加了这种战略忧虑。因此，这几个国家组成双边或多边关系，来遏制中国在南太平洋地区的影响力。美国是这些关系的主要推动力。地缘政治考量在美国对外政策中扮演着重要角色。在索尔·伯纳德·科恩看来，地缘政治的考虑铸就了美国寻求借以进入内陆国家联盟的机会。② 米尔斯海默认为，遏制是美国对付崛起中国的最佳策略。为此，美国政策制定者应力争建立制衡联盟，尽可能吸收中国的邻国。③ 巴里·布赞和乔治·劳森从中心和边缘关系的视角解释了中美关系："随着现代性向全球扩展，中心与边缘之间的权力差距将不再像以往那般重要，而中心地带不断扩大。中国，一个前边缘国家，如今已被广泛视为美国作为唯一超级大国之地位的主要挑战者。在某种程度上军备质量竞争和防御困境已经开始主导两国关系。"④

---

① Jiyoon Kim, Jihoon Yu, Erik French, "How COVID－19 Will Reshape Indo－Pacific Security", The Diplomat, July 24, 2020, https：//thediplomat.com.

② 〔美〕索尔·伯纳德·科恩：《地缘政治学：国际关系的地理学》，严春松译，上海社会科学院出版社 2011 年版，第 2 页。

③ 〔美〕约翰·米尔斯海默：《大国政治的悲剧》，王义桅、唐小松译，上海人民出版社 2014 年版，第 407 页。

④ 〔英〕巴里·布赞、乔治·劳森：《全球转型：历史、现代性与国际关系形成》，崔顺姬译，上海人民出版社 2020 年版，第 244 页。

　　一些西方学者已经意识到了中国在南太平洋地区软实力的增长。比如，澳大利亚战略政策研究所的理查德·赫尔（Richard Herr）在他 2019 年的研究报告中指出，中国在南太平洋地区通过援助和发展援助项目以及贸易网络的连锁反应将其财富转化成软实力。① 某种程度上看，战略聚合态势是"软平衡"态势的一种特殊表现形式。美国的"软平衡"战略即限制中国的权力和影响以保持对现有秩序的依赖。② 遏制和接触很大程度上是"软平衡"战略的手段。严格意义上看，疫情暴发之前，美日印澳在南太平洋地区或多或少同中国进行了一定程度的接触，尤其是澳大利亚在某些问题上同中国进行了沟通。然而，疫情暴发后，中国同太平洋岛国在共同抗击疫情过程中巩固了双边关系，提升了在南太平洋地区的影响力。"中国和太平洋岛国同意致力于推动'后疫情时代'各领域务实合作，开发新的合作方式，促进双方关系取得更大进展，更好地造福双方人民。"③这客观上挑战了该地区的"软平衡"态势。目前来看，遏制成为美日印澳对中国战略的主流。现实主义阵营的遏制支持者认为中国未来将成为美国的挑战者，为阻止中国崛起，美国应选择遏制战略。④

　　在这些双边和多边安全架构中，每个国家对中国秉持着不同的遏制立场。美澳同盟对中国在南太平洋地区的遏制最为激烈。冷战期间，美澳也曾在南太平洋地区共同遏制苏联。印度由于宣称不结盟外交政策，其外交具有一定的战略自主性。因此，它游离于美国、中国、俄罗斯等大国之外。同时，印度将主要精力放在印度洋地区，对南太平洋地区的投入是有限的。囿于内部严重的疫情危机，印度无力遏制中国，只能依附于双边或多边关系，营造一些声势。作为美国的盟友，日本也将追随美国的外交政策。战略聚合态势的主要驱动力是美国。美国驱动战略聚合的根本目的是保持其在亚太地区的主导地位，服务于"美国利益优先"的战略理念。约

---

① Richard Herr, "Chinese influence in the Pacific Islands: The Yin and Yang of Soft Power", *ASPI Special Report*, April 2019, p. 16.
② 一些学者在美国对中国战略问题上都不同程度地表达了类似的观点，参见 Thomas J. Christensen, "Fostering Stability or Creating a Monster?", *International Security*, Vol. 31, No. 3, 2006; Aron L. Friedberg, "The Future of US – China Relations", *International Security*, Vol. 30, No. 2, 2005.
③ 《中国和太平洋岛国应对新冠肺炎疫情副外长级特别会议联合新闻稿》，外交部，2020 年 5 月 13 日，https://www.fmprc.gov.cn.
④ 有关美国对中国应采取遏制或接触的代表性观点，参见 Richard Bernstein, Ross H. Munro, *The Coming Conflict with China*, New York: A. A. Knopf, 1997; Robert S. Ross, *The Great Wall and the Empty Fortress*, New York: W. W. Norton, 1997.

翰·伊肯伯里认为，美国主导的同盟和多边制度体系是当今世界秩序的核心。① 战略聚合类似于美国所推崇的轴心—轮辐战略（hub and spoke orientation）。美国在主要的地区都建立了盟国网络，为盟国提供安全和市场，以换取稳定的伙伴关系。现实主义认为这种以美国为主导的秩序能够存在的关键：美国为其他国家提供了公共产品，并解决了地区性安全困境，因此，消除了其他国家结成挑战者同盟的主动性。这也可以降低美国维护霸权的成本。对此，布热津斯基在《大棋局：美国的首要地位及其地缘战略》中指出，美国领导目前面临的困境包含着全球形势特点本身的变化：同过去相比，直接运用权力往往受到更大限制。美国要在欧亚棋局中成功地运用地缘战略力量，现在主要的做法是随机应变、施展外交手段、建立盟友关系、有选择地吸收新成员加入联盟，并十分巧妙地配置自己的政治资本。②

（二）外生变量的驱动：新冠肺炎疫情恶化了全球地缘政治博弈

索尔·伯纳德·科恩认为地缘政治视角是动态的。它随着国际体系及其运行环境的变化而变化。在相当的程度上，地理环境的动态性质是地缘政治格局和特征变化的原因。③ 从动态视角度看，新冠肺炎疫情作为一种外生变量，恶化了全球地缘政治博弈。疫情加剧了权力结构的变革，将会不可避免地对现存地缘政治格局和联盟体系带来冲击，国家间关系有可能形成新的分化组合。④

疫情之下，南太平洋地区面临的地缘政治竞争将更为复杂。对于这一点，中国现代国际关系学院院长袁鹏指出，"俄罗斯'南下'，印度'东倾'，澳大利亚'北上'，日本'西进'，连欧洲也远道而来，宽阔的太平洋不仅骤然变得拥挤，而且从此不太平，亚太地区的地缘政治和地缘经济分量远非其他地区可比……新冠疫情后的经济复苏将更加依赖亚太地区的经济状况及供应链、产业链，国际安全也会因美国'印太战略'的具体实施而进一步聚焦到这个区域"⑤。在安娜·鲍勒斯（Anna Powles）和乔

① 〔美〕约翰·伊肯伯里：《美国无敌：均势的未来》，韩召颖译，北京大学出版社2005年版，第20页。
② 〔美〕兹比格纽·布热津斯基：《大棋局：美国的首要地位及其地缘战略》，中国国际问题研究所译，上海人民出版社2007年版，第31页。
③ 〔美〕索尔·伯纳德·科恩：《地缘政治学：国际关系的地理学》，严春松译，上海社会科学院出版社2011年版，第4—5页。
④ 张骥：《新冠肺炎疫情与百年未有之大变局下的国际秩序变革》，《中央社会主义学院学报》2020年第3期。
⑤ 袁鹏：《新冠疫情与百年变局》，《现代国际关系》2020年第5期。

瑟·索萨·桑托斯（Jose Sousa Santos）看来，新冠肺炎疫情在南太平洋地区有若干阵线。除了健康安全之外，地缘政治阵线已经开启。该地区已经成为中国与美国及其盟友的竞争区域。在应对新冠肺炎疫情的斗争中，疫情外交将形成一个断层或合作场域。① 张登华等认为后疫情时代，传统行为体和新兴行为体在南太平洋地区展开了新一轮的地缘政治竞争。② 疫情期间，美国、澳大利亚、印度、中国、欧盟等国家和国际组织对太平洋岛国进行了医疗援助，有助于完善南太平洋地区的公共卫生治理机制。这也客观上加剧了该地区的地缘政治博弈。全球卫生治理日益具有全球政治的维度。《世界卫生组织宪章》和 2005 年新修改的《国际卫生条例》，反映了卫生治理过程中国际政治的内在张力。应对新冠肺炎疫情也将不可避免地打上地缘政治博弈的烙印。

第三节　南太平洋地区海上互联互通程度低

全球层面上，南太平洋地区是海上互联互通程度较低的区域之一。太平洋岛国特殊的地理位置使得其相互之间缺乏便利和有效的交通。作为海上互联互通的载体，港口和船舶的落后限制了海上交通。

一　港口基础设施较差

每个太平洋岛国都有一些港口，但只有一个或两个大的港口参与国际航线贸易，并由政府或政府企业控制和经营。一些次要的港口提供国内服务。虽然一些私营部门在终端作业中，特别是在集装箱设施中，参与了这些次要港口的经营，但它们一般由国家或地方政府控制。一些较小的港口设施由省级机构或地方社区来管理和经营，但由中央政府机构负责它们的安全。目前有一些私营部门控制的用于大批量进出口的港口设施。港口基础设施覆盖的范围较广，从一般的码头、硬化场地到致力于世界一流标准的拥有货物装卸的较先进设施。该地区不同国家的港口区别较大，从相对现代化、装备良好的集装箱到非常基础的码头。拥有先进设施的码头是少数。就基础设施和运营而言，该地区的很多港口都达不到世界标准。许多

---

① Anna Powles, Jose Sousa Santos, "COVID – 19 and Geopolitics in the Pacific", East Asia Forum, 4 April, 2020, https：//www. eastasiaforum. org.

② Denghua Zhang, Miwa Hirono, "Japan and China's Competition in the Pacific Islands", The Diplomat, April 30, 2020, https：//thediplomat. com.

港口始建于 20 世纪五六十年代。码头面层（wharf surface）特别崎岖，使叉车很难在上面行驶，这增加了装卸成本。一些不能承受叉车和集装箱重量的码头面层，需要对集装箱进行两次转运。同时，很多港口缺少维护。该地区的一些港口进步较大。苏瓦港和劳托卡港一直在大幅度地升级和装备新的基础设施。然而，许多港口仍然面临以上问题。大型港口和海洋基础设施仍然由中央政府提供，省级或地方政府仅负责管理小型港口设施。私营部门参与港口建设的进步不明显。比如，在巴布亚新几内亚，由于国家的政治变化，港口私营化的尝试被耽搁了若干年。[①]

太平洋岛国由于自身先天的经济脆弱性，很难有足够的资金来完善港口基础设施，进而提高其航运服务能力。2004 年，太平洋岛国论坛强调了获得外部支持的必要性："交通部门的改变需要外部支持。许多建议基于外部支持，才能行之有效。南太平洋地区之前获得的外部援助经常用于特定具体的项目，这种与用于基础设施资金有关的外部支持有时超出了一个国家维护的能力。因此，外部的支持不仅应有重点和基础，还应建立在太平洋岛国国内改革的基础上。绝大部分太平洋岛国没有资金和技术来维护港口设施，因此需要更多的外部援助者来支持。"[②] 港口治理也是一大问题。南太平洋地区海事部门缺少商业和金融管理的专业知识。在绝大部分太平洋岛国，很少有私营部门运营商具备可接受运输服务的财务能力、技术和经验。依据国际标准，太平洋岛国的货物装卸能力较弱。它们没有任何一个港口装配专业起重机。虽然有一些港口使用了海基多用途起重机，但绝大部分依赖船上起重机。这些装卸技术的落后将不可避免地使得太平洋岛国港口吞吐率远低于集装箱设备可以实现的吞吐率。许多太平洋岛国港口的装卸效率达不到硬件允许的水平。[③] 2007 年 4 月，第一届针对海洋交通的区域部长级会议在萨摩亚的阿皮亚召开。太平洋岛国部长商讨了一些岛国领海内的被遗弃或废弃船只问题，以及支持太平洋共同体更好地治理港口。[④]

二　太平洋岛国相互之间的交通不便

对大部分大洋洲国家来说，海洋交通具有绝对必要性。所有的海洋运

① Asian Development Bank, *Oceanic Voyages: Shipping in the Pacific*, 2007, pp, 25 – 28.

② PIF, *Pacific Regional Transport Study*, June 2004, p. 4.

③ Asian Development Bank, *Oceanic Voyages: Shipping in the Pacific*, 2007, p. 50.

④ SPC, *First Regional Meeting of Ministers for Maritime Transport Maritime Ministerial Communique*, April 2007, p. 4.

输服务都由化石燃料来驱动，这样成本太高且不可持续。南太平洋地区是世界上对化石燃料依赖性最高的地区，太平洋岛国95%的化石燃料需要进口。海洋运输问题一直是太平洋岛国面临的主要问题，是大洋洲地区居民互联互通的基本需求。该地区的交通比较特殊，规模较小的国家分布在世界上最长的交通线上。预计需要2100艘国内船舶才能满足太平洋岛国各种层次的需求。不能提供足够的、有效率的、可靠的国内船舶是太平洋岛国面临最困难的挑战之一。政府或小型船舶公司通常经营着沿海或跨岛船舶服务。许多航线亏本经营，其中的大部分无法独立运营。投入运营的船舶比较陈旧，工作状态较差，而且很多船舶达不到安全标准，存在安全隐患。① 因此，南太平洋地区互联互通程度比较低。第4届私营企业对话工作坊在马绍尔群岛的马朱罗召开，太平洋岛国的私营部门代表讨论了南太平洋地区的交通所面临的挑战以及在交通互联互通设施领域投资的重要性，目的是提高太平洋岛国之间包括货物、服务、资本、技术和人力在内的资源的流动性。与会代表同太平洋岛国论坛领导人就与互联互通相关的问题，进行了积极的讨论。②

大洋洲拥有1000万人口和约25000座岛屿，分布在约3000万平方千米的太平洋上，对海洋交通工具有绝对的依赖性。太平洋岛屿的独特性带来了很大的挑战。历史上，该地区一直在寻求长期的、可持续的、成本较低的海洋交通解决方案。③ 唐纳德·B.弗里曼指出："航海家、贸易商和移民者难以从地球的其他地方到达太平洋，这是最明显的影响太平洋历史的地理因素之一。在过去的岁月里，无论是物理上还是政治上的因素都限制了人们向太平洋通航，造成通往太平洋的少数海峡、港口与河流成为各国激烈争夺的对象。相比全球的其他任何地方，太平洋各国受制于内部交流与贸易的困难最为明显，从最强大的到最脆弱的国家莫不如此，这些困难是由其散布广泛、星罗棋布和海岛性质的领土所造成的。在由各种岛屿构成的国家里，即在日本、新西兰、菲律宾、印尼和巴布亚新几内亚，政府服务的提供、贸易互动、旅客水面通航涉及巨大的经济成本，还有政治和社会的困难。当星罗棋布的民族国家既小且穷时，这些问题将数倍放

---

① Nuttall Peter, Newell Alison, Prasad Biman, Veitayaki Joeli, Holland Elisabeth, "A Review of Sustainable Sea – transport for Oceania: Providing Context for Renewable Energy Shipping for Pacific", *Marine Policy*, Vol. 43, No. 1, 2013, pp. 1 – 3.

② Pacific Islands Forum Secretariat, *Annual Report 2013*, 2013, p. 29.

③ Alison Newell, Peter Nuttall, Elisabeth Holland, "Sustainable Sea Transport for the Pacific Islands: The Obvious Way Forward", *GSDR Brief*, 2015, p. 1.

大。在诸如斐济、所罗门群岛、瓦努阿图、基里巴斯、北马里亚纳群岛和马绍尔群岛之类由星罗棋布的岛屿构成的小国家，有时因数百千米的大洋而隔绝，而且受制于缺乏充分的交通纽带"①。

南太平洋虽然海域广阔，但是海上交通非常落后。太平洋岛国之间的海上交通不便，这客观上造成了相互之间先天的孤立状态。比如，萨摩亚与斐济之间一天仅有两班轮船，而且轮船的载客量较小，设施非常落后。所以，对于旅游者来说，通常会选择乘坐飞机去各个岛国。但由于各岛之间直飞航线少，中转航站少，使得南太平洋交通效率低下。2013 年 7 月，联合国亚洲及太平洋经济社会委员会、国际海事组织、太平洋共同体以及太平洋岛国论坛发布研究报告，指出："某种程度上讲，南太平洋岛际海运的特点是交通容量小、无规律，运输距离比较长，出口产值低。在供应方面，还需要考虑相关港口基础设施的船舶经济（与货物量、需要的服务频率、路线距离、船舶速度、港口规模的物理限制有关的船舶规模）和不确定性。供需关系导致运输成本较高，船舶运输业务长期亏损，这些限制和挑战形成恶性循环。船舶运输业务在盈利方面的低迷导致了海运服务的进一步恶化、海运融资的困难、投资的低层次、维护的欠缺以及安全标准的妥协让步。"②

太平洋共同体已经意识到了海运对于南太平洋地区的重要性以及存在的脆弱性。2016 年 9 月 28 日，太平洋共同体用"海运是太平洋岛国和属地的生命线"这个主题强调了海运在南太平洋地区特殊的地位。海洋把太平洋岛国连接在一起。南太平洋地区超过 90% 的贸易依靠海运。该地区世界著名的航海传统已经存在了数百年。③《库克群岛消息》报纸称："海运是太平洋岛国和属地的生命线。它使得大部分人口、资源和货物可以流动。对许多太平洋岛国而言，现有的海洋交通服务日益难以支撑，且不可持续。船舶通常比较陈旧老化、维护较差以及没有效率。旧船取代旧船的模式成为一种恶性循环。狭窄的暗礁通道和低载重使得许多航线不经济"④。

---

① 〔美〕唐纳德·B. 弗里曼：《太平洋史》，王成至译，东方出版中心 2011 年版，第 13—14 页。

② ESCAP, SPC, PIF, IMO, *Strengthening Inter - island Shipping in Pacific Island Countries and Territories*, Background Paper, July 2013, p. 2.

③ "Pacific highlights shipping as lifeline on World Maritime Day 2016", SPC, 28 September 2016, https：//www. spc. int.

④ "Sustainable sea transport for the Pacific：The obvious way forward", *Cook Islands News*, November 22 2014, http：//www. cookislandsnews. com.

除了进口化石原料的严重影响之外，南太平洋地区的海运受到的关注较少。太平洋海运的重点在于岛国国内方面，预计有 2100 艘船在太平洋运营。燃料占到太平洋岛国国内船只运营成本的 40%—60%，这一比例预计还会增加。提供足够、有效、可依赖的国内海运是太平洋岛国面临的最困难挑战之一。通常来看，政府或小型独立的海运公司提供了沿岸和岛际海运。许多的海运航线处于一种商业边际（commercially marginal）状态，政府通过增加成本来补贴或提供这些边际成本。[1]

第四节　太平洋岛国动荡的国内政局

历史对现实选择具有重要的作用，没有任何国家可以割裂自己的历史。这个规律同样适用于太平洋岛国，独特的历史因素对岛国的政治产生了重要的影响。以英国为代表的西方殖民者以商业和战略利益为目的，自16 世纪开始将其触角伸向太平洋岛屿。殖民统治极大地影响了殖民地国家的发展。对于前殖民地国家而言，非殖民化后的体制建设面临着很多困难。一方面，独立后出现的某种类型的专制政体破坏了原有体制；另一方面，实行专制统治不可能保持长期政治稳定。[2] 米歇尔·C.霍华德（Michael C. Howard）则认为南太平洋地区的所有国家具有两个共同点：一是他们都是殖民主义规则建构的结果；二是他们都深嵌于资本主义政治和经济集团。他主要强调了民族国家创建和维持的过程中种族的定位问题，然后从历史上把该地区的种族分为四个阶段：前殖民主义阶段、殖民主义阶段、向政治独立过渡阶段和独立阶段。太平洋岛国的政治较为脆弱。民主主义与民族冲突严重。斐济自独立以后，先后爆发了四次军事政变，每次政变的背后都有民族主义的影子。[3] 政治不稳定通常与政府频繁更换有关。政府频繁更换破坏了发展，使得政府难以作为，因此成为可持续发展的障碍。许多太平洋岛国政府更换频繁，特别是瑙鲁、所罗门群岛和瓦努

---

[1] "The Pacific Islands: the most Challenging Network for Ocean Transport in the World", The Loadstar, 23 August 2013, https://theloadstar.co.uk.

[2] 韦民：《小国与国际关系》，北京大学出版社 2014 年版，第 150 页。

[3] 〔澳〕格雷厄姆·哈索尔：《太平洋群岛的民族主义与民族冲突》，《世界民族》1997 年第 2 期。

阿图。①

　　近代以来，伴随着人类社会的现代化进程，民族国家相继诞生。作为当代国际法和国际关系的主体，民族国家已经成为人类获得归属感和认同感的政治架构，成为当代世界的基本国家形态。② 在史密斯看来，到目前为止，民族国家仍是唯一得到国际承认的政治组织结构。③ 所谓的国家建构就是指民族国家建构过程，包括两个主题：国家主权和民主制度。从某种意义上说，民族国家的特征从法国大革命时代就开始形成。吉登斯认为，民族国家的特征包括：民族国家行政控制能力大大提高，传统国家有边陲而无边界；主权观念及一系列与之相关的政治理念，构成了近代国家；与国界相联系的行政等级体系的诞生；民族国家本质上是多元政治；民族国家本质上是世界体系的一部分，国际关系与民族国家同时起源；大多数民族国家内部实现了绥靖，以至于垄断暴力工具通常仅仅是用以维持其统治的"间接资源"；军事工业化是一个与资本主义相伴随的过程，它构成了民族国家体系的轮廓；全球化不应视为对民族国家主权的削弱，它本质上正是民族国家体系在全球范围内得以扩张的重要条件。④ 民族国家不仅要有绝对主权，而且国民要有对这个国家的认同感。这对于建构民族国家非常重要。由于太平洋群岛独特的地理位置，这些国家都是岛国，彼此之间是非常孤立的，这将很容易使民族产生分离倾向，而且小规模社会形成抱团，阻碍广泛民族主义的产生，反而容易产生狭隘的民族主义。在国家认同方面，岛国缺乏统一的文化，导致了国家建构过程中认同的缺失。在世界范围内，因身份认同冲突而孕育的暴力似乎在越来越频繁地发生。⑤

　　《2017 年太平洋区域主义状况报告》指出了太平洋岛国所面临的区域性和全球性冲突。虽然通常被认为是一方净土，但一些重要的发展可能会引起太平洋地区暴力冲突的产生。例如，即将在新喀里多尼亚和布干维尔举行的独立公投，可能会成为冲突的潜在触发器。这两个地方都有过武装

① "Leadership turnover and political instability in Pacific Island Sates", Policy Brief, November 2015, https://www.idea.int.

② 王宗礼：《多族群社会的国家建构：诉求与挑战》，《马克思主义与现实》2012 年第 4 期。

③ 〔英〕安东尼·D.史密斯：《全球化时代的民族与民族主义》，龚维斌、良警宇译，中央编译出版社 2002 年版，第 122 页。

④ 〔英〕安东尼·吉登斯：《民族—国家与暴力》，胡宗泽、赵力涛译，生活·读书·新知三联书店 1998 年版，第 4—6 页。

⑤ Elisabeth Cashdan, "Ethnocentrism and Xenophobia: a Cross-cultural Study," Current Anthropology, Vol. 42, No. 2, 2001, pp. 47.

冲突的历史，冲突根源仍未化解，小型武器流传于普通民众当中（2016年，新喀里多尼亚发生的一些警察与青年冲突事件均涉及了手枪等小型武器）。① 2017年，联合国驻所罗门地区援助团撤出该国，但冲突的深层根源仍然存在，大量的医疗和调解工作仍需继续，只有这样才能化解冲突造成的长期不满。城市化和土地获得仍然是人们迫切关注的问题，而高人口增长率增强了这一问题的紧迫性。巴布亚新几内亚液化天然气项目开工，已引发社区内部、社区之间以及社区与施工方之间一系列暴力争端。

环太平洋地区存在一系列紧张局势，如果任其升级，必然对太平洋地区产生重大影响。2017年4月的东盟峰会期间，东盟领导人对朝鲜半岛不断升级的紧张局势表示严重关切，认为这一紧张局势有可能破坏整个地区的稳定。② 随着巴基斯坦和印度加入上海合作组织，"印太"更大范围内的安全合作也发生变动。③ 太平洋地区有可能因其地理位置而成为环太平洋冲突的参与者，因此，提出这样的问题也许是恰当的：本地区应如何发挥其地理位置优势，为维护地区和全球和平作出贡献。

一　斐济

作为南太平洋地区中部的岛国，斐济几个世纪以来一直是人口迁移的目的地。根据当地的传说，伟大的酋长图纳索巴索巴（Tutunasobasoba）带领他的人民漂洋过海来到斐济。南岛人大约3500年前就在斐济定居，一千年后美拉尼西亚人也在这里定居。1643年，荷兰探险家登陆斐济。1774年，英国航海家紧随其后。第一批登陆并生活在斐济的欧洲人是失事水手和来自澳大利亚监狱的逃跑囚犯。从事檀香木贸易的商人和传教士直到19世纪中期才来到这里。1879—1916年，印度人作为契约劳工在甘蔗园工作。在契约制度结束后，许多印度人作为独立的农民和商人继续在斐济生活。④ 自19世纪最后二十五年以来，中国人源源不断移入斐济群岛，尤其是二战后，移入的人数更为可观。他们之中有些是在经济发展的早期被招

---

① Pacific Islands Report, "New Caledonia Road to Blockade Leads to Shortages in South", 31 October 2016, http：//www. pireport. org; Radio New Zealand, "Efforts to Clear Road Blocks Continue in New Caledonia", 1 November 2016, http：//www. radionz. co. nz.

② ASEAN, "Chairman's Statement of the 30th ASEAN Summit", 29 April 2017, http：//asean. org.

③ Times of India, "India, Pakistan Become Full Members of SCO", 9 June 2017, http：//timesofindia. indiatimes. com.

④ "About Fiji", High Commission of Fiji, http：//www. fiji. org. nz/files/9213/3713/9625/History. pdf.

收进来充当各甘蔗园的劳工。在斐济成为英国殖民地以前，欧洲的殖民者靠引进所罗门群岛、吉尔伯特群岛和其他一些群岛的岛民来满足他们对劳动力的需求。①

　　1970年10月10日，斐济独立，并成为英联邦成员。作为一个繁荣的多元文化国家，斐济被认为是南太平洋地区重要的岛国之一。然而，斐济在独立后发生了多次军事政变。1987年，斐济发生了两次军事政变。这两次军事政变导致斐济总理蒂莫西·巴瓦德拉（Timoci Bavadra）的民选政府被推翻，作为斐济女王的伊丽莎白二世被废黜。第三次斐济军事政变比较复杂。2000年5月19日，强硬派民族主义者发动政变，反对印度裔斐济总理马亨德拉·乔杜里（Mahendra Chaudhry）的民选政府。姆拜尼马拉马成立临时政府，并于7月13日将权力移交给以总统拉图·约瑟夫·伊洛伊洛（Ratu Josefa Iloilo）为首的临时政府。2006年，斐济再次发生政变。此次政变是第三次政变以来不断积聚压力的延续。军方接管了政府，获得行政权力，并开始治理这个国家。

　　斐济每一次政变都源于斐济族和印度族之间的冲突，种族冲突已经严重影响了斐济的民族认同和国家建构，进而影响了民族国家政治稳定。从数量上看，斐济族约占57%，印度族约占38%。斐济族的身份认同具有一种排外的性质。所以说，斐济的身份认同具有一定的文化属性，这种文化属性是斐济特定时空下的产物。作为一个后发国家，斐济的政治体制以种族为价值取向，深深打上了种族冲突的烙印。归根结底，这主要归因于英国殖民者当时"分而治之"的殖民政策。这种现象在东南亚也很普遍，殖民者为了自己的利益，人为地"分而治之"，这样的政策对这些后发国家产生了挥之不去的影响。所以，斐济以种族为价值取向的政治体制严重影响了该国的政治稳定，斐济发生的政变也体现了这一点。

二　巴布亚新几内亚

　　巴布亚新几内亚是西南太平洋地区的一个多民族岛屿国家，与印度尼西亚的西巴布亚省共享新几内亚岛屿，于1975年摆脱了澳大利亚长达60年的殖民统治。美拉尼西亚人说的语言大约有715种，他们居住在面积较小的分散的社区内。巴布亚新几内亚政府面临着种族不团结的问题，这是由于民族语言和民族地区（ethnoregional）的分散化。殖民统治植入了民族

---

　　①　［美］J. W. 库尔特：《斐济现代史》，吴江霖、陈一百译，广东人民出版社1967年版，第26页。

垂直分裂（ethnic veritical cleavages）模式。特别是二战后，巴布亚新几内亚依据《指导澳新关系原则的联合声明》进行了很大的改变。大量巴布亚新几内亚人被卷入了这个激进的转变进程，这重塑了他们的种族和阶级身份。① 巴布亚新几内亚在 20 世纪 80 年代面临着国内军事冲突问题。1984 年，由于印度尼西亚的镇压，11000 名难民跨过边境来到巴布亚新几内亚。巴布亚新几内亚政府坚持认为大部分难民为本地人，他们传统上一直往来于殖民时期划定的边境线，其中多数属于政治难民。②

　　一直以来，巴布亚新几内亚的主要特点是缺乏社会、经济和政治稳定性，被认为是"弱国家"或"空架子"（basket case），这使其成为"弧形不稳定地区"的主要成员。除了犯罪率高之外，巴布亚新几内亚还经历了一次主要的危机——布干维尔内战（1989—1997 年），以及经常性的高地地区的常规部落战争。尽管缺乏真实的犯罪数据，但学术研究显示青年团伙犯罪、性侵犯、巫术、国内暴力是当代巴布亚新几内亚面对的主要问题。布干维尔岛是西南太平洋上所罗门群岛中最大的岛。1898 年，它沦为德国属地，成为德属新几内亚的一部分，二战后，转为澳大利亚的委任统治地。作为目前巴布亚新几内亚境内唯一的自治区，布干维尔是距离巴新中央政府最遥远的省份。自 20 世纪 50 年代起，"身份政治"在布干维尔迅速发展，开始聚焦在对于"殖民忽视"（colonial neglect）的抱怨。在数年的政治骚乱中，从巴布亚新几内亚独立出去的声音不绝于耳。③ 1968 年，一个主要由布干维尔学生团体组成的蒙卡斯协会在莫尔兹比港建立，这些学生是第一批完成大学教育的布干维尔人，他们首次提出进行全民公投的要求，并主张拥有选择与巴布亚新几内亚分离的自由。虽然这些要求在当时未实现，但却是第一次以团体名义要求进行全民公投，将分离的思想传播开来。1989 年 1 月，布干维尔建立革命军。革命军与移动防爆队发生暴力冲突，防爆队在行动遇挫之后，开始经常对岛内村庄进行袭击。同年 4 月，布干维尔革命军与巴布亚新几内亚国防军展开交火，要求国防军撤离。

---

① Michael C. Howard, *Ethnicity and Nation – building in the Pacific*, Tokyo: The United Nations University, 1989, p. 244.

② Roger C. Thompson, *The Pacific Basin since 1945: a History of the Foreign Relations of the Asian, Australian, and American Rim States and the Pacific Islands*, Singapore: Longman Singapore Publishers Ltd. , 1994, p. 266.

③ M. Anne Browne, *Security and Development in the Pacific Islands: Social Resilience in Emerging States*, London: Lynne Rienner Publishers, Inc. 2007, pp. 90 – 99.

　　布干维尔危机加剧了巴布亚新几内亚国内政治的动荡与不稳定。布干维尔政府内部体系更换频繁，恶化了岛内政治环境。布干维尔先后更换了多个政府名称，主要有布干维尔省、北所罗门省、布干维尔临时政府、布干维尔临时省政府等，最终名为布干维尔自治政府。布干维尔岛内之间、布干维尔政府与巴布亚新几内亚政府之间的博弈成为布干维尔政府名称更换的主要战略考量。这导致了岛内多个政治力量的崛起，滋生了许多犯罪，不利于国家政权的稳定。

三　所罗门群岛

　　1998—2003 年，所罗门群岛经历了一系列的经济和政治衰退。观察家开始把该群岛描述为"脆弱""已经失败的"或"正面临失败"的国家。2003 年，澳大利亚战略政策研究所发布的一项评估报告指出，所罗门群岛开始出现了影子政府。政治舞台之外没有有效的内阁进程、实权和决策。①所罗门群岛独立后面临的主要问题之一是腐败。该国本地化和个人忠诚优先于对国家的承诺。由于公众对腐败的不满，一半的时任议员在 1997 年议会选举中丢掉了席位。与持续的腐败问题一道，20 世纪 90 年代末，瓜达康纳尔岛上的关系再度紧张。二战后，霍尼亚拉成为首都，当地的瓜达康纳尔岛人民憎恨马莱塔人（Malaitans）的涌入。有一种观点认为这些变化牺牲了瓜达康纳尔岛人民的利益，瓜达康纳尔省领导人赞同这个观点。从 1998 年开始，瓜达康纳尔革命军开始攻击农村的马莱塔人，许多人逃亡到霍尼亚拉，大约 22000 人返回马莱塔。把所罗门群岛的情形视为种族冲突（马莱塔人与瓜达康纳尔人之间的冲突）的案例则失之于简单。这两大族群代表了所罗门群岛的广泛身份，它们之间存在着竞争。两大族群在各个层面的竞争日益激烈，而所罗门群岛的经济日益衰弱。腐败破坏了所罗门群岛的经济。作为一个小岛国，所罗门群岛在国际政治经济中的议价能力有限。需要指出的是，该国经历了快速的人口增长，从 1978 年的195000 人增加到 2000 年的 450000 人。这不仅对经济带来了压力，而且由于人口相对年轻，不能满足经济发展的需求。20 世纪 90 年代末，澳大利亚和新西兰对所罗门群岛日益恶化的局势感到担忧。20 世纪 50 年代期间，对于澳大利亚是否应承担英国保护国殖民责任的讨论一直在进行。该讨论

---

① M. Anne Browne, *Security and Development in the Pacific Islands: Social Resilience in Emerging States*, London: Lynne Rienner Publishers, Inc. 2007, p. 169.

并没有取得结果，但澳大利亚成为独立后所罗门群岛主要的参与国。①

所罗门群岛民众冲突爆发的一个直接原因是政府内部伐木利益相关者的推波助澜。随着伐木业对所罗门群岛经济重要性的不断增强，在伐木商和所罗门政客之间形成了清晰的利益链条，前者通过向后者行贿操纵所罗门群岛的政治形势，在事实上成为影子政府。1994 年，由于时任总理比利·希里（Billy Hilly）试图对林业进行改革，以马马罗尼（Mamaloni）为首的一批与伐木商紧密关联的政客通过不信任投票成功扳倒希里政府，而马马罗尼政府的盟友和前部长都曾披露这一过程存在贿赂投票人使之改变立场的事实。1997 年上任的总理乌卢法阿卢（Ulufa'alu）尝试对完全不可持续的伐木业进行改革。因此，1998 年爆发并不断升级的民族冲突被认为是伐木利益相关者在多次针对乌卢法阿卢不信任投票宣告失败后，为打击并推翻其政府而对民族矛盾加以利用。所罗门群岛表面上陷入了"后冲突阶段"（postconflict phase）的混乱中，并接受了国际援助，然而，如果问题得不到根本解决，该国仍会陷入暴乱之中。1998—2003 年，所罗门群岛人民对政府非常失望。该国目前正处于复苏之中。②

四　瓦努阿图

与所罗门群岛不同，美拉尼西亚群岛的另外一个国家瓦努阿图经历了积极的独立运动。这主要是管理这些岛屿的英法造成的。新赫布里底群岛统治联盟（被当地称为"魔窟"）为英法侨民建立了单独的健康、教育、警察和其他管理体系，这使得太平洋岛民成为没有国家主权的人民。1967年，瓦努阿图的法国公民为 2835 人，而英国公民则有 621 人。但是由于澳大利亚的长老会（Presbyterian mission）对太平洋岛国有着主导性的影响，而英国美拉尼西亚工会（Anglican Melanesian Mission）则影响着其余大部分的岛民，法国罗马天主教传教士在这些岛屿的定居点有限。虽然法语学校兴建项目自 1960 年就已开始，但最初的岛民领导人几乎都接受了益格鲁新教教会的教育。1971 年，新赫布里底国立党在维拉成立，维拉也是该统治联盟的首都。国立党的领导人是沃尔特·利尼（Walter Lini），该党的主要政策是推动岛民文化和土地权利。新赫布里底国立党在 1976 年的选举中赢得了 59% 的选票和 29 个选举席位中的 17 席，但其他席位为包

---

① Derek Mcdougall, "Intervention in Solomon Islands", *The Round Table*, Vol. 93, Issue 374, 2004, p. 215.

② M. Anne Brrowne, *Security and Development in the Pacific Islands: Social Resilience in Emerging States*, London: Lynne Rienner Publishers, Inc. 2007, pp. 192 – 193.

括法国主宰的商会在内的社区群体保留。同年年底，国立党更名为瓦努阿图党，宣布了这些岛屿的独立和人民临时政府的建立，并继续控制大部分领土。① 1979 年 10 月 14 日，在联合国的监督下，新的代表大会召开。瓦努阿图党赢得了 62% 的选票和 39 个大会席位中的 2/3，以利尼为总理的自治政府成立。② 1980 年 5 月 28 日，在法国殖民者的支持下，吉米·斯蒂芬（Jimmy Stephen）在桑托岛发动了反对利尼政府的叛乱。叛乱分子攻击了英国和瓦努阿图党的财产，捣毁了建筑物，迫使瓦努阿图党的支持者与英国警察逃离桑托岛。叛乱分子并没有袭击法国财产，而法国警察也没有组织这次袭击。利尼宣布了封锁桑托岛，但其政府却没有军队。法国从努美阿派遣了军队来阻止进一步的暴乱。1980 年 8 月 6 日，巴布亚新几内亚军队和来自维拉的警察以及澳大利亚的军用飞机在桑托岛登陆。美拉尼西亚军队果断采取措施，叛乱很快停止。所有的瓦努阿图领地获得独立。③ 1988 年和 1998 年的首都维拉港暴乱、1996 年的总统暗杀使得瓦努阿图看上去在走一条与所罗门群岛相似的轨道。虽然这些冲突的规模较小，但是仍在继续。这包括常规警察力量与准军事组织、2007 年居住在维拉港的塔纳人（Tanna）与安布里姆岛人（Ambrym）之间的冲突，围绕土地之间的纠纷，日益增加的农村犯罪，警察暴力，罪犯逃亡和不同岛群之间的冲突。④ 然而，瓦努阿图将自身视为美拉尼西亚群岛上唯一一个和谐的国家。根据《瓦努阿图每日邮报》，瓦努阿图总统鲍德温·朗斯戴尔（Baldwin Lonsdale）称瓦努阿图一直是一个没有"冲突"的国家。其他所有国家都饱受国内政治的困难，而瓦努阿图可以克服这些困难。⑤

---

① Roger C. Thompson, *The Pacific Basin since 1945: a History of the Foreign Relations of the Asian, Australian, and American Rim States and the Pacific Islands*, Singapore: Longman Singapore Publishers Ltd., 1994, pp. 171 – 173.

② Stephen Henningham, *France and the South Pacific: a Contemporary History*, Sydney: Allen & Unwin, 1992, pp. 38 – 39.

③ Roger C. Thompson, *The Pacific Basin since 1945: a History of the Foreign Relations of the Asian, Australian, and American Rim States and The Pacific Islands*, Singapore: Longman Singapore Publishers Ltd., 1994, p. 173.

④ Sinclair Dinnen, Doug Porter, Caroline Sage, *Conflict in Melanesia: Themes and Lessons*, World Development Report 2011, November 2010, pp. 3 – 4.

⑤ "Vanuatu, Only Melanesia 'Conflict' Free Country", *Vanuatu Daily Post*, July 23, 2016, http://dailypost.vu/news

第五节　南太平洋地区跨国犯罪严重

跨国犯罪是以国家边界开放为特征的全球化的结果，主要是由于人口、货物和信息的流动。作为一项全球活动，跨国犯罪不仅威胁着国家和人身安全，还作为全球商业带来了巨额利润。现实主义把跨国犯罪视为人的侵略性和为生存而竞争的结果。现实主义同样认为跨国犯罪威胁着国家安全，主要是因为它反对国家的角色。跨国犯罪逃避了主权国家法制监督，引起了对安全概念的新认知。非国家行为体的出现推动了非传统安全概念的重新定义。① 由于国际社会对南太平洋地区的关注不够，该地区的法律法规并不健全，很容易滋生跨国犯罪。"南太平洋经济的脆弱性和缺陷是太平洋岛国日益成为跨国犯罪舞台的主要原因。"②

一　毒品走私

太平洋岛国地理位置独特，而且与主要的毒品生产商和市场有着密切联系，是毒品和化学物质走私的主要地区。毒品的来源地包括亚洲和南美，常见的目的地是澳大利亚和新西兰。③ 以海陆、空运和邮政为运输载体的毒品走私对太平洋岛国的法制机构提出了很大挑战。许多岛国搜获了诸如海洛因、可卡因等毒品，这些毒品的泛滥影响人们的健康、社会的稳定。只有四个岛国——斐济、汤加、马绍尔群岛、密克罗尼西亚是《联合国禁毒公约》的参与者，一些岛国与毒品相关的立法在面临新兴毒品问题时已经过时。比如，拥有和供应一些合成药物及其化学制剂在很多岛国并不违法，包括巴布亚新几内亚和所罗门群岛。在联合国发展项目顾问的支持下，巴布亚新几内亚在 1998 年制定了《受控药物清单》，但未被批准。从财政上说，管理和资源的挑战同样是阻碍巴布亚新几内亚全国毒品控制

---

① Baiq Wardhani, "Vulnerability of the South Pacific Region to Transboundary Crime", *Advanced Scientific Research and Management*, Vol. 2, Issue 3, 2017, pp. 33 – 34.

② Andreas Schloenhardt, "Drugs, Sex and Guns: Organized Crime in the South Pacific Region", in N. Boister, A. Costi, *Regionalising International Criminal Law in the Pacific*, Wellington, 2006, p. 159.

③ UNODC, *Transnational Organized Crime in the Pacific: a Threat Assessment*, September 2016, p. 17.

措施的因素。① 自 2011 年之后，南太平洋地区唯一与跨国毒品研究相关的机构——"太平洋毒品和酒精研究网络"没有发挥应有的作用。许多法律机构相互孤立，与之相反的是，跨国组织犯罪机构有着良好的资源和复杂的全球网络。② 该地区缺乏正式的药物监督系统。比如，联合国毒品和犯罪办公室提交的《年度报告问卷》一直前后不一致，关于可用性、数量、质量、采集频率的数据变化很大。缺少资金、资源和受过训的职员限制了与毒品相关数据的搜集和检测。然而，这些数据也不是完全可靠，正如上文上所指出的南太平洋地区数据搜集和检测的问题一样，必须谨慎理解这些数据。这些数据还是依靠澳大利亚和新西兰来驱动的，并不能完全代表太平洋岛国的真实情况。近年来，一些太平洋岛国发现甲基安非他命及其易制毒化学品原料的走私水平越来越高。考虑到合成药物及其化学制品的拥有或供应在一些岛国不属于违法行为，因此当地和地区海关及法律执行机构对于这类行为的治理能力是有限的。在过去的几年，诸如帕劳等北太平洋国家发现了亚洲国家的公民非法输入冰毒等毒品。澳大利亚附近所使用的海洛因来自南亚，这些毒品从太平洋岛国转运过来，转运地点主要有汤加、斐济和巴布亚新几内亚。

二　洗钱

在过去的十几年，南太平洋地区有组织的犯罪日益复杂化和跨国化，而且跨国犯罪的利润越来越大。犯罪组织必须找到使犯罪收益合法化的途径，从而使得这些收益不用重新投资到其他犯罪活动中去。这意味着毒品罪犯、黑社会性质的组织犯罪、恐怖活动犯罪、走私犯罪或其他犯罪的违法所得及其产生的收益，通过各种手段掩饰、隐瞒其来源和性质，使其在形式上成为合法化的行为。③ 对于在全球市场中缺乏资源进行竞争或没有足够人口创建大型企业的小国来说，提供离岸融资服务和开放国家的受银行秘密条款保护外汇交易具有很大的吸引力。然而，不幸的是这些国家由于缺少业务和组织的意愿、能力和人员，因此它们对于洗钱和非法资金的注入显得非常脆弱。太平洋岛国是新兴的离岸金融中心和避税港，但它们

---

① David McDonald, "A Rapid Situation Assessment of Drug Use in Papua New Guinea", *Drug Alcohol Review*, Vol. 24, No. 1, 2005, pp. 79 – 82.

② UNODC, "Transnational Organized Crime: The Globalized Illegal Economy", https://www.unodc.org.

③ Eric Shibuya, Jim Rolfe, *Security in Oceania: in the 21st Century*, Hawaii: Asia – Pacific Center for Security Studies, 2003, pp. 177.

已成为主要的洗钱中心。2001 年一项关于反洗钱措施有效性的调查显示，太平洋岛国的财政系统存在很大的漏洞，它们没有足够监督财政的机构，只有财政机构及其经理人授权和注册的基本规定，并向客户提供太多关于它们负责的客户身份和交易的银行业务机密。更有甚者，一些岛国缺乏对于可疑业务的报道系统，或者它们采用行政或刑事制裁来规范这些系统。洗钱在各个岛国受到的处罚不一样，事实上一些司法管辖区根本不会处罚洗钱。①

2000 年，西方七国和欧盟委员会的 15 个国家金融行动工作组发现了库克群岛、马绍尔群岛、瑙鲁和纽埃财政和银行业务规定中的重大漏洞，这四个国家的财政金融系统被发现有对监管和国际法执行合作设置障碍的规定。库克群岛和马绍尔群岛的监督和司法机关由于资源不足，未能充分行使其权力。② 瑙鲁被认为是南太平洋地区洗钱的天堂，媒体经常报道瑙鲁的财政机构与俄罗斯、澳大利亚洗钱活动之间的联系，这个小岛国大约有 400 个只有名字和注册代码的离岸银行。2000 年，金融行动工作组发现瑙鲁缺乏基本的反洗钱规定，包括对洗钱、客户身份证明和可疑业务报告系统的定罪，甚至负责批准财政机构的瑙鲁合作机构主管承认该国拥有世界上最强大的秘密条款。一些主要的美国银行在金融行动工作组的压力下取消了与瑙鲁的商业联系。国际社会已经下达了执行反洗钱法的最后通牒。③ 2001 年 6 月 14 日，瑙鲁议会引进《反洗钱法案》，6 月 27 日，政府宣布将在 9 月 30 日之前将通过该法案。库克群岛、斐济、萨摩亚和汤加也是南太平洋地区逃税和洗钱的安全天堂。比如，调查发现俄罗斯有组织的犯罪与汤加、斐济的网络赌博有着联系。1999 年，有报道称俄罗斯黑手党利用萨摩亚、库克群岛和瓦努阿图进行了秘密的洗钱活动。④

① Jonathan M. Winer, "Replacing Safe Heavens with a Safe System", *Journal of Money Laundering Control*, Vol. 4, No. 2, 1999, pp. 354 – 356; Financial Action Task Force on Money Laundering, *Review to Identify Non – Cooperative Countries or Territories: Increasing the Worldwide Effectiveness of Anti – Money Laundering Measures*, Paris: FATF Secretariat, 2000, p. 20.

② United States Department of Treasury, Financial Crimes Enforcement Network, *Fin Cen Advisory: Transactions Involving the Marshall Islands*, Issue 20, 2000, p. 15.

③ Christopher Nietche, "Low Phosphate, but What a Laundering.", *The Weekend Australian*, August 2001.

④ Jack A Blum, "Financial Havens, Banking Secrecy and Money Laundering", *Criminal Justice Matters*, No. 36, 1999, pp. 22 – 23.

三　海盗活动日益增多

长久以来，海盗已对国际海运构成极大的威胁，众多海上战略通道已是危机四伏。海盗是海上跨国犯罪最重要的表现形式。作为一种古老的历史现象，海盗伴随着人类征服海洋的过程逐步产生，自海上贸易诞生之始，就出现了以此为生的海盗。中世纪时，欧洲对海盗比较贴切的称谓是"海上盗贼"（seathief），将海盗行为定义为"非法的凶残的在海上进行的甚至连平民等非战斗人士都杀害的行为"。海盗活动是指私人船舶的船员，为私人目的，在公海或其他国家管辖范围以外的地方，对另一艘船舶或者船舶上的人或财物，所从事的所有非暴力、扣留行为或其他任何掠夺性行为。[①] 近年来，南太平洋海域的海盗活动频发。根据国际海事局 2019 年的《海盗和武装抢劫船只报告》，越来越多的太平洋岛国船只被海盗攻击。2015—2019 年，有 7 个国家的船只被海盗攻击，分别是库克群岛、瓦努阿图、图瓦卢、巴布亚新几内亚、帕劳、纽埃、马绍尔群岛。其中，来自马绍尔群岛的船只被海盗攻击的次数最多。[②]

除此之外，南太平洋地区还面临着一个重大全球性和区域性趋势，即自然资源枯竭加速、自然资源争夺加剧。气候变化、污染、采掘以及不断增长的人口带来的需求，不仅对太平洋经济，而且对全球自然资源及由其产生的后续业务（包括食品、运输、娱乐和文化）构成不断增长的压力。例如，全球变暖，特别是其对珊瑚礁的预期影响，预计会对本地区的渔业收入（减少 20%）和旅游业收入（减少 30%）造成负面影响。[③] 实际上，珊瑚礁物种正以高于其他物种的惊人速度走向灭绝。随着支撑这些业务的生态系统开始退化，获取和占有这些业务的竞争将会加剧。2016 年和2017 年，太平洋地区同样见证了社区、企业和政府之间因自然资源控制权和开采利益而关系日益紧张。本地区的海洋资源继续受到污染的威胁，污染源包括塑料制品、核污染和沉船残骸等。密克罗尼西亚联邦总统最近强调（该国水域）大约 60 艘二战沉船残骸对人们的生活、环境和海洋生态造成威胁。[④] 尽管这些残骸提供了潜水旅游资源，也起到了某种支撑海洋

---

① 吕靖：《保障我国海上战略通道安全研究》，经济科学出版社 2018 年版，第 73 页。

② ICC IMB, *Piracy and Armed Robbery Against Ships – 2019 Annual Report*, January 2020, pp. 13 – 14.

③ Asian Development Bank, *The Economic Impacts of Climate Change in the Pacific*, 2013, p. 45.

④ Nic Maclellan, "Underwater Time Bombs: Oil Leads from Wartime Shipwrecks", *Islands Business*, February, 2012, pp. 16 – 21.

生物多样性的人造珊瑚礁的作用，但它们当中有许多仍残留石油、未引爆物的和其他有毒化学品，威胁着生态系统。

对核污染之影响的关注仍在持续。特别是在马绍尔群岛共和国，现封存在伊涅韦塔克环礁鲁尼特掩体内的放射性物质正在向周边海域和地下水体中泄漏。尽管海洋保护区宣言强调太平洋对于管理和养护海洋资源的责任和承诺，但也有一种论调认为，海洋保护区不过是"海洋掠夺"的另一种形式，是在安全利益和外部非国家利益共同推动下，通过对海洋和沿海区域的进入、利用和控制权的重新界定而实现的。例如，通过对海洋保护区的巡逻，可以（从时间和范围上）拓展国家防务活动。至于非国家行为体，许多海洋保护区的建立是由慈善托拉斯和国际非政府组织推动和资助的。

作为南太平洋地区最为重要的资源，渔业资源也在发生变化，面临日益增加的压力。整体上，本地区的捕鱼量过大，四种重要的金枪鱼有两种不能满足持续增加的捕鱼量，尤其需要特别关注对大眼金枪鱼和黄鳍金枪鱼的过度捕捞。目前，大眼金枪鱼和黄鳍金枪鱼的捕捞量超出了更替水平。考虑到生态系统的整体状态，大眼金枪鱼数量的下降不可避免。相比于渔业资源的减少，渔业资源治理的速度较慢。同时，太平洋岛国渔业机构的水平、效率和透明度比较低。随着东南亚和中国人口增长和海洋资源的持续流失，太平洋岛国沿岸海洋资源越来越具有吸引力，价值越来越高。其他地区金枪鱼的过度捕捞使得南太平洋地区对全球金枪鱼捕鱼船具有很大的吸引力，增加了太平洋岛国国内金枪鱼产业发展的机会，但另一方面各种非法捕鱼逐步增加。[①]

本章主要探讨了中国—大洋洲—南太平洋蓝色经济通道构建的障碍。随着太平洋岛国不断提高国内治理水平，提高建构能力，蓝色经济通道构建面临障碍的主体因素可以逐步克服。然而，由于中美关系在国际政治舞台上还存在着不确定性，由此决定了特定的国际体系结构。在这种体系结构下，中美既存在合作，也存在竞争。中国影响力的持续提升使得美国对中国的政治信任度不断下降。南太平洋地区是中美在地区层面上博弈的一个体现，也会受到国际体系结构的影响。澳大利亚未来对中国的态度仍然充满了变数，尤其是在南太平洋地区。

---

① SPC, FFA, *The Future of Pacific Island Fisheries*, 2010, p. 12.

结　　语

随着蓝色经济通道成为国际政治中的一个焦点，它不仅成为学术研究的一个议题，还成为"一带一路"倡议践行的重要抓手或切入点。蓝色经济通道沿线国家应该以复杂系统思维来看待通道构建的路径以及所面临的障碍。复杂系统思维强调认识对象的复杂性、整体性、相关性、联系性和互动性。虽然整体主义和层次分析依然是国际关系研究中的重要原则，但事实上提倡国家主义的分析，会导致对整体形势出现误判。中国—大洋洲—南太平洋蓝色经济通道的构建是一个复杂的系统工程，不能仅限于某一层面的分析和操作。

第一，复杂性。蓝色经济通道沿线国家都具有不同的战略考量，如何将这些国家整合到一起是一个非常复杂的工程。太平洋岛国虽然是通道沿线规模最小的国家，但由于国际体系结构的影响，它们往往在大国之间采取"平衡"战略，以获得最大的收益。基于这种战略偏好，虽然它们能都持久地维护同某一大国的关系，但仍充满了不确定性。同时，根深蒂固的土著文化对外来文化具有一定程度的抗阻力。太平洋岛国对自身的土著文化、社会组织保持着高度的依附，而蓝色经济通道不可避免地将各种文化交融，这也是一个非常复杂的现象。

第二，整体性。蓝色经济通道的构建路径、面临障碍以及涉及的国家是一个整体，各个部分遵循内在的规律整合在一起。缺少任何一个国家的参与，蓝色经济通道的构建都不能实现。虽然太平洋岛国的体量较小，但是依然不可或缺。这也契合了蓝色经济通道的概念所指："蓝色经济通道是一条海上大通道、海上合作平台。"就蓝色经济通道构建的路径而言，每一个具体的路径都无法单独实现。比如，没有安全保障层面的举措，蓝色经济通道很可能面临着运输安全威胁的问题，无法正常运行；没有绿色保障层面的举措，海洋的健康就无法保障。蓝色经济通道的整体性体现了构建人类命运共同体的内在要求，共享海洋所带来的公共福利。

第三，相关性。作为一个完整的系统，蓝色经济通道的各个部分之间是相互关联的，并不是孤立存在。"我们所说的'系统'应当有两点：一是组成系统的一系列单元或要素相互联系，因而一部分要素及其相互关联的变化会导致系统的其他部分发生变化；二是系统的整体具有不同于部分的特性和行为状态。"① 建设海洋大平台、大通道是一个需要良好统筹各个要素的过程，忽略通道要素之间的相关性将会影响整个系统的完整性。罗伯特·杰维斯非常重视系统的相互联系性，"相比突现属性，'相互联系'在我的分析中更多地居于中心的地位：在一个系统中，单元的命运以及它们与其他单元的关系会受到在其他地方和较早时期发生的互动的强有力影响"② 系统的相关性有很多，有直接相关、间接相关、线性相关等。③ "系统的组成部分是结合在一起的，以至于任何一种变化可以说都需要其他变化，或者说会禁止乃至约束其他变化。"④ 这对于蓝色经济通道的构建更加契合。以海洋生态系统为例，红树林、海草床、珊瑚礁等作为海洋生态系统的要素，虽然规模不大，但是对于维护海洋健康、完整的生态系统至关重要。同时，红树林、海草床和珊瑚礁之间分布区域既接近又相互独立，它们独具特色的生态环境特征使其在功能上相互依存。

当下，求和平、谋发展、促合作已经成为国际社会的主流。蓝色经济通道符合国际社会的主流趋势，将成为构建新型国际秩序的典范。过去500多年来，无论是殖民主义、帝国主义还是霸权主义，都带来对立与分裂，制造动荡与冲突，人类为此付出沉重代价。构建以合作共赢为核心的新型国际关系思想在洞察国际形势和世界格局发展大势的基础上，对人类社会前进方向进行前瞻性思考，倡导"建立平等相待、互商互谅的伙伴关系，营造公道正义、共建共享的安全格局，促进和而不同、兼收并蓄的文

---

① Herbert A. Simon, *The Sciences of the Artificial*, Cambridge：The MIT Press, 1996, p. 195; Anatol Rapoport, "Systems Analysis：General Systems Theory", *International Encyclopaedia of the Social Sciences*, Vol. 15, 1968, p. 453; Ludwig von Bertalanffy, *General Systems Theory：Foundations, Development, Applications*, New York：Braziller, 2003, p. 55.

② 〔美〕罗伯特·杰维斯：《系统效应：政治与社会生活中的复杂性》，李少军、杨少华、官志雄译，上海人民出版社 2008 年版，第 11 页。

③ 关于"联系"的相关分类，可以参见 Ernst B. Hass, "Why Collaborate：Issue – Linkage and International Regimes", *World Politics*, Vol. 32, No. 3, 1980, pp. 357 – 405; Kenneth Oye, *Economic Discrimination and Political Exchange：World Political Economy in the 1930s and the 1980s*, Princeton：Princeton University Press, 1992.

④ 〔美〕罗伯特·杰维斯：《系统效应：政治与社会生活中的复杂性》，李少军、杨少华、官志雄译，上海人民出版社 2008 年版，第 15 页。

明交流，构筑尊崇自然、绿色发展的生态体系"①。中国提出的在全球层面上构建三条蓝色经济通道站在了全人类命运的高度，关注与人类生存和发展密切相关的最重要议题：海洋、尊重自然、敬畏海洋。自然建设构想提出后，这三条蓝色经济通道的构建受到了国际社会的关注，获得了沿线国家的有力支持与正向反馈。在这三条蓝色经济通道之中，中国—大洋洲—南太平洋蓝色经济通道具有示范作用。主要原因有：一是该蓝色经济通道涉及的沿线国家较多，除了澳大利亚、新西兰之外，还有 16 个太平洋岛国，这些小岛屿国家不仅数量多、生态环境脆弱，而且与其他地区的小岛屿国家具有很多相似性；二是该经济通道面临的问题较多，主要有南太平洋多元化的海洋问题、太平洋岛国丰富的文化多样性和较多的发展瓶颈等，这些问题在全球范围内具有代表性。由此，其他两条经济通道可以参考中国—大洋洲—南太平洋蓝色经济通道，吸收其有益经验。每个地区既有相同的一面，也有不同的一面。因此，蓝色经济通道构建应秉承具体问题具体分析的原则，基于每个地区的实际情况，采取合适的举措。通道沿线国家为此采取的各种举措也将产生一种循环效应，建立一种良好的构建机制。"当行为体对它们的行为所创造的新环境做出反应时，系统便会产生循环效应，在这个过程中，行为体常常会改变它们自己。"②

　　蓝色经济通道作为一个国际公共产品，受益的不仅是沿线国家，还可以是整个国际社会。中国作为蓝色经济通道的倡议国，应发挥引领作用，打造好这个国际公共产品，造福国际社会。"全球性公共产品的供给依赖于富国、大国和强国。当它们的努力取得成功，最贫穷的国家将从中受益。""当世界在提供全球公共产品方面取得成功时，各地的人们都会从中受益。虽然在自身利益的驱使下，大国掌控了供给某项全球公共产品的机会，但如果在总体利益的框架内行动，全世界将会受益。"③ 在未来，世界将会继续融合，彼此间的联系将更加紧密，国际合作将比过去更为重要。为使世界各国长期的国家利益趋于一致，各国政府必须增强相互间的合作，从而达成目标。蓝色经济通道全球公共产品将在世界舞台上发挥重要作用，正确指引国家间的合作，推动未来世界一体化和彼此间的相互依存。

---

① 王毅：《构建以合作共赢为核心的新型国际关系》，光明网，2016 年 6 月 20 日，http：//theory. gmw. cn.

② 〔美〕罗伯特·杰维斯：《系统效应：政治与社会生活中的复杂性》，李少军、杨少华、官志雄译，上海人民出版社 2008 年版，第 57 页。

③ 〔美〕斯科特·巴雷特：《合作的动力：为何提供全球公共产品》，黄智虎译，上海人民出版社 2012 年版，第 204、210 页。

参考文献

一　中文文献

（一）译著

〔澳〕维克托·普雷斯科特、克莱夫·斯科菲尔德：《世界海洋政治边界》，吴继陆、张海文译，海洋出版社 2014 年版。

〔德〕斐迪南·滕尼斯：《共同体与社会：纯粹社会学的基本概念》，林荣远译，北京大学出版社 2010 年版。

〔德〕乔尔根·舒尔茨、维尔弗雷德·A. 赫尔曼、汉斯 - 弗兰克·塞勒编：《亚洲海洋战略》，鞠海龙、吴艳译，人民出版社 2014 年版。

〔加拿大〕巴里·布赞：《海底政治》，时富鑫译，生活·读书·新知三联书店 1981 年版。

〔美〕阿尔弗雷德·赛耶·马汉：《海权论》，一兵译，同心出版社 2012 年版。

〔美〕奥兰·扬：《世界事务中的治理》，陈玉刚、薄燕译，上海人民出版社 2007 年版。

〔美〕奥兰·扬：《直面环境挑战：治理的作用》，赵小凡、邬亮译，经济科学出版社 2014 年版。

〔美〕比利安娜·塞恩、罗伯特·克内特：《美国海洋政策的未来——新世纪的选择》，张耀光、韩增林译，海洋出版社 2010 年版。

〔美〕海伦·米尔纳：《利益、制度与信息：国内政治与国际关系》，曲博译，上海人民出版社 2010 年版。

〔美〕汉斯·摩根索：《国家间政治》，徐昕、郝望、李保平译，北京大学出版社 2006 年版。

〔美〕亨利·基辛格：《美国的全球战略》，胡利平、凌建平等译，海南出版社 2012 年版。

〔美〕林肯·佩恩：《海洋与文明》，陈建军、罗燚英译，天津人民出版社2017年版。

〔美〕罗伯特·基欧汉、约瑟夫·奈：《权力与相互依赖》，门洪华译，北京大学出版社2012年版。

〔美〕罗伯特·杰维斯：《系统效应：政治与社会生活中的复杂性》，李少军、杨少华、官志雄译，上海人民出版社2008年版。

〔美〕曼瑟尔·奥尔森：《集体行动的逻辑》，陈郁、郭宇峰、李崇新译，格致出版社2018年版。

〔美〕乔治·贝尔：《美国海权百年：1890—1990年的美国海军》，吴征宇译，人民出版社2014年版。

〔美〕斯科特·巴雷特：《合作的动力：为何提供全球公共产品》，黄智虎译，上海人民出版社2012年版。

〔美〕索尔·伯纳德·科恩：《地缘政治学：国际关系的地理学》，严春松译，上海社会科学院出版社2011年版。

〔美〕唐纳德·B.弗里曼：《太平洋史》，王成至译，东方出版中心2011年版。

〔美〕沃尔特·拉塞尔·米德：《美国外交政策及其如何影响了世界》，曹化银译，中信出版社2003年版。

〔美〕亚历山大·温特：《国际政治的社会理论》，秦亚青译，上海人民出版社2014年版。

〔美〕约翰·亨德森：《大洋洲地区手册》，福建师范大学外语系译，商务印书馆1978年版。

〔美〕约翰·米尔斯海默：《大国政治的悲剧》，王义桅、唐小松译，上海人民出版社2014年版。

〔美〕约翰·伊肯伯里：《美国无敌：均势的未来》，韩召颖译，北京大学出版社2005年版。

〔美〕约瑟夫·奈：《软实力》，马娟娟译，中信出版社2013年版。

〔美〕詹姆斯·多尔蒂、小罗伯特·普法尔茨格拉夫：《争论中的国际关系理论》，阎学通、陈寒溪译，世界知识出版社2003年版。

〔苏〕普列汉诺夫：《普列汉诺夫哲学著作选集》第二卷，生活·读书·新知三联书店1961年版。

〔英〕安东尼·吉登斯：《民族—国家与暴力》，胡宗泽、赵力涛译，生活·读书·新知三联书店1998年版。

〔英〕安东尼·D.史密斯：《全球化时代的民族与民族主义》，龚维斌、良警宇译，中央编译出版社 2002 年版。

〔英〕詹姆斯·费尔格里夫：《地理与世界霸权》，胡坚译，民主与建设出
　　版社 2018 年版。

（二）专著

（清）张荫桓：《三洲日记》，朝华出版社 2017 年版。

崔凤、宋宁而：《中国海洋社会发展报告 2015》，社会科学文献出版社
　　2015 年版。

黄启臣：《广东海上丝绸之路史》，广东经济出版社 2003 年版。

蒋建东：《苏联的海洋扩张》，上海人民出版社 1981 年版。

李兵：《国际战略通道问题研究》，当代世界出版社 2009 年版。

李双建：《主要沿海国家的海洋战略研究》，海洋出版社 2014 年版。

梁芳：《海上战略通道论》，时事出版社 2011 年版。

梁甲瑞：《中美南太平洋地区合作：基于维护海上战略通道安全的视角》，
　　中国社会科学出版社 2018 年版。

陆卓明：《世界经济地理结构》，中国物价出版社 1995 年版。

鹿守本：《海洋管理通论》，海洋出版社 1997 年版。

吕承朔：《震惊世界的壮举：郑和七下西洋》，商务印书馆 2015 年版。

吕靖：《保障我国海上战略通道安全研究》，经济科学出版社 2018 年版。

秦亚青：《国际关系理论：反思与重构》，北京大学出版社 2012 年版。

阮宗泽：《美国亚太再平衡战略与中国对策》，时事出版社 2015 年版。

孙吉胜：《语言、意义与国际政治》，上海人民出版社 2009 年版。

汪诗明：《1951 年〈澳新美同盟条约〉研究》，世界知识出版社 2008
　　年版。

汪诗明、王艳芬：《太平洋英联邦国家——处在现代化的边缘》，四川人民
　　出版社 2005 年版。

王缉思、李侃如：《中美战略互疑：解析与应对》，社会科学文献出版社
　　2013 年版。

王生荣：《海权对大国兴衰的历史影响》，海潮出版社 2009 年版。

王元林：《海陆古道：海陆丝绸之路对接通道》，广东经济出版社 2015
　　年版。

韦民：《小国与国际关系》，北京大学出版社 2014 年版。

喻常森：《大洋洲发展报告（2014—2015）》，社会科学文献出版社 2015 年
　　版。

张曙霄：《中国对外贸易结构论》，中国经济出版社 2003 年版。

（三）期刊文章

陈洪桥：《太平洋岛国区域海洋治理探析》，《战略决策研究》2017 年第
　4 期。

程晓勇：《东亚海洋非传统安全问题及其治理》，《当代世界与社会主义》
　2018 年第 2 期。

蒋恩源、李晶、任朱莉：《基于科学的海岸和海洋治理：来自东南亚的案
　例》，《太平洋学报》2018 年第 4 期。

蒋昌建、潘忠岐：《人类命运共同体理论对西方国际关系理论的扬弃》，
　《浙江学刊》2017 年第 4 期。

梁甲瑞：《马汉的“海权论”与美国在南太地区的海洋战略》，《聊城大学
　学报》2016 年第 2 期。

梁甲瑞、曲升：《全球海洋治理视域下的南太平洋地区海洋治理》，《太平
　洋学报》2018 年第 4 期。

梁甲瑞：《中国—大洋洲—南太平洋蓝色经济通道构建：基础、困境及构
　想》，《中国软科学》2018 年第 3 期。

刘新华：《澳大利亚海洋安全战略研究》，《国际安全研究》2015 年第
　2 期。

卢秀荣、陈伟：《中国国际海洋科技合作的重点领域及平台建设》，《海洋
　开发与管理》2014 年第 3 期。

马慧敏、杨青：《突发公共危机应急管理国际合作机制研究》，《武汉理工
　大学学报》2008 年第 6 期。

蒙仁君：《海上联合搜救机制研究》，《广州航海学院学报》2015 年第
　2 期。

莫杰、刘守全：《开展南太平洋岛国合作勘查开发深海矿产资源》，《中国
　矿业》2009 年第 6 期。

曲升：《南太平洋区域海洋机制的缘起、发展及意义》，《太平洋学报》
　2017 年第 2 期。

王光厚、田力加：《澳大利亚对华政策论析》，《世界经济与政治论坛》
　2014 年第 1 期。

王光厚、王媛：《东盟与东南亚的海洋治理》，《国际论坛》2017 年第
　1 期。

王联合：《美国亚太安全战略论析：“聚合安全”视角》，《美国研究》
　2014 年第 2 期。

王琪、崔野：《将全球治理引入海洋领域——论全球海洋治理的基本问题

与我国的应对策略》，《太平洋学报》2015 年第 6 期。

王宗礼：《多族群社会的国家建构：诉求与挑战》，《马克思主义与现实》
　　2012 年第 4 期。

韦宗友：《澳大利亚的对华"对冲"战略》，《国际问题研究》2015 年第
　　3 期。

吴士存、陈相秒：《论海洋秩序演变视角下的南海海洋治理》，《太平洋学
　　报》2018 年第 4 期。

严高鸿：《论人类社会与自然环境的关系——兼评传统的地理环境理论》，
　　《哲学研究》1989 年第 4 期。

尹尽勇、黄彬：《北太平洋冬季西行航线的对比分析》，《气象科技》1999
　　年第 2 期。

袁鹏：《新冠疫情与百年变局》，《现代国际关系》2020 年第 5 期。

张洁：《美日印澳"四边对话"与亚太地区秩序的重构》，《国际问题研
　　究》2018 年第 5 期。

赵建新：《北太平洋冬季西行航线的选择》，《航海技术》2009 年第
　　6 期。

赵隆：《经北冰洋连接欧洲的蓝色经济通道对接俄罗斯北方航道复兴——
　　从认同到趋同的路径研究》，《太平洋学报》2018 年第 1 期。

二　外文文献

（一）英语专著

AdalbertoVallega, *Sustainable Ocean Governance: A Geographical Perspective*,
　　London: Routledge, 2001.

AlexanderWendt, *Social Theory of International Politics*, Cambridge: Cambridge
　　University Press, 1999.

Anne - Marie Brady, *Looking North, Looking South, China, Taiwan and the
　　South Pacific*, Singapore: World Scientific Printers, 2010.

David Wilsson, Dick Sherwood, *Oceans Governance and Maritime Strategy*,
　　Australia: Allen & Unwin, 2000.

Denise Fisher, *France in the South Pacific: Power and Politics*, Australia: ANU
　　Press, 2013.

Douglas M. Johnston, Mark J. Valencia, *Pacific Ocean Boudary Problems Status
　　and Solutions*, Netherlands: Kluwer Academic Publishers, 1991.

Earl S. Pomeroy, *Pacific Outpost: American Strategy in Guam and Micronesia*,

New York: Stanford University Press, 1951.

Edgar Ansel Mowrer, *The Nightmare of American Foreign Policy*, New York: Alfred A. Knopf, 1948.

Eric Shibuya, Jim Rolfe, *Security in Oceania: In the 21ˢᵗ Century*, Hawaii: Asia – Pacific Center for Security Studies, 2003.

Jean Fornasiero, Peter Monteath, John West – Sooby, *Encountering Terra Australia: The Australia Voyages of Nicolas Baudin and Matthew Flinders*, South Australia: Wakefield Press, 2004.

Greg Fry, Sandra Tarte, *The New Pacific Diplomacy*, Australia: ANU Press, 2015.

Hal M. Friedman, *Create an American Lake: United Nations Imperalism and Strategic Security in the Pacific Basin, 1945 – 1947*, Westport: Greenwood Press, 2001.

Hanks K. Van Tilburg, *Chinese Junks on the Pacific: Views from a Different Deck*, Florida: University Press of Florida, 2013.

Hartley Grattan, *The United States and The South Pacific*, New York: Harvard University Press, 1961.

Herbert A. Simon, *The Sciences of the Artificial*, Cambridge: The MIT Press, 1996.

Herold J. Wiens, *Pacific Island Bastions of the United States*, New Jersey: D. Van Nostrand Company, INC, 1962.

J. Fairbarn, Charles E. Morrison, Richard W. Baker, Sheree A. Groves, *The Pacific Islands: Politics, Economics and International Relations*, Honolulu: University of Hawaii Press, 1991.

John B. Lundstrom, *The First South Pacific Campain*, New York: U. S. Navy Institute Press, 2014.

Jon M. Van Dyke, Durwood Zaelke, Grant Hewison, *Freedom for the Seas in the 21ˢᵗ Century: Ocean Governance and Environment Harmony*, Washington, D. C.: Island Press, 1993.

JosephLepgold, *The Declining Hegemony: The United States and European Defense, 1960 – 1990*, New York: Praeger, 1990.

Kenneth L. Gillion, *The Fiji Indians: Challenges to European Dominance, 1920 – 1946*, Canberra: Australia National University Press, 1977.

KennethOye, *Economic Discrimination and Political Exchange: World Political*

Economy in the 1930s and the 1980s, Princeton: Princeton University Press, 1992.

Lawrence Juda, *International Law and Ocean Use Management: The Evolution of Ocean Governance*, London: Routledge, 2013.

Ludwig von Bertalanffy, *General Systems Theory: Foundations, Development, Applications*, New York: Braziller, 2003.

M. Anne Brrowne, *Security and Development in the Pacific Islands: Social Resilience in Emerging States*, London: Lynne Rienner Publishers, Inc. , 2007.

Michael C. Howard, *Ethnicity and Nation – building in the Pacific*, Tokyo: The United Nations University, 1989.

N. Boister, A. Costi, *Regionalising International Criminal Law in the Pacific*, Wellington, 2006.

Peter BautistaPayoyo, *Ocean Governance: Sustainable Development of the Seas*, New York: United Nations University Press, 1994.

RameshThakur, *The South Pacific: Problems, Issues and Prospects*, UK: Palgrave Macmillan, 1991.

Robert Aldrich, *The French Presence in the South Pacific, 1842 – 1940*, UK: Palgrave Macmillan, 1990.

Robert L. Rothstein, *Alliances and Small Powers*, New York: Columbia University Press, 1968.

R. S. Miline, *Politics in Ethnically Bipolar States*, London: University of British Columbia Press, 1981.

Stephen D. Krasner, *International Regimes*, London: Cornell University, 1985.

（二）英语期刊文章

Anatol Rapoport, "Systems Analysis: General Systems Theory", *International Encyclopedia of the Social Sciences*, Vol. 15, 1968.

Aulani Wilhelm, "Large Marine Protected Areas – Advantages and Challenges of Going Big", *Aquatic Conservation: Marine and Fresh Water Ecosystems*, Vol. 24, No. S2, 2014.

Baiq Wardhani, "Vulnerability of the South Pacific Region to Transboundary Crime", *Advanced Scientific Research and Management*, Vol. 2, Issue 3, 2017.

Biliana Cicin – Sain, Robert W. Knecht, "The Emergence of a Regional Ocean Regime in the South Pacific", *Ecology Law Quarterly*, Vol. 16, Issue

1, 1989.

Colin Hunt, "Management of the South PacificTuna Fishery", *Marine Policy*, Vol. 21, Issue 2, 1997.

David Doulman, Peter Terawasi, "The South Pacific Regional Register of Foreign Fishing Vessels", *Marine Policy*, Vol. 14, Issue 4, 1990.

David McDonald, "A Rapid Situation Assessment of Drug Use in Papua New Guinea", *Drug Alcohol Review*, Vol. 24, No. 1, 2005.

Derek Mcdougall, "Interventim in Solomon Islands", *The Round Table*, Vol. 93, Issue 374, 2004.

Ernst B. Hass, "Why Collaborate: Issue – Linkage and International Regimes", *World Politics*, Vol. 32, No. 3, 1980.

G. D. Shanks, J. F. Brundage, "Pacific Islands Which Escaped the 1918 – 1919 Influenza Pandemic and Their Subsequent Mortality Experiences", *Epidemiol Infect*, Vol. 141, 2013.

Gotz Mackensen, Don Hinrichsen, "A New South Pacific", *AMBIO*, Vol. 13, No. 5/6, 1984.

Guillem Monsonis, "India's Strategic Autonomy and Rapproachement with the US", *Strategic Analysis*, Vol. 34, Issue 4, 2010.

Rögnvaldur Hannesson, "The Exclusive Economic Zone and Economic Development in the Pacific Island Countries", *Marine Policy*, Vol. 32, Issue 6, 2008.

Harvey W. Armstrong, Robert Read, "The Phantom of Liberty? Economic Growth and the Vulnerability of Small States", *Journal of International Development*, Vol. 14, No. 4, 2002.

Ibrahim Subeh, "Understanding the Communications Strategies of the UAE", *Canadian Social Science*, Vol. 13, No. 7, 2017.

John C. Dorrance, "The Soviet Union andthe Pacific Islands: A Current Assessment", *Asian Survey*, Vol. 30, No. 9, 1990.

JohnGerad Ruggie, "International Response to Technology: Concepts and Trends", *International Organization*, Vol. 29, No. 3, 1975.

John W. Calison, "Traffic Control Systems and the Year 2000", *Ite Journal*, Vol. 4, No. 68, 1998.

Joseph Morgan, "Marine Regions and Regionalism in South – east Asia", *Marine Policy*, Vol. 8, Issue 4, 1984.

Justin Alger, Peter Dauvergne, "The Politics of Pacific Ocean Conservation: Lessons from the Pitcairn Islands Marine Reserve", *Pacific Affairs*, Vol. 90, No. 1, 2017.

Lisa M. Campbell, Noella J. Gray, Luke Fairbanks, "Global Oceans Governance: New and Emerging Issues", *The Annual Review of Environment and Resources*, Vol. 41, No. 1, 2016.

MarcLanteign, "Whater Dragon? Power Shifts and Soft Balancing in the South Pacific", *Political Science*, Vol. 64, No. 1, 2012.

Mark J. Valencia, "Regional Maritime Regime Building: Prospects in Northeast and Southeast Asia", *Ocean Development & International Law*, Vol. 3, Issue 3, 2010.

MarkPelling, Juha I. Unitto, "Small Island Developing States: Natural Disaster Vulnerability and Global Change", *Environmental Hazards*, Vol. 2, No. 3, 2001.

MartinTsamenyi, "The Institutional Framework for Regional Cooperation in Ocean and Coastal Management in the South Pacific", *Ocean & Coastal Management*, Vol. 42, No. 6, 1999.

Matthias Wolff, "From Sea Sharing to Sea Sparing – Is There a Paradigm Shift in Ocean Management", *Ocean & Coastal Management*, Vol. 116, 2015.

Meg R. Keen, Anne – Maree Schwarz, Lysa Wini – Simeon, "Towards Defining the Blue Economy: Practical Lessons from Pacific Governance", *Marine Policy*, Vol. 88, 2018.

Michael Lodge, "Minimum Terms and Conditions of Access: Responsible Fisheries Management and Measures in the South Pacific Region", *Marine Policy*, Vol. 16, Issue 4, 1992.

Michele M. Bestsill, Elisabeth Corell, "NGO Influence in International Environmental Negotiations: A Framework for Analysis", *Global Environmental Politics*, Vol. 1, No. 4, 2001.

Miriam Fendius Elman, "The Foreign Politics of Small States: Challenging Neorealism in Its Own Backyard", *British Journal of Political Science*, Vol. 25, No. 2, 1995.

Nicholas Borroz, Hunter Marston, "How Trump Can Avoid War with China", *Asia & the Pacific Policy Studies*, Vol. 4, No. 3, 2017.

Nic Maclellan, "France and the Blue Pacific", *Asia & the Pacific Policy Studies, Vol. 5, No. 2, 2018.

Oran R. Young, "International Regimes: Problems of Concept Formation", *World Politics*, Vol. 32, No. 3, 1980.

Peter J. S. Jones, E. M. De Santo, "Is There Race for Remote, Very Large Marine Protected Areas Taking Us Down the Wrong Track?", *Marine Policy*, Vol. 73, 2016.

Pierre Leenhardt, "The Rise of Large – Scale Marine Protected Areas: Conservation or Geopolitics?", *Ocean & Coastal Management*, Vol. 85, 2013.

Quentin Hanich, Feleti Teo, Martin Tsamenyi, "A Collective Approach to Pacific Islands Fisheries Management: Moving beyond Regional Agreements", *Marine Policy*, Vol. 34, 2010.

Randy Thaman, "Threats to Pacific Island Biodiversity and Biodiversity Conservation in the Pacific Islands", *Development Bulletin*, Vol. 58, 2002.

Rebecca Hingley, "Climate Refugees: An Oceanic Perspective", *Asia and The Pacific Studies*, Vol. 4, No. 1, 2017.

Robert J. Toonen, "One Size Does Not Fit All: The Emerging Frontier in Large – Scale Marine Conservation", *Marine Pollution Bulletin*, Vol. 77, No. 1, 2013.

Robert S. Norris, "French and Chinese Nuclear Weapon Testing", *Security Dialogue*, Vol. 27, No. 1, 1996.

Robyn Frost, Paul Hibberd, Masio Nidung, Emily Artac, Marie Bourrel, "Redrawing the Map of the Pacific", *Marine Policy*, Vol. 95, 2018.

Rodolphe Devillers, "Reinventing Residual Reserves in the Sea: Are We Favoring Ease of Establishment over Need for Protection", *Aquatic Conservation: Marine and Fresh Water Ecosystems*, Vol. 25, No. 4, 2015.

Sheldon X. Zhang, Mark S. Gaylord, "Bound for the Golden Mountain: The Social Organization of Chinese Alien Smuggling", *Crime, Law & Social Change*, Vol. 1, No. 25, 1996.

Tamari' i Tutangata, Mary Power, "The Regional Scale of Ocean Governance Regional Cooperation in the Pacific Islands", *Ocean & Coastal Management*, Vol. 45, 2002.

Thomas – Durell Young, "U. S. Policy and the South and Southwest Pacific", *Asian Survey*, Vol. 28, No. 7, 1988.

三　网络资源

澳大利亚国防部，https：//www. defence. gov. au.

澳大利亚外交贸易部，https：//dfat. gov. au/.

论坛渔业处，https：//www. ffa. int.

南太平洋大学，https：//www. usp. ac. fj/.

南太平洋区域环境署，https：//www. sprep. org/.

欧盟委员会，https：//europa. eu/european - union/index_ en.

太平洋岛国报道，https：//www. pireport.

太平洋岛国论坛，http：//www. forumsec. org/.

太平洋共同体，https：//www. spc. int/.

新华网，https：//www. xinhuanet. com.

新西兰环境部，https：//www. mfe. govt. nz.

新西兰外交贸易部，https：//www. mfat. govt. nz.

中国外交部，https：//www. fmprc. gov. cn.